机械类专业科教产协同育人改革实践

许崇海 杜 劲 肖光春 宋 明 编著

北京邮电大学出版社
www.buptpress.com

内 容 简 介

本书系统梳理了齐鲁工业大学(山东省科学院)机械工程学部机械类专业在协同育人改革过程中的探索历程、主要做法及改革成效。开篇以产教融合、科教融汇的理论基础为引,深入剖析了机械类专业开展产教融合、科教融汇协同育人的工作理念与思路;随后,详细阐述了机械工程学部在产教融合、科教融汇协同育人工作中的实践经验,并对协同育人模式下的机械类专业人才培养质量进行了全面评估;最后,以一线教师和管理人员撰写的研究论文,展示了协同育人机制、专业建设、课程改革、人才培养与师资队伍建设、学生管理与就业等方面的创新举措与实践经验,为协同育人模式持续改进提出了有实践价值的策略与建议。

图书在版编目(CIP)数据

机械类专业科教产协同育人改革实践 / 许崇海等编著. -- 北京:北京邮电大学出版社,2025. -- ISBN 978-7-5635-7554-1

Ⅰ. TH

中国国家版本馆 CIP 数据核字第 2025GD1602 号

策划编辑:陶 恒　责任编辑:陶 恒　责任校对:张会良　封面设计:七星博纳

出版发行	北京邮电大学出版社
社　　址	北京市海淀区西土城路 10 号
邮政编码	100876
发 行 部	电话:010-62282185　传真:010-62283578
E-mail	publish@bupt.edu.cn
经　　销	各地新华书店
印　　刷	保定市中画美凯印刷有限公司
开　　本	787 mm×1 092 mm　1/16
印　　张	12.5
字　　数	336 千字
版　　次	2025 年 6 月第 1 版
印　　次	2025 年 6 月第 1 次印刷

ISBN 978-7-5635-7554-1　　　　　　　　　　　　　　　　定价:59.00 元

· 如有印装质量问题,请与北京邮电大学出版社发行部联系 ·

序

  高等工程教育在我国经济社会发展、科技进步和现代化建设进程中发挥着不可替代的重要作用。近十余年来,我国高等工程教育在供给规模、人才培养层次结构、专业设置、教师队伍建设、学科专业建设等方面取得了长足的发展,尤其是在产教融合、科教融汇、突出特色等多方面进行了许多研究、探索与实践,取得了良好的成效。随着新一轮科技革命和产业变革的持续演进,我国高等工程教育改革迎来了新一轮的历史机遇,面临着工程教育范式创新、转型和赋能升级等重大课题。

  齐鲁工业大学是国内较早开展科教产协同育人工作的高校之一,在前期卓越工程师教育培养计划试点取得良好成效的基础上,2017年齐鲁工业大学与山东省科学院实施科教融合,在校内启动了机械类专业的科教融合协同育人培养模式改革。通过实施学部制改革等,深入推进科教产协同育人的探索与实践,从点到面地展开,从面上的拓展到质上的提升,不断总结经验,完善协同机制,建设成效明显,育人成果突出。本书正是这些系列性改革和创新的成果展现,是作者多年实践和探索的经验总结。书中提出了以工程教育中的高质量专业建设为标准,以产教融合和科教融汇为平台,以教育链与产业链、创新链有机衔接为目标的人才培养体系设计思路,阐述了其基本框架与体系内涵,构建了产教融合、科教融汇与工程教育专业认证等多元驱动的人才培养模式,并以机械类专业建设为例,进行了较为深入的系统改革和实践探索。书中还介绍了以产教之间的对接、共商、互补与互通,以及科教之间在部门、机构、活动三个层次的协同为建设路径,构建需求引领、"三链"有机衔接的机械类专业人才培养运行机制等做法。阅读全书,会使人对教育改革产生许多思考和联想,对工程教育的特点和未来产生一些新的认识。作者所推动的这些改革与实践,将有助于地方高校在人才培养过程中更加充分地利用产业资源,整体提升师资队伍工程化水平,强化学生的工程实践能力等,可有效促进教育链与产业链、创新链之间的有机衔接,推动解决产教融合"最后一公里"的难题,促进高等工程教育的高质量持续发展。

  本书教育理念先进、主题突出、内容丰富、特色性强,不仅可以供高校从事教学和研究的教育工作者参考，而且对于机械类等工科相关专业的创新应用型人才培养具有借鉴价值。相信本书的出版将进一步丰富高等教育产教融合、科教融汇的理论研究和实践案例，有助于推动社会各界对产教融合、科教融汇、协同育人的关注与支持，有利于形成政府、学校、企业、社会共同推动高等工程教育人才培养改革的良好局面。

2024 年 10 月　于沈阳

前　言

齐鲁工业大学(山东省科学院)机械类专业应用型人才培养始于2011年,2013年以来,依托卓越工程师教育培养计划试点项目,在试点班开展校企合作,完成毕业环节。2017年齐鲁工业大学(山东省科学院)实施科教融合之后,2018年山东省机械设计研究院整建制并入,机械类专业有了丰富的资源和完善的条件开展科教产协同育人的实践工作,率先启动了产教融合、科教融汇协同育人培养模式改革。特别是在2021年10月机械工程学部成立之后,进一步深化科教产深度融合的培养模式改革,科教产协同育人改革与实践实现了大幅度的提升,进入了创新发展阶段,取得了一系列的显著成效。本书汇聚了齐鲁工业大学(山东省科学院)机械工程学部在机械类专业领域开展产教融合、科教融汇改革与实践的全面总结与系列成果,重点阐述了机械工程学部成立以来协同育人进入创新发展阶段的典型做法和系列成果,旨在为同类院校提供可借鉴的经验与启示,共同推动机械类专业人才培养模式的创新和教育质量的提升。

本书内容共分为3篇,系统梳理了齐鲁工业大学(山东省科学院)机械工程学部机械类专业在协同育人改革过程中的探索历程、主要做法及改革成效。第1篇以产教融合、科教融汇的理论基础为引,深入剖析了机械类专业开展产教融合、科教融汇协同育人的工作理念与思路;第2篇通过梳理与分析多年来校企协同育人的工作报告,详细阐述了机械工程学部在产教融合、科教融汇协同育人工作中的实践经验,并对协同育人模式下的机械类专业人才培养质量进行了全面评估;第3篇以一线教师和管理人员撰写的研究论文展示了协同育人机制、专业建设、课程改革、人才培养与师资队伍建设、学生管理与就业等方面的创新举措与实践经验,为协同育人模式持续改进提出了有实践价值的策略与建议。

本书由齐鲁工业大学(山东省科学院)许崇海、杜劲、肖光春、宋明编著。本书的编写过程得到了来自机械类专业协同育人联盟和学校各级领导的关心与支持,收到了同行专家的宝贵意见,更得到了广大师生的热情帮助。在此,向所有为本书付出辛勤努力的人们表示最诚挚的感谢!特别感谢东北大学赵继教授在百忙之中为本书作序,并提出了宝贵的指导性意见和建议。本书也是山东省本科教学改革研究重点项目(Z2021142)的主要研究成果之一。

由于时间仓促,水平有限,书中难免存在疏漏和不足,恳请读者批评指正。

目 录

第1篇 科教产协同育人理论

第1章 科教产协同育人理论基础 ··· 3

1.1 产教融合协同育人 ··· 3
  1.1.1 产教融合的起源与发展 ··· 3
  1.1.2 产教融合与人才培养的紧密关系 ··· 4
  1.1.3 产教融合对教育质量和产业发展的双重作用 ··· 5

1.2 科教融汇协同育人 ··· 6
  1.2.1 科教融汇在协同育人中的价值 ··· 6
  1.2.2 科学研究与教育教学的相互促进 ··· 6
  1.2.3 科教融汇对于培养创新型人才的重要性 ··· 7

第2章 科教产协同育人改革及其思路 ··· 8

2.1 以学生为中心，以全面发展为导向 ··· 8
2.2 强化实践与创新，培养高素质人才 ··· 8
2.3 加强科教产三方合作，形成育人合力 ··· 9

第3章 科教产协同育人的机制与保障 ··· 10

3.1 科教产协同育人机制构建的基本原则与目标 ··· 10
3.2 科教产协同育人机制的具体内容与实施路径 ··· 11
  3.2.1 协同育人机制的具体内容 ··· 11
  3.2.2 协同育人机制的实施路径 ··· 11
3.3 科教产协同育人机制的运行保障措施与持续改进 ··· 12
  3.3.1 协同育人机制的运行保障措施 ··· 12
  3.3.2 协同育人机制的持续改进 ··· 13

第2篇　科教产协同育人实践

第4章　前期工作探索 ·· 17
4.1　卓越工程师教育培养计划的启动与目标设定 ···································· 17
4.1.1　卓越工程师教育培养计划的启动 ·· 17
4.1.2　卓越工程师教育培养计划的目标设定 ······································ 18
4.2　卓越工程师教育培养计划实施成效 ·· 19

第5章　机械类专业科教产协同育人实践 ··· 21
5.1　协同育人模式的构建及改革实践阶段 ··· 21
5.1.1　产教融合、科教融汇协同育人模式探索 ···································· 21
5.1.2　产教融合、科教融汇协同育人模式构建 ···································· 22
5.2　协同育人模式的创新发展阶段 ·· 27
5.2.1　协同育人模式创新方案设计 ··· 27
5.2.2　协同育人创新改革与实践 ··· 28
5.2.3　协同育人创新改革成效 ·· 32
5.3　协同育人问卷调查分析 ··· 34
5.3.1　学生毕业设计(论文)收获与质量显著提升 ································· 34
5.3.2　校内指导教师参与协同育人程度明显增强 ································ 35

第6章　科教产协同育人典型案例 ··· 38
6.1　学生高质量就业 ·· 38
6.1.1　案例一：校园十佳学生入职海克斯康智能制造研究院 ·················· 38
6.1.2　案例二：本科参与科研学生入职山东有荣机床有限公司 ··············· 38
6.1.3　案例三：新工科专业学生入职济南易恒技术有限公司 ·················· 39
6.2　产学研基地建设卓有成效 ·· 39
6.2.1　校企联合进行技术攻关与产品研发 ·· 39
6.2.2　产学研合作基地的建设与运行 ··· 44

第7章　优秀毕业设计展 ·· 51
7.1　设计题目：油箱加油口模具设计 ·· 51
7.2　设计题目：多楔带高精度传动方案设计与验证 ································· 52
7.3　设计题目：一种壳体类零件自动去毛刺装夹设备 ······························ 53
7.4　设计题目：管道焊接机器人动力学分析与仿真研究 ·························· 54

7.5　设计题目：高效精密可倾式数控回转工作台 ··· 55
7.6　设计题目：多关节柔性下肢外骨骼机器人 ··· 56
7.7　设计题目：基于多轴机械臂的垃圾分拣系统 ··· 57
7.8　设计题目：基于机器视觉的苹果智能采摘机器人 ··· 58
7.9　设计题目：综合管廊挂轨式巡检机器人设计 ··· 60
7.10　设计题目：异种铝合金搅拌摩擦焊接工艺试验研究 ·· 61
7.11　设计题目：重型发动机用缸体串水孔加工专机设计 ·· 62
7.12　设计题目：辐射制冷反射追光装置的设计 ·· 63
7.13　设计题目：焊接速度对铝/钢异质 FSW 焊接过程及接头质量的影响 ··················· 64
7.14　设计题目：数控升降台铣床氮气平衡缸自动平衡配重系统设计 ·························· 64
7.15　设计题目：临界退火对中锰钢组织性能的影响研究 ·· 65

第3篇　科教产协同育人理论研究成果集

第8章　协同育人机制与实践 ··· 69

基于协同学理论的科教融合协同育人研究与实践
——以齐鲁工业大学（山东省科学院）为例 ·· 69
机械类专业协同育人研究与实践 ·· 74
机械工程学科协同育人机制及实践研究
——以工业设计专业为例 ·· 80
机械类专业产教融合协同育人模式的研究及发展方向探索 ······································ 85

第9章　一流专业建设与工程教育认证 ··· 92

基于科教产融合的机器人工程专业协同育人创新培养模式研究 ································ 92
协同育人体系下的工业设计专业课程融合教学改革 ··· 97
基于工程教育专业认证的材控专业教学改革与实践 ··· 105
基于专业认证的机械设计制造及其自动化专业持续改进探索 ··································· 110

第10章　课程建设与改革 ·· 115

基于产教融合和科教融汇的机械类专业课程教学改革研究 ······································ 115
基于工程认证背景的机械制图教学改革研究
——以齐鲁工业大学（山东省科学院）机械专业为例 ·· 120
基于 Composer 的机械基础虚拟实验的研究 ·· 125
产教融合背景下"机械制造技术基础"课程教学方法研究 ·· 130
新工科视角下"工程力学"课程混构教学模式研究与实践 ······································· 137

第 11 章 人才培养与师资队伍建设 ·············· 142

基于科技竞赛的高校创新人才培养的探索与实践 ·············· 142
"新工科"背景下高校"三全育人"人才培养模式的改革与实践 ·············· 146
面向产出的内部评价机制研究与应用
——以齐鲁工业大学(山东省科学院)机械设计制造及其自动化专业为例 ·············· 151
科教产协同育人背景下师资队伍建设研究 ·············· 156

第 12 章 学生管理与就业 ·············· 160

科教融合背景下学生社区综合管理模式探究 ·············· 160
"新工科"建设背景下的地方高校产学研合作教育模式探析 ·············· 165
协同育人模式下工科人才培养质量提升路径研究 ·············· 169
产学研一体化的背景下,高等院校贫困学生就业模式的创新性研究 ·············· 172

第 13 章 协同育人单位/用人单位反馈 ·············· 175

山东鸭嘴兽工业设计有限公司对齐鲁工业大学(山东省科学院)机械工程学部
　协同育人工作的支持与建议 ·············· 175
山东友江智能装备有限公司对齐鲁工业大学(山东省科学院)机械工程学部
　协同育人工作的支持与建议 ·············· 177
海克斯康制造智能技术(青岛)有限公司对齐鲁工业大学(山东省科学院)机械工程学部
　协同育人工作的评价 ·············· 179
济南易恒技术有限公司对齐鲁工业大学(山东省科学院)机械工程学部协同育人工作
　的评价 ·············· 180
山东泰开精密铸造有限公司对齐鲁工业大学(山东省科学院)机械工程学部协同育人
　工作的评价 ·············· 181

附录 1 ·············· 182

附录 2 ·············· 184

附录 3 ·············· 185

附录 4 ·············· 187

附录 5 ·············· 189

第 1 篇　科教产协同育人理论

第1章 科教产协同育人理论基础

1.1 产教融合协同育人

1.1.1 产教融合的起源与发展

1. 国际背景

产教融合源于"合作教育",最初是由美国著名教育家赫尔曼·施奈德(Hermann Schneider)提出的。20世纪初,施奈德迈出了现代合作教育的第一步,他不仅在理论上提出了"合作教育"这一创新性的教育理念,也在辛辛那提大学试行课堂教育与工厂实践深度融合的教育模式。这一创举不仅为学生搭建了从理论到实践的桥梁,也预示了教育领域的一场深刻变革的来临。

1946年,美国职业协会发表了《合作教育宣言》,明确提出:"将理论学习与真实工作经历相融合,以此激发课堂教学的无限活力与效率。"这一主张不仅凸显了合作教育的核心价值,也进一步推动了其在美国乃至全球范围内的普及与发展。

与此同时,美国哲学家、教育家约翰·杜威(John Dewey)提出了实用主义教育思想。他倡导"从做中学"的理念,鼓励学生通过亲身体验与实践来获取知识,这一思想与合作教育不谋而合,两者共同促进了教育领域对于实践能力与创新精神培养的重视。

美国学者Henry Etzkowitz与荷兰学者Loet Leydesdorff提出了国家创新系统中大学、产业与政府之间的"三重螺旋模型"。这一模型深刻剖析了大学、产业、政府三者之间的互动关系与协同作用,为产教融合提供了新的理论视角与实践框架。其不仅强调了大学在知识创新与技术转移中的核心地位,也明确了产业在技术创新与应用中的"主战场"作用以及政府在政策引导与支持中的关键作用。三重螺旋模型的提出,标志着产教融合的理念已经跨越简单的教育与产业合作范畴,成为推动国家创新体系构建与发展的重要力量。

2. 国内背景

我国产教融合的种子在20世纪初便已悄然萌芽。张之洞、张謇、周学熙等在推进洋务运动的同时,深入探索实业与教育的融合之道,提出了理论与实践并重、实业与教育相辅相成、工学并举等前瞻性的教育理念。这些理念倡导以实业支撑教育发展,强调通过教育革新推动经济进步,实现了教学与实践的深度融合。

民国初期,黄炎培、陶行知等杰出教育家接过"接力棒",大力呼吁并实践"产教联合办学",产教融合理念在我国初步成形。此后,这一理念经历了从"工作、生产、学习三者紧密结合"到"半工半读"教育模式的演变,改革开放初期,国家明确提出积极扶持校办产业,建设优质生产实习基地,产教融合的实践探索持续深化,不断迈向新的高度。

1995年,江苏省无锡市技工学校迈出了重要的一步,提出了"产教融合化"的创新理念,旨在通过将专业教学直接嵌入实际产品生产过程,让学生在实践中增强质量意识、产品意识、时间观念及提高动手操作能力。尽管当时这一理念的内涵尚显狭窄,未能广泛普及,但它无疑为后来产教融合的发展奠定了坚实的基础。

2014年《国务院关于加快发展现代职业教育的决定》颁布后,政府先后出台了《国务院办公厅关于深化产教融合的若干意见》《国家产教融合建设试点实施方案》《中华人民共和国国民经济和社会发展第十四个五年规划和2035年远景目标纲要》等文件,不断提出要加强创新型、应用型、技能型职业人才培养,促进产教融合发展,以就业为导向,以深化产教融合、校企合作为抓手,加快构建现代教育体系;借助于企业提供的一线操作实践学习环境,着手培养更多兼具学历和技能的高素质技术技能人才,为促进区域乃至国家的经济社会发展和提高国家竞争力提供人才和成果支撑。

2019年10月,《国家产教融合建设试点实施方案》颁布,这一里程碑式的举措标志着产教融合正式被提升至国家教育改革与发展的战略高度,成为构建现代化国家教育体系的优先任务。该方案的出台,旨在深度契合人才培养与地方产业发展的迫切需求,通过创新教育模式,打破教育与产业之间的壁垒,实现二者的无缝对接与深度融合。此举不仅为培养适应新时代要求的高素质、复合型人才铺设了坚实的道路,也为推动地方经济转型升级、激发区域发展活力注入了强劲动力,开启了我国教育与产业协同发展的新篇章。

此后,围绕产教融合的研究与实践如雨后春笋般涌现,不仅丰富了产教融合的理论内涵,也在实践中推动了教育与产业的无缝对接,为我国培养了一大批高素质应用型技能人才,为经济社会的发展注入了强劲动力。

1.1.2 产教融合与人才培养的紧密关系

产教融合与人才培养之间存在着紧密且不可分割的关系。产教融合强调产业与教育系统的深度融合,通过企业与教育机构的广泛合作,实现资源、技术、知识的全面共享与互补。对于企业而言,产教融合提供了人才定向培养的平台,确保企业能够获取具备实际操作能力和创新思维的高素质员工,增强企业的核心竞争力。对于教育机构而言,产教融合丰富了教学手段和教学资源,提供了更多贴近真实环境的教学场景,提高了人才培养的针对性和实效性。学生在产教融合的实践中,能够更快地掌握专业技能,增强解决实际问题的能力,为未来的职业生涯打下坚实的基础。

产教融合需要高效的人才培养模式做支撑,通过教育系统与产业在人才培养过程中的双向互动,既满足企业对人才的需求,又促进教育质量的提升,形成教育系统与产业协同发展的良性循环。国外对产教融合模式已经有了一些研究和实践成果。

(1) 德国"双元制"模式

"双元制"是德国职业教育的重要模式,学生同时拥有学生和学徒的双重身份,在职业学校和企业之间进行交替学习,学习内容和教材也分为专业理论与技术技能培训两种。学生在学习理论知识时,其专业课的学习时间远大于普通文化课。在人才培养过程中,企业在职业培训方面起主导作用,职业学校的主要任务是配合和服务。这一模式培养了具有较高技艺的技术工人,对德国制造业的崛起和经济发展做出了巨大贡献。

(2) 法国"学徒制"模式

"学徒制"是法国职业教育体系中的一种技术人才培养模式,涉及工商业、手工业、服务业、农渔业等私营及公共服务领域。学徒既是学生,又是企业员工;既要在企业工作并在导师的指导下接受实践培训,又要在学徒培训中心进行理论知识学习。学徒可获得企业发放的津贴。政府通过学徒培训税、拨款等各种方式对学徒教育进行补贴和扶持。

(3) 澳大利亚"新学徒制"模式

澳大利亚的"新学徒制"模式根据学徒要取得的资格认证等级来划分层次,包含学徒制和受训生制两种基本类型。其中,学徒制通常以传统行业为主,入门级水平至少为资格认证的三级或四级证书,时间通常为3~4年,较为稳定;而受训生制以服务业为主,资格认证通常为二级和三级证书,时间为1~2年,稳定性较差。总的来看,"新学徒制"模式强调培训的灵活性和包容性,可为社会上的年轻人提供更多提升技能的机会。

(4) 日本的"产学研合作"模式

日本的"产学研合作"模式依托于共同研究中心等中间机构,这些机构在提供研究场所、技术研修、订立合作关系等方面发挥着重要作用,将传统的非契约合作模式转变为契约合作模式。"产学研合作"模式注重开发促进知识迁移和综合应用的综合课程,其适应产学研合作的新趋势,聚焦培养具有跨学科思维的创新型人才,满足当今时代对复合型人才的需求。

(5) 新加坡的"教学工厂"模式

新加坡的"教学工厂"模式倡导在学校内建立起技术先进、设备完善、环境逼真的教学模拟环境,为学生提供更完善、更有效的学习环境和学习过程,提高学生解决实际问题的能力。教学活动采用双轨制,包括基础课程学习和小型项目实践,以及专业应用课程学习、企业实习和毕业设计项目。

1.1.3　产教融合对教育质量和产业发展的双重作用

(1) 产教融合促进教育质量提升

产教融合使学校能够紧密结合产业需求调整课程内容。通过与企业合作,学校可以了解行业最新动态和技术发展趋势,将实际工作中的案例和项目引入教学,使课程更加实用、贴近前沿。例如,在机械设计制造及其自动化专业中,学校可以与装备制造类企业合作开设关键零部件设计实践课程,让学生接触到真实的项目开发流程和技术要求。课程设置更加注重培养学生的实践能力和其他职业素养,提高学生的就业竞争力。除了专业课程,还可依据企业的真实需求增加职业规划、团队协作、沟通技巧等方面的课程,使学生在毕业后能够更快地适应职场环境。

产教融合能够推动教学方法的创新。企业专家参与教学过程,带来了实际工作中的经验和方法,丰富了教学资源。例如,采用案例教学、项目驱动教学等方法,让学生在解决企业实际问题的过程中学习知识和技能。学校与企业合作建立实习实训基地,学生可以在真实的工作环境中进行实习,能够更好地掌握专业技能,提高实践能力。另外,实习过程也有助于学生了解企业的文化和管理模式,为未来的职业发展做好准备。

产教融合能够促进教师与企业的交流与合作。教师可以到企业挂职锻炼,了解行业最新动态和技术发展趋势,提高自身的实践能力和教学水平。企业专家也可以到学校担任兼职教师,为学生和教师传授实际工作中的经验和技能。学校与企业共同开展科研项目,教师可以将科研成果转化为实际生产力,为企业的发展提供技术支持,同时提高学校的科研水平和社会影响力。

产教融合能够培养学生的创新思维和实践能力。学生在参与企业项目和进行实习的过程中,需要不断地解决实际问题,这有助于培养他们的创新思维和实践能力。学生在企业实习的过程中,能够了解企业的职业道德和社会责任要求以及行业发展趋势,为未来的职业发展做好规划。

(2) 产教融合促进产业高质量发展

产教融合可以为产业发展培养大量高素质的应用型人才。学校根据产业需求及时调整专业设置和课程内容,培养出的学生将具有扎实的专业知识和实践能力,能够更好地满足企业的用人需求。例如,学校与制造类企业合作培养机械设计、制造工艺、自动化控制等方面的人才,可以为制造类企业的转型升级提供人才支持。通过产教融合,学校与企业之间可以建立人才交流机制,企业专家可以到学校担任兼职教师,学校教师也可以到企业挂职锻炼,这有助于提高人才的利用效率,促进产业的发展。

产教融合可以促进学校与企业之间的技术交流与合作。学校(科研力量)和企业(实践经验)共同开展技术创新和研发活动,可以取长补短,将理论与实际结合起来,为产业的发展提供技术支持。学生在参与企业项目和实习的过程中,能够提出新的想法和创意,为企业的技术创新提供思路和方法。

产教融合有助于提高产业的竞争力。通过培养高素质的应用型人才和推动技术创新,产教融合能够提高产业的整体水平和企业的竞争力。例如,在数控机床产业中,学校与数控机床企业合作培养关键功能部件的设计技术、制造技术等方面的人才,可以推动机床产业的关键技术与工艺转型升级。学校与企业之间建立紧密的合作关系之后,可以进一步建立产业联盟和产学研合作平台,这将更加有利于整合行业资源,促进产业的协同发展。

1.2 科教融汇协同育人

1.2.1 科教融汇在协同育人中的价值

通过校院合作、产学研用一体化等方式,学校可以及时了解新兴行业需求和科学技术发展前沿趋势,调整人才培养方案和课程设置,确保人才培养与新质生产力发展相适应。科研院所可以借助于学校的科研力量和人才资源,开展技术创新和工艺研发,推动科技成果转化和技术推广应用。这种有效衔接不仅提高了人才培养的质量和效率,也为经济社会发展提供了强大的智力支持和科技支撑。

通过构建开放协同的育人生态,学校可以吸引更多的社会资源参与人才培养过程,形成多元化的育人主体和育人模式,培养学生的跨学科素养和综合能力,推动科研成果的转化和应用,实现科技创新与经济社会发展的良性互动,有助于提升国家的综合国力和国际竞争力。科教融汇在协同育人过程中通过发挥知识融合与创新、实践能力培养、师资队伍建设和社会服务与经济发展等多方面的作用,为培养高素质人才、推动科技创新和产业升级、促进社会经济发展做出了重要的贡献。

1.2.2 科学研究与教育教学的相互促进

科学研究与教育教学之间存在着紧密的联系,二者相互促进,共同推动知识进步和人才培养。科学研究为教育教学提供了丰富的内容、先进的方法和高素质的教师,教育教学则为科学研究培养了优质的人才,提供了丰富的灵感,以及促进了知识的高效传播。

科学研究不断产生新的知识和成果,这些知识和成果可以通过科教融汇及时地引入到教育教学中,使教学内容更加丰富、贴近前沿,对学生更具有吸引力。教师将最新的科研成果融入课程,能够激发学生的学习兴趣和探索欲望,让学生了解学科的最新发展动态,拓宽学生的专业视野。科学研究过程中所采用的科学方法和思维方式可以为教学方法的改进提供借鉴。科学研究中的实证研究、问题导向等方法可以应用到教学中,培养学生的批判性思维和创新能力。参与科学研究的经验可以促使教师不断地学习和更新知识体系,提高自身的专业水平和综合素质,也能够为教学提供更丰富的素材和案例。学生参与科学研究项目可以接触到实际的科学问题和研究方法,在此过程中学生需要独立思考、提出问题、设计实验、分析数据并得出结论,这有助于培养他们的创新能力和解决问题的能力。

教育教学是培养人才的重要途径,可以为科学研究提供重要的人力资源支持。通过系统的课程教学和实践训练,学生可以掌握扎实的专业知识和科学的研究方法,为未来从事科学研究奠定基础。在教学过程中,学生提出的问题可以为教师的科学研究提供新的灵感和思路。不同专业的学生具有不同的专业背景和视角,他们的问题和想法可能会促使教师重新审视所研究的问题,开拓新的研究方向。教师在教学中对科学知识的讲解和传播,可以让更多的学生了解和关注科学研究,为科学研究营造良好的社会氛围。教学也可以将科学研究成果推广到更广泛的领域,促进知识的应用和转化。教师将科研成果融入教学内容,通过学生的学习和反馈,可以了解科研成果的实用性和有效性,为进一步改进科学研究提供依据。

1.2.3 科教融汇对于培养创新型人才的重要性

科教融汇将科学研究与教育教学紧密结合,为培养创新型人才提供了丰富的知识资源和重要的创新实践平台。

科教融汇有助于将最新科学研究成果迅速转化为教学内容,使学生能够接触到最前沿的知识和技术,有助于拓宽学生的视野,激发他们对未知领域的好奇心和探索欲望,培养其创新思维和批判性思维能力。

科教融汇使学生有机会参与科学研究活动,将科学研究实验和教学实验相结合,学生可以亲自动手操作实验,通过实践锻炼来提高动手能力和解决问题的能力。充分利用科学研究过程中的探索性和不确定性,有助于激发学生的创新精神和创造力。另外,在科教融汇过程中,学校与科研机构、企业合作开展实习实训,可以让学生在真实的科学研究和生产环境中锻炼实践能力。

科教融汇有助于打破学科壁垒,促进不同学科之间的交叉融合与跨学科知识的传授,激发学生的灵感和想象力,推动形成新的学术思想和科技成果。

科教融汇与产教融合结合构建产学研用一体化教育体系,能够促使学生在实践中学习、在创新中成长,同时也有助于企业和科研院所获得更多的人才支持和智力支持,推动产业升级和创新发展。

第 2 章　科教产协同育人改革及其思路

齐鲁工业大学(山东省科学院)机械类专业充分发挥学校与科学院科教融合的体制机制优势,全面贯彻落实"学生中心、产出导向、持续改进"的工程教育认证理念,逐渐形成了以学生为中心、强化实践与创新、科教产三方深度协同的工作理念和思路,着力于培养机械类专业高素质创新应用型人才。

2.1　以学生为中心,以全面发展为导向

齐鲁工业大学(山东省科学院)在机械类专业人才的培养过程中,始终将学生置于中心地位,同时关注学生的全面发展。通过构建科学合理的课程体系、强化实践教学环节、注重创新能力培养等措施,确保学生在扎实地掌握专业知识的同时,具备良好的实践能力和创新精神。此外,学校还注重培养学生的综合素质,包括团队协作能力、沟通能力和社会责任感等,以使其适应未来社会发展的新需求。

从协同育人课程设计到校内教学和企业实践教学,从纵向科研项目到横向创新创业项目,科教产协同育人的每一个环节都充分地以学生的发展为中心,积极收集学生的需求、兴趣、爱好等,为学生提供个性化、多样化的协同育人学习与发展路径,确保每位学生都能在适合自己的领域得到充分的发展与锻炼。

科教产协同育人的过程既注重知识的传授与技能的训练,又关注学生的身心健康、人文素养、社会责任感与全球视野的培养。通过整合科研与行业教育资源,引入跨专业、跨学科教学,强化企业真实生产实践教学,鼓励跨学科、跨领域的创新思维发展,最终实现培养既具备扎实的专业知识,又拥有良好的道德品质、强烈的社会责任感、卓越的创新能力与宽广的国际视野的复合型人才的目标。

2.2　强化实践与创新,培养高素质人才

齐鲁工业大学(山东省科学院)机械类专业构建了由基础层、专业专项综合层、应用层、创新层构成的"四层次"实践教学体系。这一体系旨在逐步提高学生的基础能力、专业技术能力、应用能力和创新能力,确保学生在校期间能够充分掌握面向应用和创新的实践技能。

学校积极与企业合作,将企业的真实项目引入课堂教学和实践教学。通过参与企业的真实项目,学生能够深入地了解行业的真实需求和实际问题,对标自身情况,从而发自内心地通过学习来提高自己的实践能力和解决问题的能力。

学校与企业合作建设实习实践基地,为学生提供丰富的实践机会。这些基地不仅配备先进的设备和技术,还有驻场的经验丰富的一线工程师和资深技术人员,可对学生进行全程指导,确保学生的实践能力和创新能力能够在现场实践中快速提高。

鼓励学生积极参与科研项目和科技创新活动,接触前沿的科技成果和研究方法,以积累从

事科研工作的初步经验,训练严谨的科学思维。通过接触丰富的科研成果和研究案例,激发学生内生的创新精神和探索欲望。

定期举办各类学科创新竞赛和创业大赛,为学生提供展示自己创新成果的平台。这些竞赛不仅能够锻炼学生的创新思维和团队协作能力,还能够为学生未来的创业和就业打下坚实的基础。

实施本科生双导师制,由校内导师和企业导师共同指导学生,不仅能够为学生提供更加全面的学术指导和实践指导,还能够让学生在与身份、背景不同的两位导师的交流中增强科技创新思维和产业实践灵感。

2.3 加强科教产三方合作,形成育人合力

积极与科研机构、企业建立紧密的合作关系,共同制订人才培养方案和教学计划。以签订合作协议为基础,明确各方的权利和义务,确保协同育人工作的顺利开展。学校提供理论教学和科研资源,科研机构提供前沿技术支持和科研平台,企业则提供实践基地和真实项目,实现资源共享和优势互补,共同提高人才培养质量。

实施联合培养计划,将企业的真实项目引入课堂教学和实践教学,使学生在校期间就能接触到企业的实际需求和问题,从而提高学生的实践能力和创新能力。

邀请企业工程师、高技能人才等担任兼职教师,增加教学团队的工程问题实践经验。鼓励和支持专业教师深入企业实践锻炼,提高教师的行业技能和实践能力。

依据机械类专业应用型人才培养目标,结合产业发展趋势和市场需求,制订明确的人才培养方案。确保教学内容与产业和科研需求精准对接,提高学生的就业竞争力和社会适应能力。

鼓励学生参与科研项目、技能竞赛和创新创业活动,通过实践锻炼和成果展示,增强学生的创新精神和创业能力。

建立完善的反馈与评估机制,及时了解企业和科研院所对人才的需求和反馈意见,不断调整和优化人才培养方案和教学计划,确保人才培养质量与社会需求紧密对接。

第 3 章　科教产协同育人的机制与保障

3.1　科教产协同育人机制构建的基本原则与目标

（1）科教产协同育人机制的基本原则
① 需求导向原则

紧密围绕机械类专业应用型人才培养目标，结合产业发展趋势和市场需求，科学修订人才培养方案，确保教学内容与产业需求、产业发展相契合，提高学生的就业竞争力和社会适应能力。

② 深度融合原则

强调教育、科技与产业的深度融合，通过资源共享、优势互补，实现产学研用的无缝对接，推动高校、科研机构与企业之间的深度合作，共同构建、建全、建好协同育人平台。

③ 创新驱动原则

鼓励和支持创新实践活动，通过引入企业真实项目，让学生在工程实践中掌握专业技能和解决实际问题的能力，激发学生的创新精神。

④ 质量为本原则

始终把人才培养质量放在首位，注重培养学生的综合素质和职业素养，重视教学质量监控和评估，确保人才培养目标的达成。

⑤ 互利共赢原则

在协同育人过程中，借助于合理的利益分配机制，调动各方的积极性和创造性，确保参与主体的利益得到合理保障，实现共赢发展。

（2）科教产协同育人机制的目标
① 构建完善的协同育人体系

通过科教产深度融合，构建以机械类专业为核心，行业、企业、科研院所等多方参与的协同育人体系，实现教育资源、科技资源与产业资源的有效整合和优化配置。

② 培养高素质创新应用型人才

瞄准机械类专业应用型人才培养目标，注重学生综合素质的提升，培养具有扎实的理论根基、卓越的实践创新能力、开拓进取精神、高效协作的沟通素养，兼具全球化视野的高素质创新应用型人才。

③ 推动科技成果转化和产业化

加强与科研机构、企业之间的科研合作，促进科技与经济的深度融合，推动机械领域科技成果的转化和产业化应用，为产业升级和经济发展提供有力支撑。

④ 提高服务地方经济社会发展的能力

通过科教产协同育人机制的实施，紧密结合地方经济社会发展需求，推动学校与地方政府、企业、科研院所的深度合作和共同发展，为区域产业升级和转型发展提供人才支持和智力保障。

3.2 科教产协同育人机制的具体内容与实施路径

3.2.1 协同育人机制的具体内容

为体现"校企合力、协同育人、资源共建、成果共享"的协同育人特点,充分发挥行业企业、科研院所在工科人才培养中的作用,提高学生的工程素养,培养学生的工程实践能力、工程设计能力和创新能力,齐鲁工业大学(山东省科学院)科教产协同育人机制的具体内容如下。

(1) 目标协同

协同育人各参与方明确共同的人才培养宏观目标,即培养具有创新精神、实践能力和社会责任感的高素质人才,然后结合学校的教育教学目标、企业的用人需求以及社会的发展需要,确定具体的培养方向和标准。

(2) 主体协同

在协同育人各参与方中,学校承担人才培养的主要职责,要发挥教育教学的主阵地作用,提供专业知识和理论基础,培养学生的学习能力和综合素质;企业作为主要参与方,为学生提供实践平台和实习机会,让学生了解行业动态和实际工作需求,培养学生的实践能力和职业素养;科研院所、行业协会等,提供专业指导和科研资源支持,多方式、多途径参与人才培养的过程。

(3) 资源协同

学校教师与企业导师相互合作,共同授课、指导学生实践。企业提供实习基地、项目案例等资源,学校提供实验室、实训中心等资源,为学生提供丰富的实践机会。校企联动,共享课程、教材、教学设备等教学资源,提高资源利用效率;共享行业信息、技术动态、就业需求等信息资源,为人才培养提供参考。

(4) 过程协同

共同设计课程体系,将理论教学与实践教学有机结合,注重课程的实用性和针对性。采用多样化的教学方法,如项目式教学、案例教学、模拟教学等,提高学生的学习兴趣和参与度。组织学生参加企业实习、实训、社会实践等活动,提高学生的实践能力和职业素养。建立有企业参与的多元化的考核评价体系,综合评价学生的学习成绩、实践能力、创新精神等。

3.2.2 协同育人机制的实施路径

科教产协同育人机制是将科研、教育与产业紧密结合,共同培养高素质人才的重要模式,需要学校、企业、科研院所等多方共同努力,形成合力。齐鲁工业大学(山东省科学院)机械类专业多年来形成的科教产协同育人机制的具体实施路径如下。

(1) 校企共管

与机械类企业紧密联系,校企双方共同管理育人工作和科研合作。学院领导、机械类专业系主任和企业领导根据协同育人的理念和具体要求进行协商,达成共识,签署协同育人相关协议。

(2) 校企共参

根据行业企业人才需求,校企双方共同制订"新工科"和"智能制造"背景下的机械类人才培养方案和教学质量评价标准,培养创新应用型人才的知识、能力和综合素质。企业参与学校的专业设置、专业建设、课程建设、专业教学和教学改革工作。校企双方构建面向工程应用的创新课程体系,深入落实学生教学、实习、实训、就业等育人全过程。

(3) 企业宣传

邀请企业进校园举办推广宣传活动,每学期不少于2次,便于企业和学生相互了解。尤其关注山东省内的齐鲁工业大学(山东省科学院)机械类专业协同育人联盟理事单位,如济南易恒技术有限公司、盛瑞传动股份有限公司、豪迈集团股份有限公司、山推工程机械股份有限公司、潍柴动力股份有限公司、山东泰开机器人有限公司等的参加情况。

(4) 校企人力资源共同成长

学校和企业依托自身的软硬件资源优势,发挥各自的特长,共同培训教师、企业员工以及学生。学校定期选派优秀教师到企业进行挂职训练,参与企业的科研项目开发、技术服务和学术探讨等活动,为建设一支满足应用型人才培养需要的"双师型"教师队伍提供全方位的培训、挂职锻炼机会;企业选派高层领导、高级工程师、技术人员担任学校的客座教授、兼职教师等,参与学校的课程开发、资源建设和科学研究等活动,为建设一支满足行业需求的企业技术人员提供智慧助力。

(5) 学生培养

学校与企业共同遴选来自企业生产实际的真实问题,并将其作为学生的毕业设计(论文)课题,题目由指导教师和学生双选确定,课题由校企双导师共同指导完成,课题答辩小组成员由学校教师和企业专家共同组成,校企双方共把"出口关"。

(6) 实习实践

根据专业设置和教学需求,联合企业建立长期稳定的校外实习实践基地和工程实践教育中心。企业为实习实训提供指导老师、工作环境及设备,使学生充分了解专业,了解行业发展前沿,合理进行职业生涯规划,有效地实现人才闭环培养,从而提高人才培养效率和质量。企业导师按照企业管理制度对学生的职业行为进行观察、纠偏,确保学生养成良好的职业习惯,提升职业素养和实操能力。

(7) 项目研发

校企院合作研发项目由"双师资"团队联合参与并完成,项目均从企业需求出发,来自行业前沿、工程实践,在促进多方共同发展的同时,培养学生的实际动手能力和综合竞争力。

(8) 创新竞赛

校企联合开展创新创业训练和学科竞赛,企业和科研院所全面参与竞赛命题、竞赛方案制订、竞赛评审、竞赛设备提供、竞赛指导等全过程。依托双导师、双基地,校企联合制订创新创业方案,联合评价创新创业竞赛成果。发挥学校的专业师资优势,在竞赛过程中帮助企业解决相关的技术难题,在发现问题、分析问题和解决问题的过程中锻炼师资队伍和学生的能力。

3.3 科教产协同育人机制的运行保障措施与持续改进

3.3.1 协同育人机制的运行保障措施

(1) 管理保障

建立学院科教产协同育人领导小组,该小组负责统筹协同各方资源,制订协同育人的发展规划和战略。加强对协同育人工作的组织管理,健全各专业的协同育人工作体系,明确各部门和人员的职责分工,建立有效的沟通协同机制,确保协同育人的各项政策和措施能够得到有效的执行。

(2) 政策保障

将科教产协同育人纳入学院发展规划和产教融合政策制度体系,制订并出台相关管理制度和规范,明确各参与方在协同育人中的职责和权利,为机制运行提供法律保障。在机制运行的过程中逐步建立健全协同育人管理制度,包括合作协议的签订、项目管理、质量评估等。确保各参与方在合作中有章可循,保障合作的顺利进行。

鼓励企业、社会机构等多方筹措资金,增加对科教产协同育人的经费投入,确保各项活动的顺利开展。设立专项基金,支持重点项目和优秀团队的发展。

(3) 师资保障

学校与行业企业加强合作,共同培养一批具有实践经验和教学能力的"双师型"教师。一方面,选派教师到企业挂职锻炼,邀请企业技术人员到学校担任兼职教师等;另一方面,大力引进海外人才和科技领军人才,挖掘和释放现有科研人员的潜能,提高整体师资队伍的水平。

(4) 评价监督

制订科学合理的评价标准和指标体系,对科教产协同育人的效果进行定期评估,确保协同育人质量,评估内容包括教学质量、实践教学效果、学生就业情况等多个方面。加强对协同育人过程的监督管理,建立监督机制和质量反馈机制,及时收集学生、教师、企业等各方的意见和建议,及时发现问题并采取措施加以改进,对协同育人工作不断地进行改进和完善,确保机制运行的质量和效率。

(5) 文化保障

通过宣传、培训等方式,营造浓厚的协同育人文化氛围,让各参与方了解协同育人的重要意义和价值,提高各参与方对协同育人的认识和重视程度。倡导合作共赢的文化理念,鼓励各参与方在协同育人过程中相互尊重、相互支持、共同发展,推动协同育人机制的持续健康运行。

3.3.2 协同育人机制的持续改进

协同育人机制的持续改进需要各方共同努力,通过建立反馈机制、定期评估与调整、创新与发展、加强团队建设和营造良好氛围等措施,不断完善协同育人机制,持续提高人才培养质量。

(1) 建立反馈机制

学生反馈:通过问卷调查、座谈会等方式,定期收集学生对协同育人过程中的课程体系、教学方法、实践环节等方面的意见和建议,了解学生的学习体验和需求,以便及时调整教学内容和方式。

教师反馈:教师作为协同育人的主要实施者,对教学过程中存在的问题和改进方向有深刻的认识。建立教师反馈渠道,鼓励教师提出教学改进的建议,促进教学质量的不断提高。

企业反馈:企业是协同育人的重要参与方,对学生的实践能力和职业素养有明确的要求和评价标准。通过座谈会、问卷调查、走访等方式,收集企业对学生表现的评价和对协同育人机制的建议,以便更好地满足企业的人才需求。

(2) 定期评估与调整

教学质量评估:采用内部评估和外部评估相结合的方式,定期对协同育人的教学质量进行评估,评估内容包括课程教学效果、实践教学成果、学生综合素质提升等方面,以确保评估结果的客观性和准确性。

机制运行评估:对协同育人机制的运行情况进行评估,主要包括合作协议执行情况、资源共享程度、沟通协调效率等方面。通过评估,发现机制运行中存在的问题,以及时地进行调整和完善。

调整与改进:根据评估结果,采取具体的措施,例如,调整课程设置、改进教学方法、加强师资队伍建设、拓展实践基地等,对协同育人机制进行调整与改进。

(3) 创新与发展

教学方法创新:鼓励教师积极探索协同育人的创新性教学方法,如企业项目式教学、工程案例教学、翻转课堂等,提高学生的学习积极性和参与度。同时,结合现代信息技术,开展在线教学、虚拟仿真教学等,丰富教学形态。

合作模式创新:不断探索新的合作模式,拓展协同育人的广度和深度。例如,开展省际合作、国际合作、校际合作等,整合各方资源,提高协同育人的水平。

人才培养模式创新:根据社会需求和学生发展特点,创新人才培养模式,如实行"订单式"培养等,培育具有实践能力和创新精神的高素质人才。

(4) 加强团队建设

教师团队建设:加强教师的培训和交流,提高教师的教学水平和实践能力。鼓励教师参与企业实践、科研项目等,提高教师的综合素质。同时,建立教师激励机制,激发教师的工作积极性和创造性。

企业导师团队建设:聘请企业技术骨干、管理专家等担任企业导师,为学生提供实践指导和职业规划建议。加强企业导师的培训和管理,提高企业导师的指导水平,增强其责任心。

管理团队建设:建立高效的协同育人管理团队,负责协同育人机制的运行和管理。加强管理团队的培训和学习,提高管理团队的业务能力和服务水平。

(5) 营造良好氛围

宣传协同育人理念:通过各种渠道,宣传协同育人的重要意义和成果,提高社会对协同育人的认识和支持度。营造全社会共同关注和参与协同育人的良好氛围。

鼓励创新与合作:鼓励教师和学生积极创新,勇于尝试新的教学方法和学习方式。同时,鼓励学校、企业、社会机构等各方之间的合作与交流,共同推动协同育人机制的持续改进。

第 2 篇　科教产协同育人实践

第4章 前期工作探索

齐鲁工业大学机械类专业应用型人才培养始于2011年,先后获批山东省省级特色专业、山东省卓越工程师教育培养计划项目、山东省名校工程重点支持专业、山东省高校应用型人才培养专业发展支持计划。依托卓越工程师教育培养计划项目,2014年机械与汽车工程学院在试点班开展校企合作完成毕业环节。校(院)科教融合后,山东省机械设计研究院整建制并入,整合优势资源,促进了机械类专业开展科教产协同育人的探索与实践。按照培养机械类专业高素质应用型人才的要求,机械工程学部通过成立协同育人联盟,探索科教产协同育人机制;研究科教融汇、产教融合协同育人路径,开展协同育人实践;通过打造协同育人实体(新松智能制造现代产业学院),深化协同育人实践,实现了专业链与产业链、教学与生产过程的对接。

4.1 卓越工程师教育培养计划的启动与目标设定

4.1.1 卓越工程师教育培养计划的启动

中国共产党第十七次全国代表大会以后,党中央、国务院作出走中国特色新型工业化道路、建设创新型国家、建设人才强国等一系列重大战略部署,对高等工程教育改革发展提出了迫切的要求。在此背景下,为满足国家对工程人才的需求,"卓越工程师教育培养计划"开始酝酿。

2010年6月23日,教育部在天津大学召开"卓越工程师教育培养计划"启动会,联合有关部门和行业协(学)会,共同实施"卓越工程师教育培养计划"(简称"卓越计划")。"卓越计划"具有三个特点:一是行业企业深度参与培养过程;二是学校按通用标准和行业标准培养工程人才;三是强化培养学生的工程能力和创新能力。教育部于2010年6月13日批准61所高校为卓越计划试点单位;2011年9月29日批准133所高校为卓越计划实施单位;2013年10月17日批准433个本科专业加入卓越计划。

2017年6月12日,教育部发布《新工科研究与实践项目指南》,该指南规划出的新工科研究与实践项目有新理念、新结构、新模式、新质量、新体系5个部分共24个选题方向。

2018年9月17日,教育部、工业和信息化部、中国工程院发布《关于加快建设发展新工科实施卓越工程师教育培养计划2.0的意见》。

2018年10月,教育部印发《关于加快建设高水平本科教育 全面提高人才培养能力的意见》等文件,决定实施"六卓越一拔尖"计划2.0。

从国家需求层面来看,卓越工程师教育培养计划旨在培养造就一大批创新能力强、适应经济社会发展需要的高质量工程技术人才,为建设创新型国家奠定坚实的人力资源优势。从教育改革层面来看,该计划意在推动我国高等工程教育的改革与创新,促使高校在人才培养模式、课程体系、教学方法、实践教学环节以及师资队伍建设等方面进行积极的探索和改革。例如,加强校企合作,让学生有更多机会参与实际工程项目,提高学生的工程实践能力和创新能力;优化课程设置,培养学生的综合素质和解决实际问题的能力。从产业发展层面来看,该计划为企业提供了高质量的工程技术人才资源,促进了企业的技术创新和产业升级。通过校企合作,企业能够更好地参与高校人才培养过程,将企业的实际需求和最新技术融入教学,增强人才培养的针对性和实用性。

卓越计划启动后,众多高校积极响应计划要求,纷纷结合自身特色和优势,积极探索和实践卓越工程师的培养模式,不断优化课程设置、加强校企合作、提高师资队伍的工程实践能力等,开启了我国卓越工程师培养的新征程。

4.1.2 卓越工程师教育培养计划的目标设定

卓越工程师教育培养计划的主要目标是面向工业界、面向世界、面向未来,培养造就一大批创新能力强、适应经济社会发展需要的高质量各类型工程技术人才,为建设创新型国家、实现工业化和现代化奠定坚实的人力资源优势,增强我国的核心竞争力和综合国力。以实施卓越计划为突破口,促进工程教育改革和创新,全面提高我国工程教育人才培养质量,努力建设具有世界先进水平、中国特色的社会主义现代高等工程教育体系,促进我国从工程教育大国走向工程教育强国。

(1) 培养高质量工程技术人才

① 扎实的工程基础知识和专业技能

学生通过系统的课程学习和实践训练,学习数学、物理、化学等自然科学基础知识,以及计算机、力学、材料等工程学科基础知识,掌握工程领域的基本理论、专业知识和技术方法,进一步的专业学习和工程实践能够让学生在实际工程中运用所学解决复杂的工程问题。

② 充分的创新能力和实践能力

通过学科竞赛、复杂工程设计、科学问题研究等,培养学生的创新思维和创新意识;通过课程实验、课程设计、企业实习等,提高学生的动手能力和实际操作能力。

③ 良好的职业素养和团队合作精神

通过引导学生在工程活动中遵守法律法规,尊重社会和环境,维护公众利益,培养学生的职业道德、社会责任感和工程伦理意识;通过团队项目、小组作业等方式,培养学生的沟通能力、协调能力和领导能力,使他们能够在团队中发挥积极的作用,共同完成工程目标。

(2) 推动工程教育改革与创新

① 优化工程教育课程体系

结合工程领域的发展趋势和企业真实需求,对工程教育相关课程进行优化和更新。一方面,增加前沿技术、工程实践案例等内容,使课程更加贴近实际工程需求;另一方面,加强课程之间的衔接和整合,避免课程内容的重复和脱节,提高课程教学的效率和质量。

② 创新工程教育教学方法

采用项目式教学、案例教学、问题导向教学等多样化的教学方法,激发学生的学习兴趣和主动性;利用虚拟仿真、在线教学等现代信息技术,丰富教学手段,提高教学效果。

③ 加强工程实践教学环节

加大实践教学在工程教育中的比重,与企业合作建设实习基地、实践教学中心等实践平台,为学生提供更多的实践机会;选派优秀教师和企业工程师共同指导学生的实践教学,提高实践教学的质量和水平。

(3) 促进工程教育与产业的紧密结合
① 建立产学研合作机制

建立产学研合作平台,加强高校与企业、科研机构之间的合作;共同开展科学研究、技术开发、人才培养等活动,实现资源共享、优势互补。

② 提高工程教育的适应性和服务能力

根据产业发展的需求,及时调整工程类专业的专业设置和人才培养方向,培养适应产业发展需求的各类工程技术人才,为产业升级和经济发展提供人才支持。同时,通过校企合作,发挥高校的科研和人才优势,为企业提供技术咨询、技术服务等,促进企业的技术创新和产业升级。

4.2 卓越工程师教育培养计划实施成效

齐鲁工业大学(山东省科学院)机械与汽车工程学院机械设计制造及其自动化专业于2013年入选山东省首批卓越工程师教育培养计划试点专业,2014年正式招生,于2016年成为中国机械行业卓越工程师教育联盟成员单位。学院每年在新生中遴选30~40名优秀学生组成机械设计制造及其自动化专业卓越工程师教育培养计划试点班(以下简称"卓工班")。卓工班采用单独编班,单独制订培养方案,小班授课。截至目前,卓工班共组织了4个年级、共142人,其中2014级38人、2015级30人、2016级39人、2017级25人,最后一届卓工班学生于2021年毕业。学院高度重视卓工班学生的实践能力和创新能力培养,严抓各项教学环节落实、落地,取得了显著成效,具体改革做法如下。

(1) 坚持小班授课模式

机械设计制造及其自动化专业教学任务繁重,学院每年的教学任务安排压力巨大。在此情况下,学院每年仍然坚持挑选优秀教师担任卓工班任课教师,严格落实卓工班小班授课制度。

(2) 利用假期时间开展专项培训

针对卓工班特殊的培养要求,学院积极组织各方面力量重点提高卓工班学生的专业实践技能。例如,每年利用暑假时间开设"小学期",对卓工班学生开展SolidWorks专项技能培训,并开展SolidWorks技能大赛,收效颇丰。

(3) 邀请企业专家开展专题讲座

为开阔卓工班学生的专业视野,学院定期邀请合作企业的工程师来校为卓工班学生开展专题讲座,将优秀的一线工作经验、一线专业知识带进课堂,让学生知为何而学,思为何而考。

(4) 拓宽视野,走近一线

学院每年安排10~20名卓工班学生参加在北京、上海召开的国际机床设备大型展览会,增强学生对国际一流机床设施配件的了解,拓宽学生的视野。

带领学生走进机械类相关企业,走近生产一线见习实习也是卓工班培养中的常态化工作,通过在一线的亲身经历,学生可以增长见识,学以致用。

(5) 重点提升学生解决复杂工程问题的能力

按照卓工班培养计划,大四上学期的最后6周直到毕业答辩,卓工班学生的生产实习、毕业实习、毕业设计(论文)工作都要在企业内进行。学院积极组织各年级卓工班学生的生产实习和毕业设计安排工作,先后与山东常林机械集团股份有限公司、歌尔股份有限公司、盛瑞传动股份有限公司、济南沃德汽车零部件有限公司、玫德集团有限公司、济南易恒技术有限公司等企业签订了卓越工程师联合培养协议。联合企业根据生产实际出具毕业设计(论文)课题,并安排具有中级以上职称的工程师担任学生的企业导师,同时学院为每名学生安排一名校内导师全程参与学生的生产实习和毕业设计(论文)指导工作,确保学生能够保质保量完成实习和毕业设计任务,重点提升学生解决复杂工程问题的能力。在毕业答辩环节,邀请企业专家参与,校企共把"出口关",取得了较好的效果。

通过4届卓工班的人才培养模式改革试点,所培养学生的实践创新能力得到了明显的提高,试点工作缩短了学业与就业之间的缓冲期,学生能够较快速地适应工作岗位。经过试点工作探索,学院在人才培养模式改革、课程体系建设、校企合作方式等方面也取得了宝贵的经验,为将来在机械类专业深入开展科教产协同育人培养模式改革工作奠定了坚实的基础。

第5章 机械类专业科教产协同育人实践

自2011年齐鲁工业大学机械类专业开展应用型人才培养至今,协同育人工作分为两个阶段:协同育人模式的构建及改革实践阶段(2011—2021年)和协同育人模式的创新发展阶段(2022年至今)。

协同育人模式的构建及改革实践阶段包含机械类专业开展应用型人才培养改革、卓越工程师教育培养计划试点及机械类专业"一核双驱、多维联动"协同育人模式构建与实践。机械类专业的协同育人工作在深耕10年(2011—2021年)后,于2022年面向机械类专业高素质创新应用型人才培养目标,结合工程教育专业认证,开展科教产深度融合培养模式的改革与实践,协同育人模式自此进入创新发展阶段。

5.1 协同育人模式的构建及改革实践阶段

在机械设计制造及其自动化专业卓越工程师教育培养计划试点过程中,学院在校企合作培养人才的工作中积累了丰富的经验,取得了显著的成效,自2018年开始将卓工班模式推广至学院所有的机械类专业,开展产教融合、科教融汇协同育人模式探索与实践。

5.1.1 产教融合、科教融汇协同育人模式探索

2018年6月,山东省机械设计研究院整建制划归齐鲁工业大学(山东省科学院)〔以下简称校(院)〕管理,与机械与汽车工程学院率先在校(院)开展二级单位科教融合试点,开启了机械两院(机械与汽车工程学院、山东省机械设计研究院)的合作之旅。2021年10月机械两院正式合并为机械工程学部。机械两院均面向机械工业,也都属于机械工程学科,具有学科一致性,通过教学科研资源与行业企业资源的共享共用,更有助于具备创新潜质和国际化视野的高素质创新应用型人才培养目标的实现。

依托山东省机械设计研究院的平台及行业企业资源优势,2019年12月机械两院牵头成立机械类专业协同育人联盟,联盟理事长和秘书长单位均为齐鲁工业大学(山东省科学院)。该联盟的宗旨是主动对接机械类行业人才需求,邀请行业企业及科研院所深度参与机械类专业人才培养过程,探索资源共享、人才共育、过程共管、成果共享的多方协同育人长效机制,培养机械类专业高素质应用型人才,实现"产、学、研、用"多方共赢。齐鲁工业大学(山东省科学院)机械类专业协同育人联盟成立大会于2019年12月28日在济南市召开,80余家科研院所、企业加盟,大会制订了联盟章程,组建了联盟理事会。机械类专业协同育人联盟涵盖的专业由机械设计制造及其自动化、材料成型及控制工程和工业设计3个普通本科专业扩展至机械设计制造及其自动化、材料成型及控制工程、工业设计、机器人工程和智能制造工程5个普通本科专业。

机械类专业协同育人工作实行校、院两级管理,学校负责校企合作工作的宏观指导、检查、评估;学院做好协调和配合,并具体负责各专业学生到企业实习、毕业设计的组织管理和实施

工作。在学院领导的高度重视及各位指导老师的积极配合下,协同育人工作根据服务学生、沟通服务企业、搭建平台、协同共赢的定位,邀请行业企业专家深度参与人才培养方案的修订工作和实践教学等环节,采取校内/校外"双导师"共同指导学生的工作方式,按照专业人才培养的要求,利用现有资源,开拓创新,充分发挥教师和企业的主观能动性,全面提高了毕业实习、毕业设计等实践教学的质量,在人才培养、专业建设和产学研合作等方面取得了较大的成果。

机械类专业协同育人联盟围绕"教学、科研、实践、转化"四位一体的育人模式,充分利用优势资源,搭建多方合作共赢平台,提供产业研究、技术咨询、资源对接、交流合作等全方位的服务;基于行业需求,联合各方共同培育基础扎实、素质全面、具有创新精神和实践能力的高素质应用型人才。

2021年7月,第一届机械类专业协同育人研讨会召开,行业专家、学者、企业代表约200人参加会议。会议成立了机械类专业协同育人指导委员会,旨在为协同育人"引路把脉"。第一届机械类专业协同育人研讨会的成功举办,对进一步对接机械类人才需求,总结机械类协同育人联盟成立以来的体制机制和工作经验,落实好协同育人长效机制,具有重要的意义。

作为科教产协同育人的深化实践,学校依托机器人工程专业、智能制造工程专业,与沈阳新松机器人自动化股份有限公司合作办学,成立新松智能制造现代产业学院,探索"2+2"人才培养模式,实现人才、技术与资源共享,实现专业链与产业链、教学与生产过程的紧密对接。

5.1.2 产教融合、科教融汇协同育人模式构建

将协同学理论应用于科教产协同育人研究领域,在分析科教产协同育人与协同学理论契合性的基础上,从序参量、控制参量、自组织演化等方面阐述实施科教产协同育人的内在机理。图 5-1 和图 5-2 分别展示了协同育人系统的序参量和自组织演化过程。研究表明,科教产协同育人与协同学理论具有良好的契合性;采用协同学理论解析科教产协同育人的内在机理,有助于深入理解协同育人机制,促进高校、科研院所、企业的深度融合;科教产协同育人系统将趋于自组织的有序演化,最终实现协同增效。

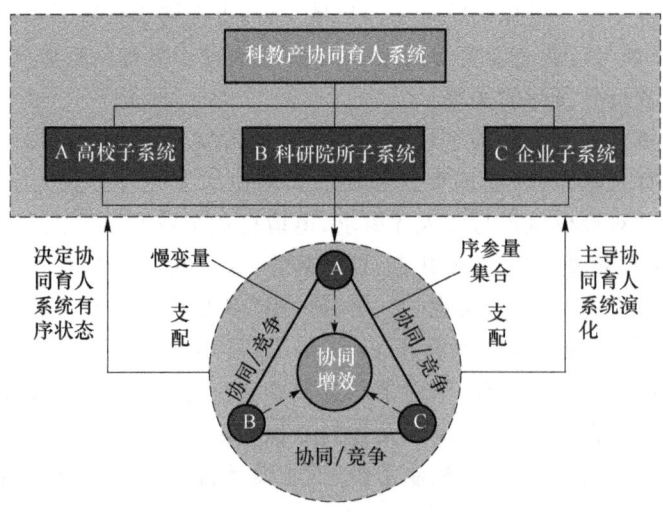

图 5-1 协同育人系统的序参量

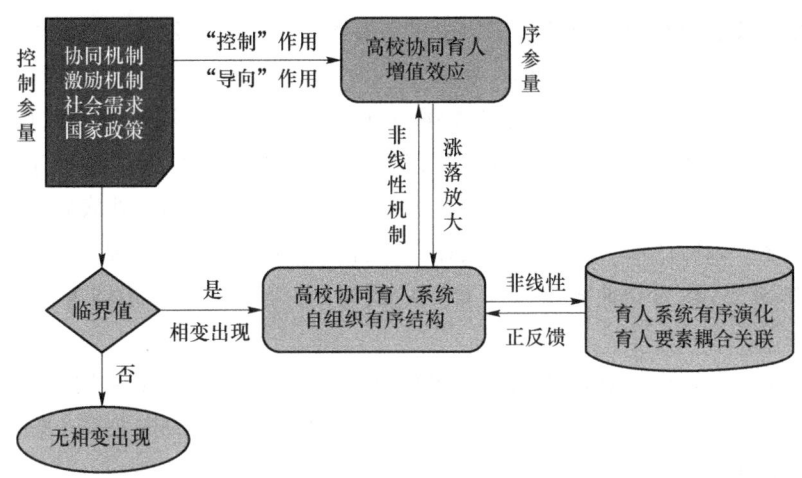

图 5-2 协同育人系统的自组织演化过程

齐鲁工业大学(山东省科学院)在具体实施协同育人的过程中,构建了机械类专业"一核双驱、多维联动"的协同育人模式:"一核",以培养机械类专业高素质应用型人才为核心;"双驱",科教融汇、产教融合双轮驱动;"多维联动",联合构建实践平台、联合研发课程与教材、联合指导毕业设计、联合提高师资水平、联合共建育人实体,深入开展机械类专业协同育人改革与实践。协同育人总体思路如图 5-3 所示。

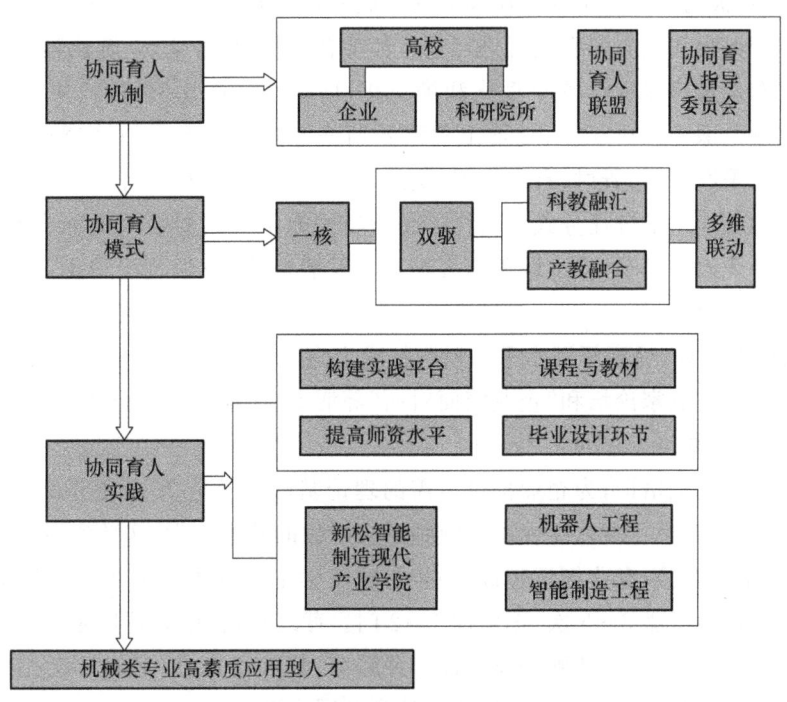

图 5-3 协同育人总体思路

(1) 建立协同育人基地,全面落实校企协同育人工作

近年来,齐鲁工业大学(山东省科学院)分别与玫德集团有限公司、山东省章丘鼓风机股份有限公司、济南易恒技术有限公司、济南沃德汽车零部件有限公司、潍坊富源增压器有限公司、

济南森峰激光科技股份有限公司及山东山水重工有限公司等企业建立了机械类专业协同育人基地,新增机械类协同育人联盟企业30余家。

聘请联盟企业的工作人员担任指导教师参与学生的理论教学、实验实习和毕业设计(论文)指导等教学环节,让学生进入企业真实习、真实践。增大与联盟企业协同育人的广度和维度,鼓励教师到联盟企业参加实践锻炼,将参加时间不少于6个月的企业实践作为青年教师验收的必要条件之一,制订"博士+企业对接计划",引导青年博士深入企业寻找研究课题,参与企业项目合作研发,在为企业解决技术难题的同时,与企业联合承担国家级和省部级科技项目。

2018年,学院联合山东豪迈机械科技股份有限公司、山东山大华天软件股份有限公司、青岛宝佳智能装备股份有限公司(曾用名:青岛宝佳自动化设备有限公司)等山东省内的智能制造集成应用的典型企业和示范企业申报山东省首批新旧动能转换智能制造行业公共实训基地。其间,学院与企业深度合作,发挥自身优势,主动寻找科教融汇发展机遇,紧跟新旧动能转换的步伐,深入讨论、反复论证,围绕智能制造五大新模式和"智能装备、智能技术、智能产品、智能服务"四大领域建设实训基地,为机械类专业的人才培养提供了有力的支撑。

(2) 修订人才培养方案

兼顾人才培养质量的国家标准和工程认证标准,学院联合行业企业共同制订机械类专业人才培养方案,积极构建具有国际实质等效的专业人才培养体系。

对专业主干课程和核心课程设置进行重组和整合,提高综合化、系统化程度,设置"专业综合实验";实现专业选修课程设置小型化和模块化,增加选修课比例;依托协同育人联盟构建"轻工机械"等特色课程模块6个;新增工程素养训练等实践课程5门,实践学分比例增加至30%。鼓励教师采取讲授、研讨、自主学习、实验、实习、实训、课程设计等灵活多样、切实有效的形式进行课程教学。推进任务式、项目式、企业实操教学等培养模式的综合改革,将协同育人模式融入各专业教学环节,促进课程内容与技术发展衔接、教学过程与生产过程对接、人才培养与产业需求融合。

(3) 加强校企互动,提高师资水平与增强技术实力

积极举办线上企业家论坛和"企业家面对面"等活动,加强学生对企业、企业对学生的相互了解,培养满足企业真正需求的人才。

教师参与企业员工培训,为企业提供所需的理论基础。聘请76家企业的98名工作人员担任企业指导教师(截至目前),企业指导教师参与学生的理论教学、实验实习和毕业设计等教学环节,将一线工作经验、专业知识带进课堂,拓宽了学生的视野。每个专业每学期邀请企业专家开设相关专业的讲座3~5次、选修课1~2门。截至目前,已聘请以企业高级技术人员为主的客座教授15人。鼓励教师到企业参加实践锻炼,截至目前,33名教师已先后到企业参加实践锻炼,该过程与学生的毕业实习、毕业设计环节同步进行。

(4) 访企拓岗,积极推动联盟内就业工作

学院领导及各系主任带头,深入企业调查走访,考察企业需求,精准对接企业,掌握企业对机械类专业人才培养的需求,促进毕业生高质量就业。其中,2022届已就业毕业生中超过40%的毕业生落户机械类专业协同育人联盟成员单位,大批优秀毕业生在生产研发一线就业,

有效地克服了"学生不愿去,去了不愿留"等就业难题。

(5) 校企共赛

校企共赛是协同育人的新模式。学院与相关企业成立竞赛专项团队,将一线技术、真实需求、创新思路作为竞赛核心体系,多次获得国内外奖项。其中,工业设计专业的学生在校内外指导教师的带领下,参加首届"小兽杯"全国大学生宠物用品设计大赛并获奖,获奖作品的设计题目来自山东鸭嘴兽工业设计有限公司。参赛作品"防猫打扰式键盘防护罩"及"宠物足部洗烘一体机"(如图5-4所示)分别获得优秀设计奖和入围奖。

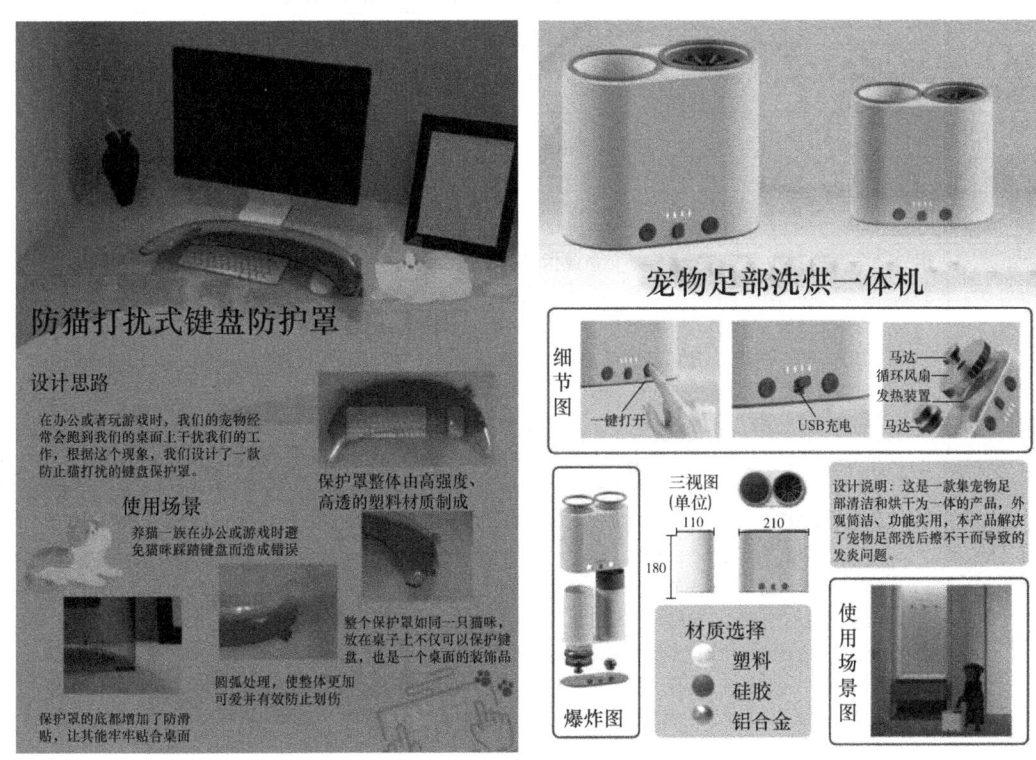

图 5-4 首届"小兽杯"全国大学生宠物用品设计大赛获奖作品

"防猫打扰式键盘防护罩"作品简介:当人们在利用电脑办公或者玩游戏时,猫经常会跑到桌面上干扰人们工作。根据这一现象,设计了一款防止猫打扰的键盘防护罩。相比于传统的键盘防尘罩,这款键盘防护罩不仅可以在正常工作的时候使用,而且可以有效地防止猫触碰键盘影响工作。

"宠物足部洗烘一体机"作品简介:这是一款集宠物足部清洁与烘干于一体的产品,让宠物的足部在清洗之后可以及时得到烘干,最大程度地避免了因不及时烘干造成的足部炎症等问题,常见的用毛巾擦拭、用吹风机吹干等方式存在的清洁不彻底、温度控制不稳定的问题,在这款产品面前也迎刃而解。

(6) 学生到企业进行毕业实习与毕业设计

依托机械类专业协同育人联盟企业,征集企业课题,机械类专业的毕业设计课题来源于企业生产实际或企业与教师合作项目的比例,从2019届、2020届毕业生的不到20%,提高到2021届毕业生的86%,基本实现了来自企业的毕业设计题目的全覆盖。每个企业接收5~7

名学生,为学生提供必要的毕业实习条件。学生的毕业设计在企业进行,真题真做、现场做,其间加强过程管理。为每名学生配备来自学校和企业的导师各1名,指导学生进行选题并开展后续工作。

校内外指导教师采取集中指导和单独指导相结合、线上线下相结合的方式,加强过程监控,精心指导学生完成毕业设计。在答辩阶段,邀请企业专家参加学生的毕业设计答辩,校企共把出口关。图5-5展示了毕业实习、设计过程的监控情况。

机械与汽车工程学院2021年毕业实习、设计汇报情况记录表

毕业设计课题		一种树叶自吸、粉碎、造粒一体的环卫清扫车					
学号			姓名	专业	机械设计制造及其自动化	班级	机械(卓工)17-1
学生联系方式				手机:			
所在实习企业名称				松鼠(山东)智能装备制造有限公司			
实习企业指导教师联系方式				手机:			
指导时间	指导形式	指导情况概述		企业指导教师反馈内容		图片/照片资料	
2021.4.14	线下	毕业实习第七周,在这一周内我仍旧把三维图绘制摆在了中心位置。花费了大量时间对二维图和做出来的试验品进行了大量了解,对于三维的树叶车的大体框架已经有了足够的准备和了解		在本周的三维图绘制过程中,学生对于树叶车的实例试验品进行了仔细的现察,借助现实中的实例推动了三维图绘制的进展			
2021.4.21	线下	毕业实习第八周,在这一周里,我对于二维图与试验品的不同之处进行了详细的了解,对于试验品的修改之处进行了仔细的观察,对于数据也进行了测量,并将之反映到了三维图上		学生对于实例的树叶车与二维图中的树叶车的不同进行了详细的了解,这有利于三维图的绘制,很好地推动了三维图绘制的进展			

图5-5 毕业实习、设计过程监控

机械与汽车工程学院在产教融合、科教融汇协同育人方面的探索和实践,健全了协同育人工作机制,完善了协同育人模式,解决了产教融合、科教融汇协同育人中人才培养与企业需求严重脱节的问题,机械类专业的人才培养质量、师资水平、专业建设水平等显著提高。相关工作内容被《中国教育报》头版以《齐鲁工业大学(山东省科学院)创新体制机制、优化整合资源——科教融合迸发新动能》为题进行了报道,许崇海院长作为典型代表就科教融合协同育人的做法及成效接受了采访。《大众日报》以《打通人才培养"最后一公里"》为题,大篇幅报道了齐鲁工业大学(山东省科学院)二级学院科教融合协同育人实践调查结果。此外,山东新闻频道、中国教育在线、新浪山东、齐鲁晚报、齐鲁网、齐鲁壹点等多家新闻媒体也对我校机械类专业的协同育人工作进行了专题报道。图5-6展示了部分媒体报道内容。

图 5-6　项目成果获媒体报道

5.2　协同育人模式的创新发展阶段

自 2021 年 11 月以来,原齐鲁工业大学(山东省科学院)机械与汽车工程学院与原山东省机械设计研究院(原机械两院)正式合并为机械工程学部(以下简称学部),学部在前期产教融合、科教融汇协同育人工作的基础上进一步开拓思路,面向机械类专业高素质创新应用型人才培养目标,结合工程教育专业认证,开展科教产深度融合培养模式的改革与实践,进入协同育人模式的创新发展阶段。

按照培养高素质创新应用型人才的要求,学部构建了以工程教育专业认证为标准、以科教融汇和产教融合为动力的人才培养体系框架与运行机制,旨在解决教育链与产业链、创新链"三链"衔接过程中的瓶颈问题。此外,通过将产教之间的对接、共谋、互动、互补与互通路径,以及科教之间在部门、机构、活动三个层次的协同路径,与工程教育专业认证目标达成融会贯通,找到了机械类专业人才培养的多元驱动力。地方应用型本科高校在人才培养过程中普遍存在的师资队伍工程化水平不足、产业资源利用不充分、学生工程实践能力不强等方面的突出问题借助于上述人才培养体系框架与运行机制都将得到较大的改善。这样一来,不仅可以有效地促进教育链与产业链、创新链"三链"之间的顺畅有机衔接,也有望解决产教融合"最后一公里"的难题,进一步推动高等教育高质量发展。

5.2.1　协同育人模式创新方案设计

科教融汇、产教融合与工程教育专业认证作为工程教育的三个倡导点,在实质上具有高度的内在联系,它们不仅具有目标上的高度一致性,而且在目标实现途径、策略与机制上有强烈的互补性,三者的有机协同可以更有效地促进人才培养工作。为此,作者提出科教融汇、产教融合与工程教育专业认证多元驱动"三链"衔接的人才培养体系框架(图5-7)。基本思路为:以工程教育专业认证为标准,抓住人才培养的关键要素与环节,建立培养目标确立→培养方案编制→培养过程实施→培养条件建设→培养质量评价的人才培养体系框架。以科教融汇和产教融合为动力,以"三链"有机衔接为目标,夯实体系框架的内涵,使其成为具有自适应与迭代功能的人才培养运行体系。

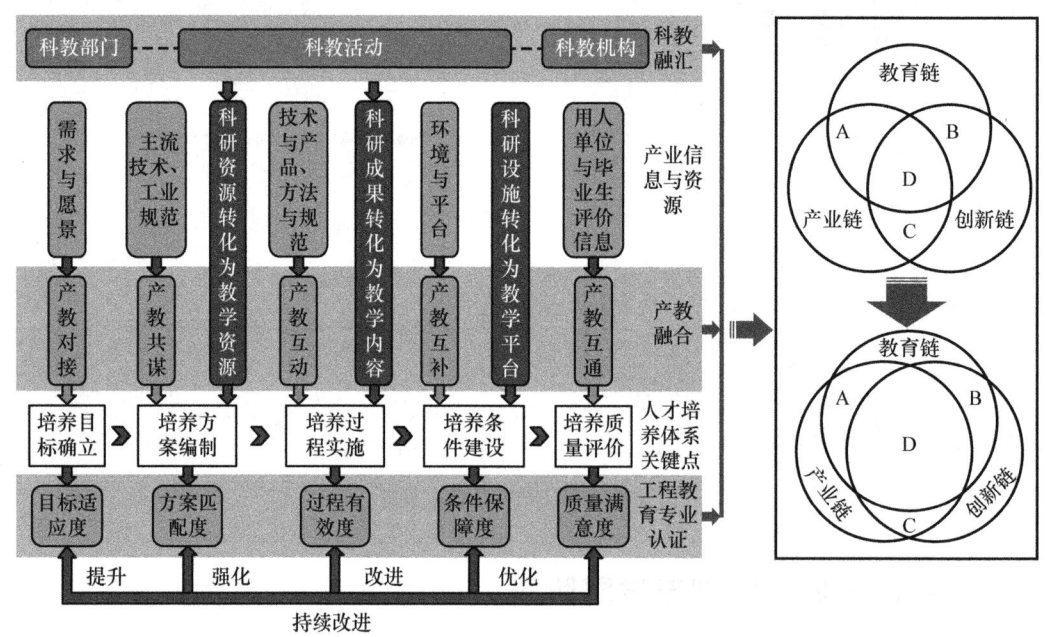

图5-7 科教融汇、产教融合与工程教育专业认证多元驱动"三链"衔接的人才培养体系框架

科教融汇从科教部门之间、科教机构之间和科教活动之间的融合三个方面切入,把科研资源转化为教学资源,把科研设施转化为教学平台,把科研成果转化为教学内容,推动了高校与科研院所深度合作培养人才,也推动了高校内部的科研与教学紧密结合。

产教融合通过产教对接,将产业需求与愿景融入培养目标,提高培养目标的适应度;通过产教共谋,将主流技术、工业规范融入培养方案,提高培养方案的匹配度;通过产教互动,将技术与产品、方法与规范融入培养过程,提高培养过程的有效度;通过产教互补,将环境与平台融入培养条件建设,提高培养条件的保障度;通过产教互通,采集并利用用人单位与毕业生评价信息,提高培养质量的满意度,促进人才培养各环节的持续改进。

科教融汇、产教融合与工程教育专业认证一起,共同驱动了"三链"从初步衔接到深度有机衔接的转变(对应图5-7中D区域范围的显著增加),从而形成了一套系统、完整的改革方案。

5.2.2 协同育人创新改革与实践

齐鲁工业大学(山东省科学院)面向机械类专业高素质创新应用型人才培养的科教产深度融合培养模式改革首先在机械工程学部的机械类本科专业进行了试点,在延续产教融合、科教融汇协同育人探索阶段工作的基础上,重点加强面向工程教育认证的学生实践能力培养,全面落实毕业实习和毕业设计(论文)到企业,全面落实毕业设计(论文)课题来源于企业生产实际。

经过近5年的发展,机械类专业协同育人联盟单位已发展扩大至120余家,自2022届毕业生开始,毕业设计(论文)课题100%来源于企业生产实际,该模式延续至今,已培养毕业生2 000余名。协同育人联盟成立以来新增校企合作项目280余项,校企联合申报国家级、省级项目40余项,其中获批立项项目30余项(国家级项目3项,山东省重大科技创新工程项目13项,山东省科技型中小企业创新能力提升工程项目10余项);完成成果转化1 000余万元;毕业生就业落到联盟单位的人数占总就业人数的比例超过60%,初步实现了多方协同育人、共享育人成果的目标,为机械类行业的发展奠定了人才基础。

(1) 毕业设计(论文)课题来源

在制定和选择毕业设计(论文)课题方面,所选择的课题均符合专业培养方案的要求,在确保课题与专业高度相关的同时注重工程实践,兼顾创新。在科教产协同育人培养模式下,2022届、2023届、2024届机械类专业本科生毕业设计课题均来自企业,课题类型主要包括工程设计、技术开发、理论研究等。其中,如图5-8—图5-11所示,机械设计制造及其自动化专业的工程设计类课题超过90%,学生实际进入企业开展毕业设计(论文)的情况基本超过80%;材料成型及控制工程专业的工程设计类课题超过70%,学生实际进入企业开展毕业设计(论文)的情况基本超过60%。

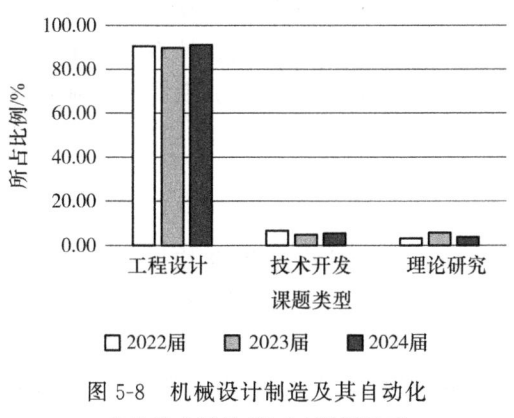

图5-8 机械设计制造及其自动化专业毕业设计(论文)课题类型

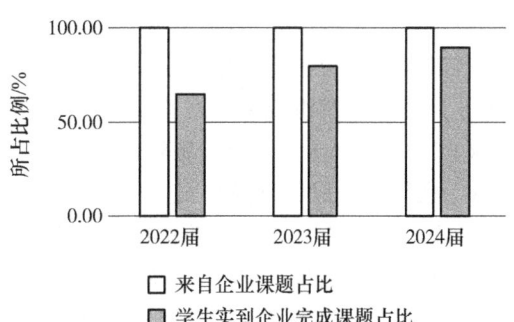

图5-9 机械设计制造及其自动化专业毕业设计(论文)课题来源

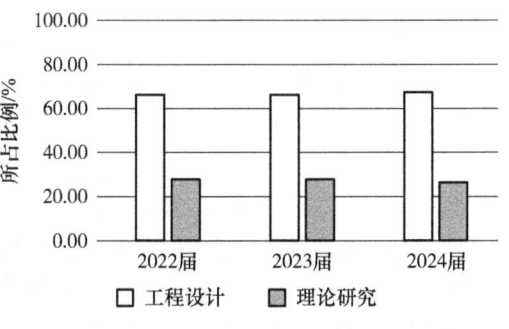

图5-10 材料成型及控制工程专业毕业设计(论文)课题类型

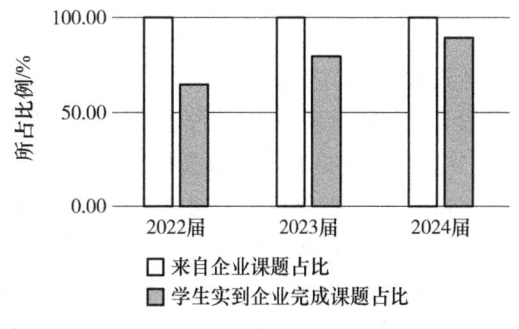

图5-11 材料成型及控制工程专业毕业设计(论文)课题来源

(2) 毕业实习与毕业设计(论文)开展情况

根据由学院批准、教务处备案的实习计划,学生陆续进入企业实习,依托于企业的实际项目,学生可以理论联系实际,巩固在校所学知识;校内指导教师与企业指导教师共同指导学生。

通过毕业实习,学生的知识体系得到进一步的完善,有效地弥补了过去学习过程中的不足,通过直接参与企业的实际项目,学生提高了自身的实际工作能力,受到了企业的高度认可。

为保证学生的毕业设计(论文)能够按时高质量地完成,校内外指导教师采取集中指导和单独指导相结合、线上线下相结合的方式,精心指导学生完成本科毕业设计(论文)。

按照学院要求,指导教师每两周汇总并提交毕业设计(论文)指导情况记录表,全面加强毕业设计(论文)指导工作的过程监督。在与企业合作培育指导学生方面,实践"校企合作+企业实习"的培养模式,具体为:制订一对一"师带徒"的培养方案,解决实际生产中的技术问题;开设企业导师专题讲座,以毕业设计(论文)课题为突破口,培养学生解决工程问题的能力和工程素养;学生进入企业实习,向学生提供真实的企业岗位技能培训。

(3) 毕业设计(论文)答辩环节

毕业设计(论文)答辩环节邀请企业专家参与。2024届毕业生的毕业设计(论文)答辩邀请了山东同天科技集团有限公司董事长丛炜峰、烟台胜信数字科技股份有限公司工程师王伟林、济南易恒技术有限公司副总经理王志忠、山东省章丘鼓风机股份有限公司副总经理刘士华等作为答辩专家参与毕业设计(论文)答辩,各位专家重点从工程实践和创新能力方面就毕业设计(论文)提出了意见和建议并进行了评判。此外,2023届毕业生的毕业设计(论文)答辩创新性地采取企业答辩试点行动,机械设计制造及其自动化专业的5名毕业生在海克斯康制造智能技术(青岛)有限公司(简称海克斯康)完成毕业设计(论文)答辩,机械设计系主任王宝林作为答辩组长主持答辩工作,机械制造系主任衣明东、专业教师李春玲、海克斯康工程师张潇飞等5人作为答辩组成员出席答辩会。

(4) 协同育人优秀企业(部分)

① 豪迈集团股份有限公司

豪迈集团股份有限公司是首批加入机械类专业协同育人联盟的企业,年均提供毕业设计(论文)课题数量超过8项,年均招收机械工程学部的毕业生超过10人。此外,豪迈集团股份有限公司每年还承担机械设计制造及其自动化、材料成型及控制工程等专业的生产实习工作,使学生利用1周的时间深入了解各种生产工艺。2024年,齐鲁工业大学(山东省科学院)与豪迈集团股份有限公司签订校企战略合作伙伴协议。

② 海克斯康制造智能技术(青岛)有限公司

在机械类专业协同育人联盟的支持下,机械工程学部的学生在海克斯康进行毕业实习与毕业设计(论文)工作。2023年,机械工程学部创新性地采取了企业答辩试点行动,在完成毕业设计(论文)工作后,5名毕业生在海克斯康进行了毕业答辩。

③ 临工重机股份有限公司

临工重机股份有限公司是2024年加入机械类专业协同育人联盟的企业,首批提供毕业设计(论文)课题6项。2024年,齐鲁工业大学(山东省科学院)与临工重机股份有限公司达成校企合作意向并共同建设了首批校企合作储备班,学生在大四年级完成理论课之后即到企业进行实习与培训,以全新的"1236+3"模式进行培养和全过程量化评价。2025届毕业生已有6人签约临工重机股份有限公司。

④ 济南易恒技术有限公司

在机械类专业协同育人联盟的支持下,机械工程学部的学生在该企业进行毕业实习与毕业设计(论文)工作。毕业设计(论文)实行双导师制,课题基于学生的实习岗位需求和企业技术需求以及学生的专长,主要解决与机器人工程相关的工程实际问题。这一举措加深了理论与实践的融合,为学生未来的职业生涯奠定了坚实的基础。目前已有本科毕业生进入该企业就业。

⑤ 山东友江智能装备有限公司

在机械类专业协同育人联盟的支持下,该企业每年提供毕业设计(论文)课题数量超过5项,提供多种实习模式。机械工程学部智能制造系教师任该企业特派员(山东省科技厅企业特派员),获批2022年山东省重点产业领域"揭榜挂帅"项目1项,获批日照市科技创新成果奖三等奖1项,共同发表学术论文2篇。

⑥ 山东泰开精密铸造有限公司

作为机械类专业协同育人联盟的典型企业,该企业每年提供约4项毕业设计(论文)课题,并提供相关毕业设计的条件,指派资深高级工程师参与毕业设计(论文)答辩环节的指导。另外,该企业还与机械与汽车工程学院共同申请山东省轻质高强金属材料工程中心,与校内教师开展深入的科研合作,并向研究生提供实践训练机会,向本科生提供生产实习条件。截至目前,已有4名毕业生入职该企业。

⑦ 中国重汽集团济南橡塑件有限公司

自机械类专业协同育人联盟成立之初,该企业便积极参与推进协同育人工作,为学生提供进行毕业设计(论文)工作的条件,每年接纳3~5名学生开展毕业设计(论文)工作,并指派资深高级工程师参与毕业答辩指导。近几年,该企业指导教师多次获得"优秀毕业设计指导教师"称号。

⑧ 山东越成制动系统股份有限公司

自2020年起,该企业每年接纳本科生4人及以上开展毕业设计(论文)工作,所提供的毕业设计(论文)课题紧密围绕实际生产,使学生能够真正地参与产品研发过程。其中,2022届5名本科毕业生已依托其毕业设计(论文)内容申请了国家发明专利。

⑨ 山东山水重工有限公司

自机械类专业协同育人联盟成立以来,该企业每年提供毕业设计(论文)课题数量超过5项。该企业提供多种实习模式,接受大三年级的学生进入企业进行暑期实习和大四年级的学生进行毕业实习,此外,还接受研究生进入企业参观实习。目前已有本科毕业生顺利进入该企业就业。

⑩ 济南市冶金科学研究所有限责任公司

该企业自2021年开始与材料成型及控制工程专业开展合作指导毕业设计(论文)工作。迄今为止有两名毕业生在该企业就业,从事技术工作。近3年来,该企业提供了7个与企业实际相关的毕业设计(论文)课题,为硬质合金开发及棒材成型相关的课题。

⑪ 山东鸭嘴兽工业设计有限公司

2023年,工业设计专业的18名学生入驻该企业进行参观实习。毕业答辩时,该企业的董事长丛炜峰来校担任答辩评委。工业设计专业的学生在该企业指导教师和校内指导教师的双指导下,参与首届"小兽杯"全国大学生宠物用品设计大赛,获得优秀设计奖和入围奖各1项。

⑫ 济南联合众为建筑科技有限公司

自2019年起,该企业每年接纳本科生3人及以上进行毕业设计(论文)工作,所提供的毕业设计(论文)课题紧密围绕国家政策、市场需求,立意新颖。在培养学生的基础上,该企业与学生的校内指导教师积极开展项目合作,获批省部级项目1项,签订横向课题1项,并协助开展科研成果转化及市场化应用。

⑬ 金雷科技股份公司

作为机械类专业协同育人联盟企业,该企业每年为学生提供4~6项毕业设计(论文)课题,指定专业的工程师作为企业导师与校内指导教师共同指导学生毕业设计(论文),并参与毕业设计(论文)答辩环节的指导。另外,该企业还与学生的校内指导教师开展深入的科研合作,并向研究生提供实践训练机会。截至目前,已有3名毕业生入职该企业。

⑭ 山东凯尔曼智能装备有限公司

在机械类专业协同育人联盟这一创新合作框架下,机械工程学部的学生得以深入企业一线进行毕业实习与毕业设计(论文)。该企业根据自身发展需求,开放了一系列真实的工程项目供学生选择,确保学生能够接触到最前沿的技术。学生能够在实践中解决真实的问题,能够有效提升自己的专业技能和解决实际问题的能力。截至目前,已有两名本科毕业生顺利进入该企业就业。

5.2.3 协同育人创新改革成效

面向机械类专业高素质创新应用型人才培养的科教产协同育人培养模式改革在机械工程学部进行试点之后,齐鲁工业大学(山东省科学院)总结试点经验,进一步将该模式拓展到电子电气与控制学部、光电科学与技术学部、计算机科学与技术学部等校内其他工科专业领域,均取得了良好的成效。面向机械类专业的科教产协同育人创新改革成效如下。

(1) 人才培养质量显著提高

近3年,机械类专业每年参与大学生创新创业训练计划项目的学生超过65%,获省级以上竞赛奖励570余项,其中国家级奖励49项;申请并获得授权专利23项;就业率90%以上,其中考研率30%以上。

(2) 本科毕业生的综合能力明显增强,企业认可度高

针对本科毕业生的问卷调查结果(图5-12和图5-13)表明,协同育人经历提高了毕业生的就业质量:80.52%的毕业生认为协同育人经历提高了自己独立工作的能力;79.22%的毕业生认为协同育人经历增强了自己的沟通表达能力,与同事交流更顺畅;74.03%的毕业生认为协同育人经历提高了自己的专业知识运用能力,在新环境中只需要进行简单的培训便能胜任新工作;61.04%的毕业生认为协同育人经历使自己具备了一定程度的解决复杂问题的能力,在试用期内能够更快地达到转正要求;49.35%的毕业生认为协同育人经历使自己掌握了一定的工程实践能力。

选项	小计	比例
有很大的提高	219	83.27%
有点提高	41	15.59%
没感觉提高	3	1.14%
本题有效填写人次	263	

图 5-12 协同育人对学生综合能力的提高作用

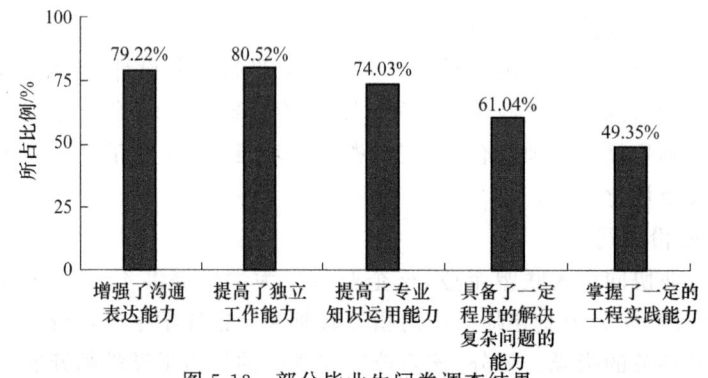

图 5-13 部分毕业生问卷调查结果

根据针对企业的问卷调查结果(图 5-14 和图 5-15):87.23%的企业认为我校学生的专业知识掌握程度扎实或较扎实;89.36%的企业认为我校的协同育人培养模式很好。

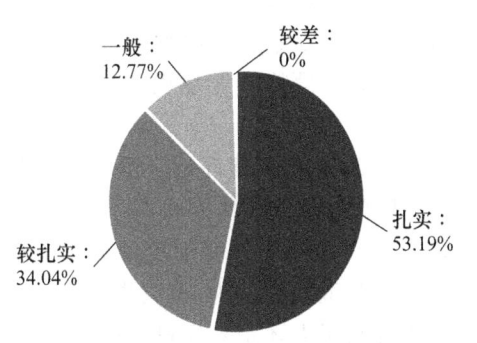
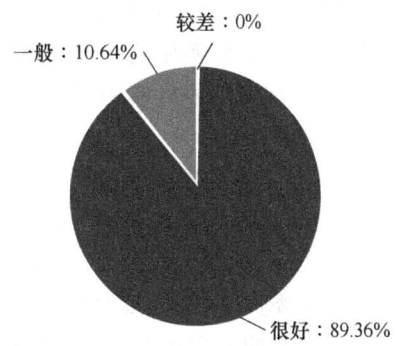

图 5-14 企业对学生知识掌握程度的评价　　图 5-15 企业对协同育人培养模式的总体评价

本科毕业生在工作中的综合能力明显增强,潍柴动力股份有限公司、中国重型汽车集团有限公司、歌尔股份有限公司、豪迈集团股份有限公司等 20 多家单位给予高度评价,普遍反映学生专业基础扎实、动手能力强、创新能力突出。

(3) 师资水平不断提高

机械工程学部自开展科教产协同育人工作以来,建设了专兼结合、工程经验丰富的协同育人师资队伍,推动教师积极参与生产一线技术攻关,丰富实践经历;增加了 98 名企业指导教师;1 名教师获评省级教学名师,3 名教师为泰山学者青年专家,3 名教师为泰山产业专家领军人才;1 名教师获得国家级教师教学竞赛二等奖,3 名教师获得山东省高校青年教师教学比赛一等奖,1 名教师获得外研社"教学之星"大赛全国总决赛二等奖;校企联合承担科技部"科技助力经济"2020 年重点专项 1 项,工信部重大专项 2 项,山东省重大科技创新工程项目 13 项,机械工程学部牵头或联合申报省级技术创新中心 3 个;4 名教师通过合作获批山东省重点扶持区域引进急需紧缺人才项目;机械类专业的教师与企业合作项目 320 余项。

(4) 专业建设水平明显提高

机械设计制造及其自动化专业在校(院)内首个通过工程教育专业认证、获批国家级一流本科专业,材料成型及控制工程专业和工业设计专业获批山东省一流本科专业建设点,"水下机器人救援虚拟仿真实验""工程力学""机械设计基础""工程材料"等课程获批山东省一流本科课程,"材料力学"获批省级课程思政示范课程。机械设计制造及其自动化虚拟教研室获批山东省虚拟教研室类基层教学组织,机械工程实验教学中心获批省级实验教学示范中心。

(5) 理论成果丰硕

机械工程学部自开展科教产协同育人工作以来,学部教师先后发表教研论文 35 篇,出版教材 10 部;承担省级及以上教研项目 9 项、校级教研项目 13 项。其中,"基于深度科教产融合和学科交叉的 ICT 专业创新型工程教育组织模式研究与实践"获批教育部第二批新工科研究与实践项目;"科教融合、产教融合与工程教育专业认证多元驱动'三链'衔接的机械类专业人才培养体系构建与实践"等项目获批山东省本科教学改革研究项目重点项目。

(6) 示范与推广效果显著

科教产协同育人培养模式首先在机械工程学部的 5 个本科专业试点实施了两年。之后校(院)总结试点经验和做法,进一步将该培养模式拓展到电子电气与控制学部、光电科学与技术学部、计算机科学与技术学部等学部的 12 个机电信息类专业,受益学生达到 9 300

余人,成效显著。大连工业大学、陕西科技大学、聊城大学等多所高校到我校交流学习,对该培养模式给予高度评价,认为我校通过成立科教融合学院、打通专业技术岗位评聘等举措,实行院所一体化运行机制,共用共享教学资源和科研资源,形成了一套行之有效的科教融合体制机制。我校实施的科教产深度融合下的机电信息类专业应用型人才培养模式改革,在培养方案修订、校外实习基地建设、校企联合实验室建设等专业建设方面具有显著的示范与推广效果。

另外,知名教学专家对我校科教产协同育人改革成果给予了高度评价。国家智能制造专家委员会主任、中国工程院李培根院士认为,该成果解决了协同育人体制机制不健全、企业参与度低等主要问题,在工程教育教学改革与实践中取得较大突破。教育部机械类专业教学指导委员会主任委员、国家机械类专业认证委员会主任委员赵继教授认为,该成果在科教产协同育人方面有扎实的工作基础,在产学研融通创新实践中提高了人才培养质量,具有重要的示范与推广价值。

5.3 协同育人问卷调查分析

为了掌握协同育人效果的第一手资料,为今后工作的持续改进提供精准支持,机械工程学部每年组织一次机械类专业协同育人问卷调查。近年来共有1 009名毕业生、168名校内指导教师以及187家企业参与问卷调查。通过对问卷调查结果进行分析,获得了宝贵的协同育人数据,这些数据较充分地证明了科教产协同育人的有效性。

5.3.1 学生毕业设计(论文)收获与质量显著提升

由图5-16可以看出,2021—2024年,参与协同育人的学生对其毕业设计(论文)课题的满意度保持了较高的水平。绝大多数学生对自己的毕业设计(论文)课题非常满意及较满意,仅有少部分学生对自己的毕业设计(论文)课题表示一般及不满意。这提示我们在为学生提供毕业设计(论文)课题时,可以增加对课题内容的描述与说明,提高学生对课题的认识与了解,进一步保证学生选择自己较满意的课题。

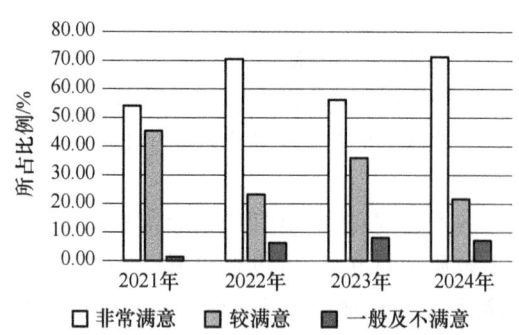

图5-16　2021—2024年学生对毕业设计(论文)课题满意度

由图5-17和图5-18可知,绝大多数学生对校内外指导教师给予了高度评价,满意其毕业设计(论文)的指导过程。多数学生表示在完成毕业设计(论文)的过程中校内外指导教师的专业素养和工作态度给他们留下了深刻的印象。

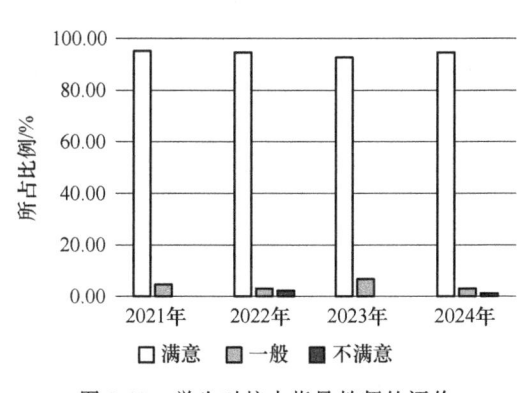

图 5-17 学生对校内指导教师的评价

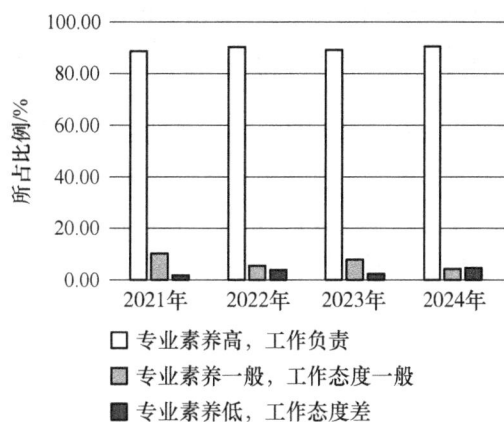

图 5-18 学生对校外指导教师的评价

通过完成毕业设计(论文)的过程,学生反馈自己在面对问题时能够用心研究,直到找到行之有效的解决方法,这提高了他们自身处理问题的能力。多数学生表示在完成毕业设计(论文)的过程中遇到困难与老师或者同学交流是最好的解决方法。绝大部分学生认为不断巩固专业课内容、回忆知识可以有效地提高自身知识储备水平,有利于解决实际的问题。同时,大部分学生认为利用网络检索、学习相关内容也是一种解决困难的有效方法。

许多学生对协同育人过程提供了相关的意见和建议,节选如下。

① 精选课题类型,比如研究类、实验类、控制类等;毕业设计(论文)的课题应该与实际应用紧密结合,具有实用性和可行性,尽可能选择有前瞻性的课题。

② 合理制订计划,避免在最后阶段集中工作。校外指导教师与校内指导教师应增加沟通次数,一起定期举行组会,共同解决问题、指导学生。

③ 注重实践。毕业设计(论文)需要具有可操作性和实践性,有利于学生去现场学习,了解实际的工作环境与状态,注重考虑技术实现和成本控制等实际问题,保证设计的可行性和实用性。

④ 建议前期开展毕业设计(论文)的指导以及讲解性工作。

5.3.2 校内指导教师参与协同育人程度明显增强

由图 5-19 和图 5-20 可知,2022—2024 年,绝大部分参与问卷调查的校内指导教师对毕业设计(论文)课题表示非常满意及较满意,其中,有近一半的教师对毕业设计(论文)课题非常满

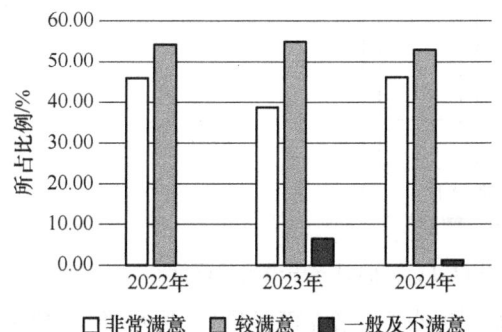

图 5-19 校内指导教师对毕业设计(论文)课题满意度

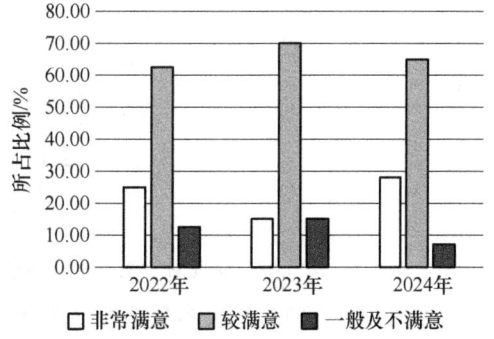

图 5-20 校内指导教师对学生完成毕业设计(论文)的表现的评价

意,这说明企业提供的课题比较符合毕业设计(论文)要求,满足培养本科生的条件;大多数校内指导教师对学生完成毕业设计(论文)的表现比较满意,极少数学生的工作情况不满足校内指导教师的要求。

大多数校内指导教师指导学生毕业设计(论文)的频次可以保证每周至少一次。大多数校内指导教师对自己在学生完成毕业设计(论文)过程中的指导情况表示满意(图 5-21)。通过指导学生的毕业设计(论文),校内指导教师表示自己也收获了很多,例如,学会更好地理论联系实际,与学生共同进步,加深了对企业的了解等。

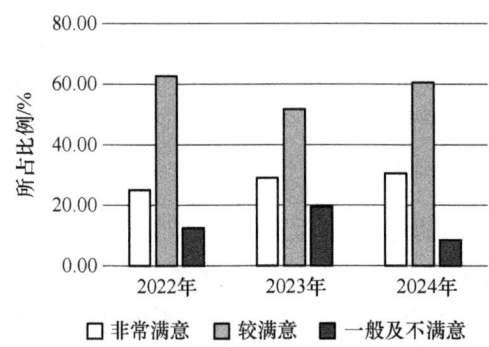

图 5-21 校内指导教师对自己指导学生毕业设计(论文)情况的满意度

5.3.3 企业急需人才培育效果显著

在 2021 年,绝大部分企业(校外指导教师)认为我校学生在完成毕业实习和毕业设计(论文)的过程中表现较好,态度较认真,能够遵守企业制度,作业过程较为严谨;有 1 家企业认为我校学生在完成毕业实习和毕业设计(论文)的过程中表现较差。这说明在当时部分学生在企业完成毕业实习和毕业设计(论文)过程中的表现达不到企业的要求,折射出我校人才培养与企业对人才的真实需求存在差距。

随着科教产协同育人改革的深入,协同育人模式进一步完善,协同育人机制也更加完善,人才培养取得了显著的成效。2022—2024 年,企业(校外指导教师)对我校学生在完成毕业实习和毕业设计(论文)过程中的表现已经实现了基本满意(图 5-22)。

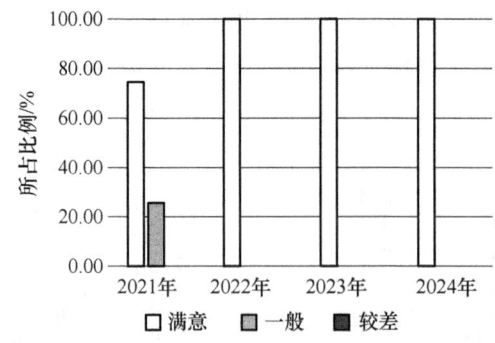

图 5-22 企业对学生在完成毕业实习和毕业设计(论文)过程中表现的评价

由图 5-23 可知,绝大多数企业认为我校的科教产协同育人培养模式很好,值得推广,但仍有少部分企业认为我校科教产协同育人培养模式效果一般,这说明我校的科教产协同育人工作仍存在不足,需要做进一步的改进,有必要与企业进一步开展深入交流,找准自身的不足之处,以采取针对性的改进措施。

由图 5-24 可知,绝大多数企业认为我校人才培养质量很好或较好,这是对我校科教产协同育人工作的肯定。同时,有少数企业认为我校人才培养质量一般,与企业的实际需求存在差距,这提示了我们今后人才培养质量提升的问题所在,也就是科教产协同育人工作的关键所在。

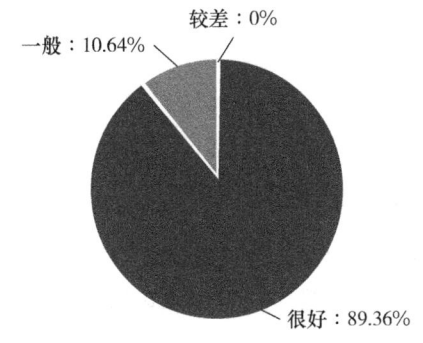

图 5-23　企业对我校科教产协同育人培养模式的评价

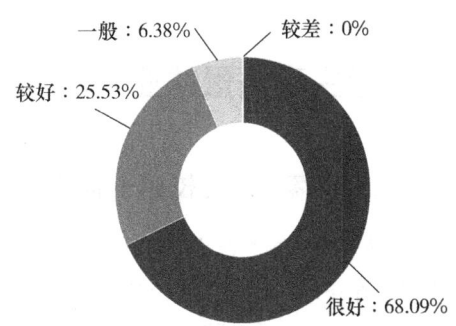

图 5-24　企业对我校人才培养质量的评价

当学生在企业进行毕业实习时,大多数企业能够划定专门的费用,专款专用,为学生指定导师,按照企业的日常制度要求管理学生,并负责学生的住宿问题。部分企业能够为学生提供生活补助。超过一半的企业表示会接收下一届需要进行毕业实习和毕业设计(论文)工作的学生,部分企业表示到时视情况而定。这表明我们需要进一步加强与企业的交流、沟通,探索合作共赢点,以及广泛宣传协同育人工作。

通过以上分析可以看出,大部分企业对我校的科教产协同育人模式给予肯定,对我校的人才培养质量予以认同,对学生在完成毕业实习和毕业设计(论文)过程中的表现予以认可,大部分企业能够积极配合我校的科教产协同育人工作。通过问卷调查分析结果同时能够看出,我校的科教产协同育人工作仍然存在不足,我们应在学生进行毕业实习前做足准备工作,如明确实习目的、严格要求实习纪律、规范实习流程等,采取更加具有针对性的措施,进一步提高科教产协同育人工作的水平。

第6章 科教产协同育人典型案例

6.1 学生高质量就业

6.1.1 案例一:校园十佳学生入职海克斯康智能制造研究院

邱同学,齐鲁工业大学(山东省科学院)机械工程学部2019级机械设计制造及其自动化专业学生,曾获国家奖学金、校长奖学金等奖项,获评2021年度"本科生校园十佳学生",入职海克斯康智能制造研究院。

海克斯康制造智能技术(青岛)有限公司(简称海克斯康)隶属于海克斯康集团(世界500强企业),专注于设计工程、生产制造、计量测试等领域的专业技术、产品与解决方案,通过使工厂更智能,帮助用户实现品质、效率和生产力的提升,推动以质量为核心的智能制造。

2022年年底,海克斯康与机械工程学部达成了协同育人协议。2023年2月,机械设计制造及其自动化专业包括邱同学在内的5名学生到海克斯康实习,同时见证了协同育人基地的揭牌仪式。海克斯康为每名学生提供了一个具体的企业实际课题作为其本科毕业设计(论文)课题,并为每名学生分配了一位具有较高技术水平的机械工程师进行实习指导,担任学生的企业指导教师。除此之外,基于前期对机械工程学部学生培养质量的了解,海克斯康并没有因为邱同学等人是实习生就分给他们一些边缘化的工作,相反,邱同学等人接触到的大多是企业正在研发的新机型、新项目,实习期间的任务量和任务难度都不小。经过几个月的实习,邱同学感觉自己将大学期间学习的课程知识快速地"复习"了一遍,并学到了无论是关于测量行业还是关于机械类专业在校内都未接触过的知识。邱同学在海克斯康完成毕业实习之后,在海克斯康完成了毕业设计(论文)答辩,最终在求职时顺利入职海克斯康智能制造研究院。

6.1.2 案例二:本科参与科研学生入职山东有荣机床有限公司

刘同学,齐鲁工业大学(山东省科学院)机械工程学部2019级机械设计制造及其自动化专业学生。2023年元旦刚过,应企业邀请,刘同学随校内指导教师到山东有荣机床有限公司进行毕业实习和毕业设计(论文)课题研究。

山东有荣机床有限公司拥有省级工程技术中心,专业从事龙门、铣床的研制与开发。该公司自2007年成立便从事铣床的生产与制造,后持续吸收国外先进技术,主导产品形成数控龙门加工中心系列,立式、卧式加工中心系列,车铣复合系列,数控镗铣床系列,出口型铣床系列等80余个品种规格,其中70%的产品出口到德国、意大利、法国、俄罗斯、美国等国际市场。2020年年初,山东有荣机床有限公司开始与齐鲁工业大学(山东省科学院)机械工程学部进行协同育人合作。

早在齐鲁工业大学(山东省科学院)机械类专业协同育人联盟成立的次年,便有机械设计制造及其自动化专业的本科生到山东有荣机床有限公司进行了为期半年的协同育人实践,刘同学是该企业接纳的第3届学生。协同育人合作期间,山东有荣机床有限公司与学校合作立项2020年科技部"科技助力经济"重点专项1项,获批山东省科技型中小企业创新能力提升工程项目1项,获批山东省工程技术中心1个,共同申请发明专利1项。

刘同学作为本科生参与了由校内指导教师衣明东与该企业共同研发的科研项目"精密型立式五轴联动复合加工中心关键技术研发及产业化",负责加工中心的三维模型设计,并负责进行部分切削试验。其中,精密加工断屑机制的相关研究成果以"The effect of secondary cutting on the chip breaking in turning with (Ti, W) C cermet cutting tools"为题发表于 *Journal of Manufacturing Processes*(国际TOP期刊,中科院工程技术大类一区),刘同学为该论文的第二作者,校内指导教师衣明东为通讯作者。

持续的合作终于开花结果。尚未毕业,刘同学就与山东有荣机床有限公司达成了就业协议。人才、项目的双丰收,也是山东有荣机床有限公司与机械工程学部进行协同育人合作的成果体现,该企业于2021年获得了齐鲁工业大学(山东省科学院)机械类专业协同育人优秀单位的荣誉称号。

6.1.3 案例三:新工科专业学生入职济南易恒技术有限公司

孙同学,齐鲁工业大学(山东省科学院)机械工程学部2020级机器人工程专业学生,在校期间的协同育人单位为济南易恒技术有限公司。

机械工程学部为了提高教学质量和培养学生的实践创新能力,与济南易恒技术有限公司签订了协同育人校企合作协议,实施校企双导师制,共同指导本科生毕业设计。

济南易恒技术有限公司提供的课题基于学生的实习岗位、企业技术需求和学生专长,旨在解决与机器人工程相关的工程实际问题。经过探讨,孙同学最终以"基于ABB机器人的智能化轴承游隙选配系统"为题,在济南易恒技术有限公司进行毕业实习并开展毕业设计(论文)工作,校企双方导师共同指导。在实习期间,孙同学展现了专业基础知识扎实、实践动手能力强、工作态度踏实的良好品质,得到了企业的高度认可。最终,在双方的共同努力下,孙同学顺利完成毕业实习以及毕业设计(论文),并顺利与济南易恒技术有限公司签订了就业协议,成为该企业的正式员工。

机械工程学部与济南易恒技术有限公司在机器人工程专业方面的协同育人案例展示了科教产协同育人的重要性和价值。这一育人模式不仅促进了学生的全面发展,也为企业和社会的发展提供了有力的人才支持。

6.2 产学研基地建设卓有成效

6.2.1 校企联合进行技术攻关与产品研发

1. 与山东越成制动系统股份有限公司合作

山东越成制动系统股份有限公司自2016年以来已与我校建立了长期的人才培养和产学研合作,并共建了齐鲁工业大学(枣庄)车辆制动技术研究院;先后有18名本科生在该企业开展毕业实习和毕业设计(论文)工作,基于其毕业设计(论文)工作申报并授权发明专利1项、实用新型专利3项。双方自建立人才培养和产学研合作以来,围绕车辆制动系统,联合攻关了轻卡、重卡、军用车辆等不同车型在不同行驶路况下的制动器关键技术,解决了刹车过程中制动间隙过调、制动拖磨、制动抱死等诸多问题,大大提升了产品的使用寿命和安全性能,技术达到国际先进水平。肖光春教授依托该企业申报并获批山东省重点扶持区域引进急需紧缺人才项目,与该企业联合申报获批山东省重点研发计划(重大科技创新工程)项目、山东省科技型中小企业创新能力提升工程、校(院)地产学研协同创新基金等多项科研项目;校企双方共同申请并授权发明专利10余项,获2023年度山东省循环经济科学技术奖二等奖(图6-1)。

图6-1 与山东越成制动系统股份有限公司合作获奖

2. 与山东有荣机床有限公司合作

截至目前,机械工程学部先后有16名学生在山东有荣机床有限公司开展毕业实习和毕业设计(论文)工作。校(院)与该企业在精密型立式加工中心研发领域开展了多年产学研合作,共同设计了大跨距、四直线导轨副和对称散热导轨,满足了加工中心高刚性的需求;采用宽底部、加高模块接口的立柱结构形式,实现了较大尺寸(高度尺寸)零部件的加工;采用气液平衡的主轴进给系统,提高了加工效率;采用"3个进给轴+2个回转轴"的结构形式,实现了五轴五联动加工,扩大了机床的加工范围,攻克了精密型立式五轴联动复合加工中心关键技术,研制出有完全自主知识产权的产品,解决了制造企业产品稳定性差、生产效率低、制造成本高等难题。校(院)与该企业已共同获批科技部重点专项"基于数字孪生技术的高精度龙门框架立式加工中心关键技术研发与应用"和山东省科技型中小企业创新能力提升工程项目"精密型立式五轴联动复合加工中心关键技术研发及产业化"(图6-2);获得山东省首台(套)技术装备及关键核心零部件等;校企共同申报发明专利2项,在国际著名期刊上发表论文4篇。

3. 与山东豪迈机械科技股份有限公司合作

山东豪迈机械科技股份有限公司2021—2023年接纳了机械工程学部20余名学生开展毕业实习和毕业设计(论文)工作,与校(院)保持着长期良好的合作关系,双方在承接政府财政项目、横向委托开发项目申报中整合优势资源,联合开展大项目研发,深化产学研合作,推进解决行业共性关键技术问题,近年来先后联合申报并获批财政部绿色制造工程项目"轮胎模具绿色制

图 6-2　与山东有荣机床有限公司联合申报并获批省部级项目

造关键工艺技术和装备突破及集成应用项目"(总经费 800 万元,其中机械工程学部经费 160 万元;2022 年验收)、山东省重点研发计划(重大科技创新工程)项目"大型国产五轴龙门铣车复合加工中心研制及产业化"(总经费 1 430 万元,其中机械工程学部经费 71.25 万元;2024 年立项)等重大科技项目;校(院)完成山东豪迈机械科技股份有限公司委托的横向项目 9 项,项目金额 17.55 万元;2024 年 9 月校(院)联合山东豪迈机械科技股份有限公司组建"山东省高端模具关键技术重点实验室"。

4. 与山东友江智能装备有限公司合作

2023 届和 2024 届有 7 名学生在山东友江智能装备有限公司开展毕业实习和毕业设计(论文)工作。机械工程学部王飞副教授任该企业特派员(山东省科技厅企业特派员),校企联合获批山东省 2022 年度重点产业领域"揭榜挂帅"项目 1 项。该项目以移动机器人为研究对象,将环境信息未知、障碍物情况复杂的环境作为应用场景,建立了机器人坐标系统模型、机器人运动控制模型、里程计位姿估计模型等。基于视觉传感器融合和激光测距仪信息融合,该项目研究了基于相对位姿观测模型的协作定位方法;在图论的理论基础上,研究了基于一致性的移动机器人协同控制方法;针对复杂场景中环境信息未知、障碍物情况复杂的特点,探索了基于深度强化学习的分布式异构机器人导航避障策略;建立了基于机器人操作系统与深度强化学习耦合的模型,并验证了所提出的协同编队控制方法与避障策略的整体有效性。该项目研制的移动机器人达到的技术指标如下。

① 全地形运动平台高度:≤750 mm。

② 运动轨迹精度:最大偏差≤0.1 m。

③ 机器人靶标控制方式:遥控控制方式、路径规划方式、随机运动方式。

④ 起倒时间:在 6 级风力条件下满足起倒时间≤1 s,在 7 级风力条件下可起倒。

⑤ 起倒次数:在充满电的状态下最大起倒次数≥200 次。

⑥ 可识别移动靶标、障碍物、直立行走人员和车辆;彩色 CCD;视频分辨率≥1 920×1 080;

视频压缩格式为 H.265/H.264/MJPEG；水平视场调节范围不小于 360°。

基于上述项目校企合作申报日照市科技创新成果奖,并获得三等奖;校企联合培养研究生,共同发表学术论文 2 篇(图 6-3)。

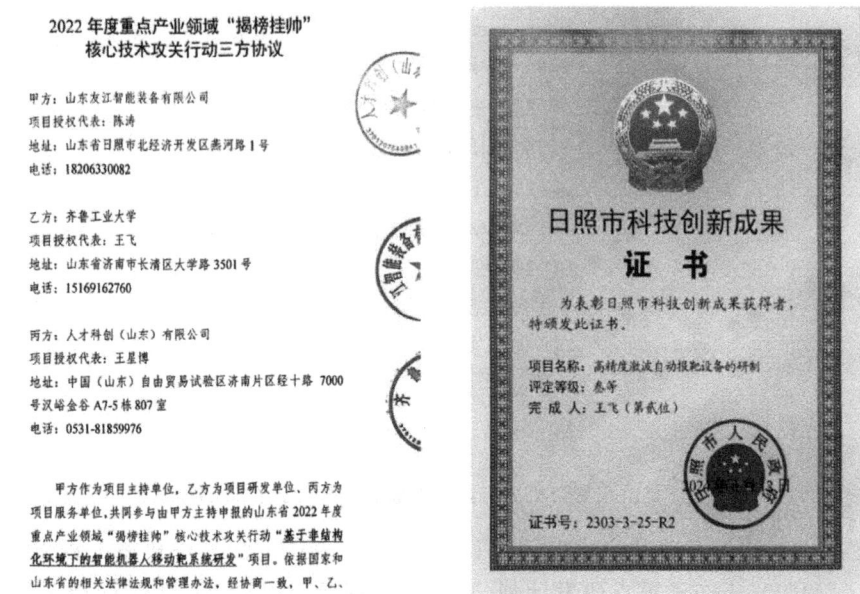

图 6-3 与山东友江智能装备有限公司联合申报并获批科技创新成果奖

5. 与济南联合众为建筑科技有限公司合作

济南联合众为建筑科技有限公司 2022—2024 年接纳 10 余名学生开展毕业实习和毕业设计(论文)工作。在协同育人的基础上,该企业与学生的校内指导教师积极开展项目合作,获批省部级项目 1 项(山东省科技型中小企业创新能力提升工程项目),签订横向课题 1 项,并协助展开科研成果转化及市场化应用。具体合作情况如下(图 6-4)。

(a) 混塔式风电塔筒开合模模具

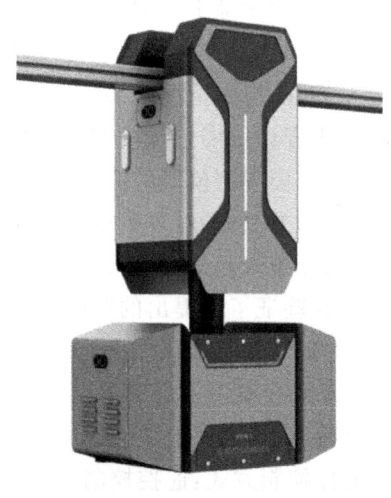
(b) 挂轨式巡检机器人

图 6-4 与济南联合众为建筑科技有限公司联合研发产品

① 面向我国风电产业持续快速发展的背景，联合开展混塔式风电塔筒开合模模具产品及配套自动化开合模技术、浇筑质量提升关键技术研发，目前已完成混塔式风电塔筒开合模模具首台 40 余套的生产与交付。

② 面向特殊场景智能巡检需求，开展挂轨式巡检机器人的研发工作，通过机械结构设计、自研主控板卡和驱动板卡、优化图像识别深度学习算法等实现了巡检机器人重量轻、巡检范围宽、控制模式多选、检测精度高等技术目标，目前已完成挂轨式巡检机器人样机的搭建和调试工作。

上述相关研究成果已授权国家发明专利 3 项，软件著作权 1 项。

6. 与济南冶金化工设备有限公司合作

校（院）与济南冶金化工设备有限公司自 2018 年开展合作，机械工程学部先后有 15 名学生在该企业开展毕业实习和毕业设计（论文）工作，校企联合成立"齐鲁工业大学-济南冶金化工设备联合实验室"，签订了横向课题 3 项。校企双方联合清华大学、武汉科技大学、鄂托克旗建元煤焦化有限责任公司等高校与企业，合作开发焦炉单孔炭化室煤气全过程协同有序调控技术项目。该项目基于基本原理剖析和数学建模，揭示了装煤炼焦过程炭化室煤气产生的规律和煤气输送系统（前段）过程参数、状态参数在时间与空间分布上的规律，完成了单孔炭化室压力单调阀的研发方案；基于设备创新，结合三维建模和仿真设计，完成了单调阀的结构设计；经过零部件材质优化、加工工艺和装配工艺验证，完成了单调阀的加工制造；基于负反馈控制原理，完成了单调阀与自控系统的集成；经过实验室性能验证与优化、工业实验与改进，最终形成了集气管压力优化配置与炭化室压力自动调节的单孔炭化室压力的协同有序调控，实现了炼焦过程单孔炭化室压力的精准调控，保证了从装煤到整个结焦过程焦炉炭化室底部压力稳定在微正压状态。2024 年 9 月，中国金属学会在清华大学成功组织并召开了科技成果评价会议，评价委员会一致认为该项目技术成果达到国际领先水平，推广应用前景广阔。

基于上述项目，校（院）与济南冶金化工设备有限公司合作发表论文 2 篇，申请专利 5 项。

7. 与山东胜利通海集团东营天蓝节能科技有限公司合作

截至目前，机械工程学部先后有 7 名学生在山东胜利通海集团东营天蓝节能科技有限公司开展毕业实习和毕业设计（论文）工作，其间，校企共同完成了 2 项横向课题的研发（图 6-5），分别为：项目 1，分布式智能油水分析仪封装机体的研制；项目 2，智能油水分析仪加工工艺及性能测试研究。项目 1 设计了一套完善的机械封装体，在确保核心电路板正常工作的同时，可以实现长时有效密封。项目 2 通过采用 316 不锈钢作为主要原材料，实现封装体的长时抗腐蚀；通过设计专业模具、采用冲压成型的工艺，实现所有零件的无缝化，从而降低因长时间腐蚀、冲刷而漏点、漏缝的风险；在模具设计过程中引入迷宫式密封的凹槽尺形分析；通过采用青壳纸＋密封胶的形式实现不锈钢与不锈钢界面间的密封，以柔性的方式克服了细长型薄板密封面不平整的难题；通过采用过盈配合或铆接的方式实现格兰头与封装体的有效强密封；设计了专用注胶口、放气孔，实现了高黏密封胶的快速、有效加注，在保证胶体全覆盖的同时，达到了注胶后完整、美观的效果；项目中选用的所有材料均满足耐高温、耐腐蚀要求。

图 6-5　与山东胜利通海集团东营天蓝节能科技有限公司共同研发项目

6.2.2　产学研合作基地的建设与运行

1. 与山东凯雷德工业设计有限公司合作

山东凯雷德工业设计有限公司（简称凯雷德）成立于 2016 年，位于潍坊市高新区，专注于提供品牌策划、整机产品设计开发、生产配套等全流程、系统化的工业设计服务，是国内首家具备自主整机设计开发能力的装备类工业设计公司。该企业拥有品牌策划、专用车、农业装备、工程机械、非标设备等多领域的技术型创新人才，具备丰富的设计实践经验。自成立以来，该企业累计服务客户超过 200 家，曾与多家知名企业达成合作。

（1）共建教学实习实训基地

2020 年 10 月，凯雷德与齐鲁工业大学（山东省科学院）机械与汽车工程学院签约，挂牌教学实习实训基地。此后，机械与汽车工程学院工业设计系的学生每年到凯雷德进行实习实训，凯雷德的设计总监向参加实习实训的学生介绍公司的基本情况，讲授设计流程及案例，并向学生解答学习、就业等问题。

（2）进行专题训练

为增强学生的设计实践能力，凯雷德与工业设计系组织设计实践活动，由凯雷德设立实践课题，并配备经验丰富的设计师辅导学生进行专题训练，进行真实课题的设计。图 6-6 展示了某专题训练任务书及项目流程计划。

（3）进行毕业实习和毕业设计（论文）指导

学生选择相关毕业设计（论文）课题，并进入凯雷德实习，凯雷德的专业设计师对学生进行课题指导，从市场调研到技术方案确定，从手绘到建模，从模型制作到动画视频制作，每一步都跟踪指导，细心讲解，让学生在完成毕业设计（论文）课题的同时能够真正掌握设计技能。

拖拉机外观设计实战项目

目的
  通过实战项目,让学生亲身了解掌握设计流程,设计分析方法。
  锻炼设计基础技能,提升设计水平和专业素养。

形式
  由专业设计公司发布实战项目要求,与校方老师制订项目流程计划,提供基础数据资料。组织学生小组参与实战项目,确定人数及分工。每个小组匹配一名专业设计师担任指导老师。
  按照计划节点,由指导老师和校方老师评审小组交付实物,并给与指导。
  项目完成后,集中组织方案汇报,展示设计成果。

项目流程计划:

序号	流程	内容	交付物	周期38天
1	产品认知、调研	1.用途、使用场景、用户群等 2.国内外品牌、产品分类 3.材料、工艺、结构、生产流程 4.国家标准	调研PPT	7天
2	设计要求解析	1.造型 2.涂装 3.人机	PPT	3天
3	二维设计方案	1.创意发散 2.设计草图 3.草图评审	草图jpg	7天
		4.精细效果图 5.效果图评审	二维效果图jpg	7天
4	三维建模	三维模型创建	三维数模stp	7天
5	涂装设计	配色、贴花设计	涂装文件eps	3天
6	三维渲染	1.效果图渲染 2.展示排版	展板文件jpg	3天
7	方案汇报	设计成果汇报	汇报PPT	1天

图 6-6 某专题训练任务书及项目流程计划

(4) 部分合作成果

学生在凯雷德进行实地实践,熟悉产品的设计流程,运用专业知识进行产品设计。在公司专业设计师的指导下,不仅学到了专业的知识,掌握了更多的设计技能,熟悉了更多的沟通技巧,也懂得了团队协作在设计工作中的重要性。图 6-7 和图 6-8 是 2021 届工业设计系的毕业生在凯雷德专业设计师的指导下完成的毕业设计作品。

2. 与山东松铝精密工业股份有限公司合作

山东松铝精密工业股份有限公司(曾用名"山东松竹铝业股份有限公司",简称松铝)主要从事模具设计与制造、铝合金研发与加工、铝型材表面处理等,为轨道交通、电子电器、精益装配、汽车制造等行业提供铝型材制品。

机械与汽车工程学院材料成型及控制工程系的多名教师与松铝建立了技术合作关系,同时开展了以培养高素质应用型本科人才和提升企业技术水平为目的的协同育人工作。许多本科毕业生的毕业设计(论文)课题来源于松铝当时急需解决的技术问题,包括铝合金制品的在线检测、铝合金的时效工艺等。

以项目名称为"变形铝合金制品成型及控制技术"的项目为例,机械与汽车工程学院与松铝签订技术开发合同。技术开发合同内容如下。

① 针对高精密铝合金家电外框制品件要求,分析制品形状、结构特点、技术要求,提出解决方案。

② 根据解决方案,制定制品毛坯的成型技术方法。

③ 研究成型工艺过程中各因素对铝合金产品质量的影响因素,并制定质量控制方案和采取相应的措施,提高成品率。

图 6-7 无人化物流终端及工业搬运车

图 6-8 纯电动农用拖拉机及电动城市环卫车

1) 案例 1:铝合金表面缺陷快速发现及流程优化

(1) 企业技术需求

通过实际走访企业、参观洽谈,松铝提出一个具体的技术需求,即当前铝合金制品在最后的质检包装阶段需要人工检查样品表面的缺陷,凡是有缺陷的制品都不能发货,并当作次品处理。造成产品缺陷的原因很多,个别批次产品的缺陷率有可能很高。人工检查缺陷(图 6-9)耗时耗力,且有可能漏检。如果能有一个快速检测铝合金制品表面缺陷的自动化技术,将大大提升企业的生产效率。

图 6-9 人工检查铝制品表面缺陷

(2) 毕业设计课题

根据上述技术需求,校企联合提出了毕业设计课题,课题名称为"铝合金表面缺陷快速发现及流程优化",材控 17-2 班的郎同学选择了该毕业设计课题,其指导教师为杨耀东。郎同学前往松铝开展毕业设计工作。

（3）课题完成情况

首先，观察并分析铝合金表面缺陷（瑕疵）的特点（图6-10），并根据这些特点设计利用机器视觉来快速识别瑕疵件的方案。

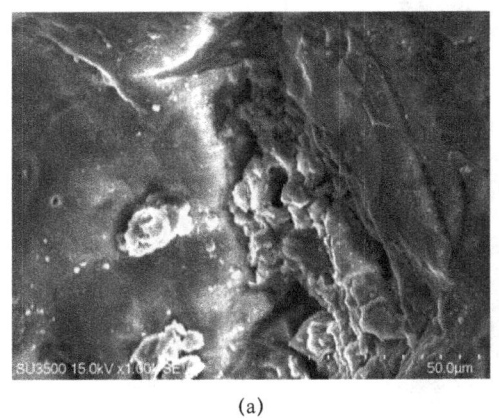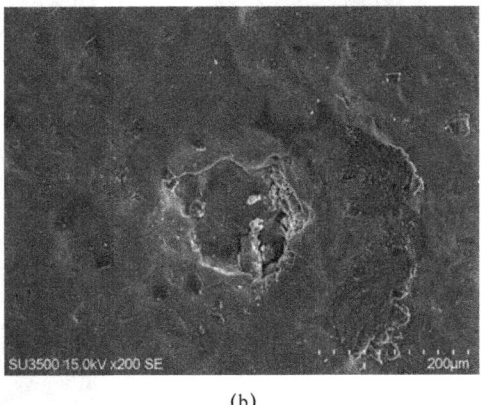

(a)　　　　　　　　　　　　　　(b)

图6-10　铝合金表面瑕疵区域的扫描电镜照片

其次，提出初步方案，找到具有分辨金属表面瑕疵能力的算法，配合高分辨率/高速相机对铝合金表面区域进行拍照比对，对有瑕疵的产品进行标记。图6-11展示了进行机器识别的简单流程。

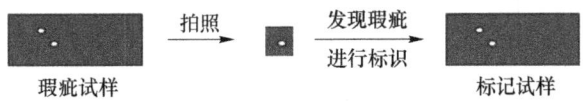

图6-11　进行机器识别的简单流程

郎同学先到企业生产现场学习铝合金产品的生产过程，在企业指导教师的指导下，结合已学知识，提取产品的技术特点和生产流程关键环节（图6-12），通过资料检索和讨论分析，提出具体的解决方案。

最后，选定可以识别铝合金试样瑕疵的算法和摄像头模块，并根据这些模块初步设计了检测线。下一步计划在企业建立测试生产线，根据检测结果不断调整并优化过程，等到检测线技术成熟，供企业进行评估并最终投放到实际检测中。

2）案例2：6063铝合金挤压制品的时效工艺研究

（1）企业技术需求

目前铝制品的生产工艺包括以下几个内容。

① 挤压原材料铝棒（在加热炉中采取梯段方式）：200 ℃保温2 h，450～520 ℃保温3 h。加热的最高温度不超过550 ℃。铝棒达到规定的温度才能进行挤压，按照预先计算好的尺寸进行剪切，剪切好的一段铝棒进入挤压筒进行挤压。

② 挤压筒初次加热采取梯段方式：200 ℃保温2 h，200～400 ℃保温3 h，模具预先进行加热保温。为了保证制品的性能，6063铝合金出料口温度应该保持在500 ℃以上，挤压时控制好不同挤压阶段的挤压速度。

③ 型材经过挤压口后进行在线淬火，实验所用6063铝合金采取快速强迫风冷的方式进行淬火。

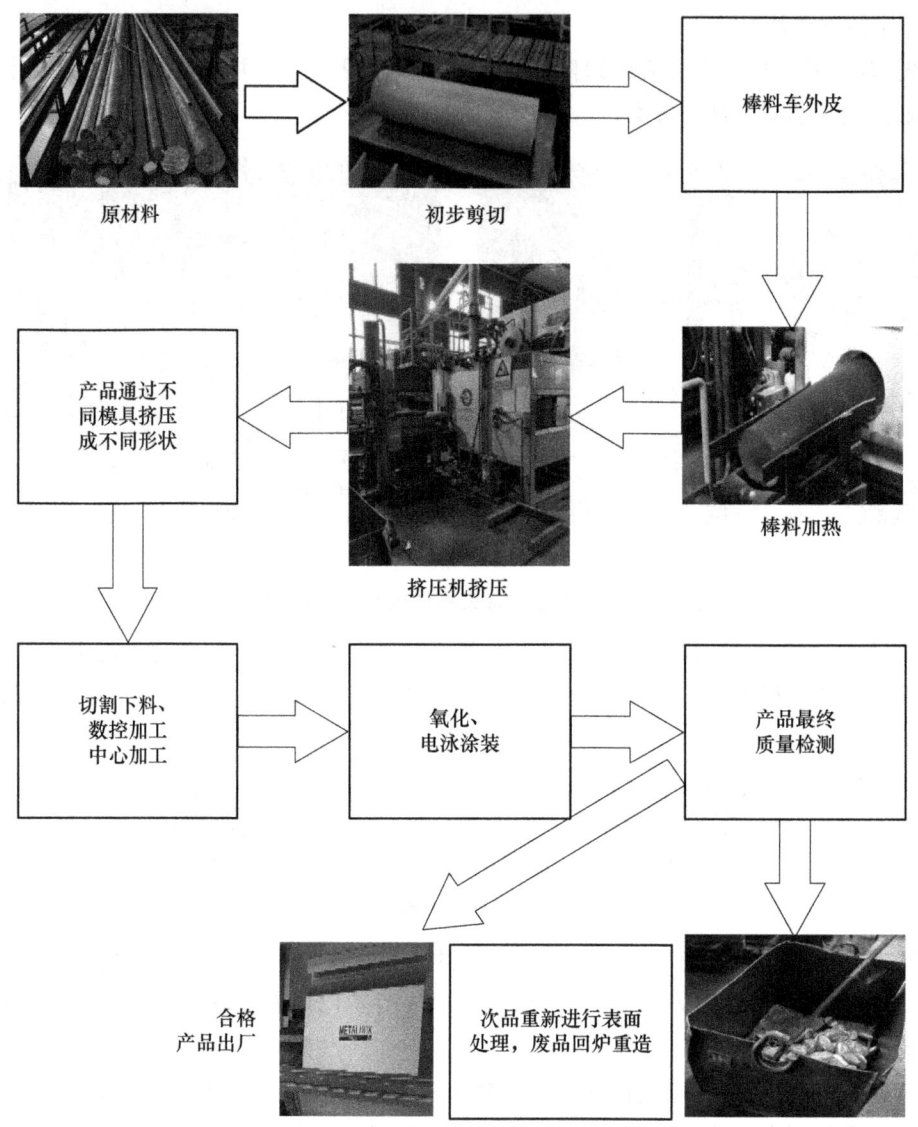

图 6-12 工厂车间铝材挤压生产工艺流程图

④ 挤压后的铝合金板材使用线切割机切割成一定尺寸的铝合金板,为后续的热处理实验做准备。

现阶段,铝合金制品采用风冷强制冷却淬火。为进一步提高铝合金制品的强度,淬火后需要进行时效处理,目前企业根据经验采用 3 小时退火,为了进一步提高生产效率和保证时效,需要明确具体的时效工艺参数。

(2) 毕业设计课题

根据企业的技术需求,提出了名为"6063 铝合金挤压制品的时效工艺研究"的毕业设计课题,该课题由材控 17-2 班陈同学负责,其指导教师为饶伟锋、王致明,陈同学前往企业开展毕业实习及毕业设计工作。

(3) 课题完成情况

陈同学首先在企业内实习,了解企业产品的种类及用途,以及熟悉整个制品的生产流程(图 6-12)。其次,利用所学知识,结合产品特点和整个生产工艺过程,了解生产制造各流程的主要作用,尤其是挤压成型及随后热处理的主要技术环节。最后,根据企业提出的需求,利用铝合金塑性变形和热处理的知识,研究铝合金的时效工艺。

根据国家标准,选定拉伸试样尺寸,并加工拉伸试件(图 6-13)。

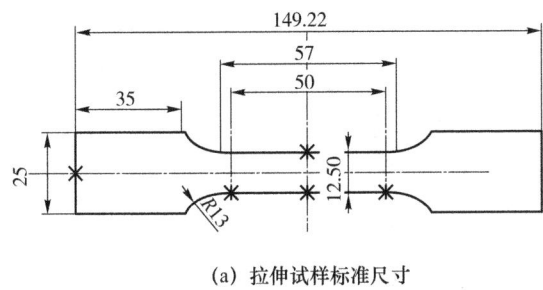
(a) 拉伸试样标准尺寸

(b) 6063 铝合金拉伸试样

图 6-13　拉伸试样的形状和尺寸

选定不同的时效处理工艺,通过实验分别研究时效对 6063 铝合金硬度和抗拉强度的影响,结果如图 6-14—图 6-19 所示。

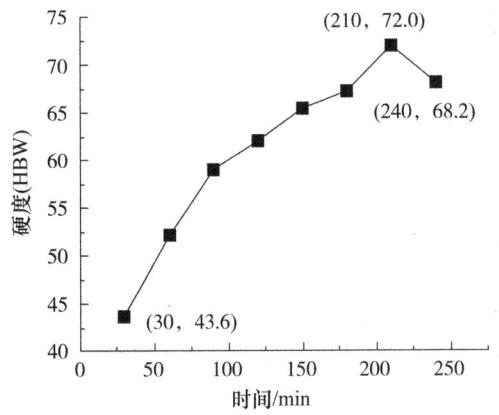

图 6-14　180 ℃下时效对硬度的影响

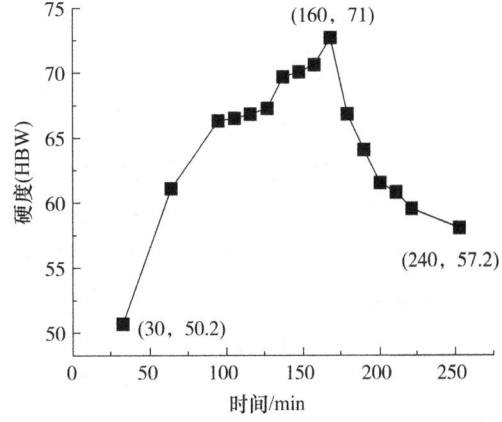

图 6-15　200 ℃下时效对硬度的影响

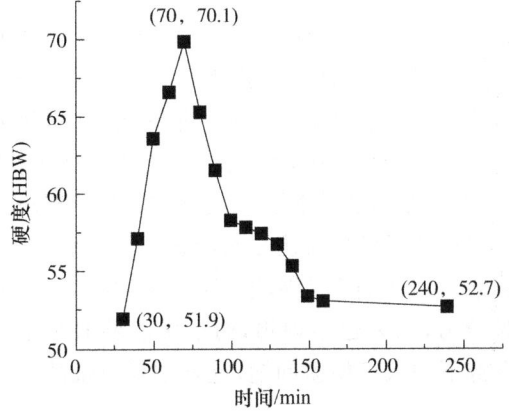

图 6-16　220 ℃下时效对硬度的影响

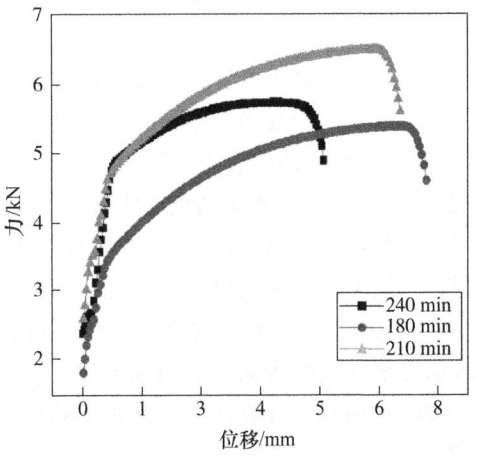

图 6-17　180 ℃下时效对抗拉强度的影响

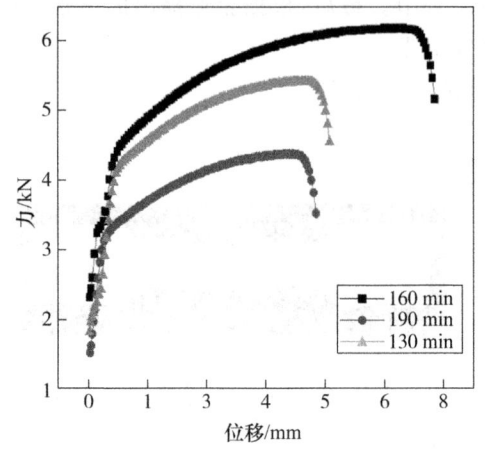
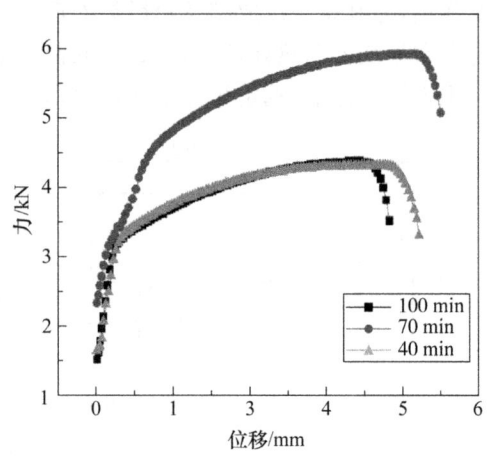

图 6-18　200 ℃下时效对抗拉强度的影响　　图 6-19　220 ℃下时效对抗拉强度的影响

最终得出不同时效温度下,6063 铝合金时效时间与硬度和抗拉强度的关系,该结果可以为企业在对不同铝合金制品进行热处理工艺制定时提供参考。其中:

① 180 ℃时效温度下,保温时间为 210 min 时,力学性能达到最高值;
② 200 ℃时效温度下,保温时间为 160 min 时,力学性能达到最高值;
③ 220 ℃时效温度下,保温时间为 70 min 时,力学性能达到最高值。

3) 企业内实践对学生能力的提高作用

在入驻企业完成毕业设计课题的过程中,上述两个案例中的学生同企业的工程师和车间工人一起工作,在企业指导教师的指导下进行生产制造方面的学习,在校内指导教师的指导下进一步将理论知识与实践相结合,在提高知识理解水平的基础上进一步提高了工程能力。与校内实践相比,企业内实践对学生能力的提高主要体现在以下方面。

① 工程意识得到了强化。校内的综合实验开设了铝合金的热处理和力学性能测试环节,虽然学生能通过实验了解热处理是为了改善材料的性能,但不能直观地感受到其对实际产品的影响。通过企业内实践,学生明确认识到 6063 铝合金在家电、电子等行业中作为结构件、外观件的要求,即首先要保证结构强度,其次要有一定的耐腐蚀性,最后要保证制品的美观,不允许存在表面瑕疵。

② 利用所学知识解决复杂工程问题的能力得到了提高。在校内实践课中,关于铝合金的热处理,一般是指导教师给出一个性能指标,学生通过热处理设计和实验获得指定的铝合金力学性能。所采用的铝合金一般是简单形状的制品,不考虑其他因素,而在企业内实践中,热处理工艺的指定还要考虑到生产实际的需要。生产中的时效处理采用大型的连续热处理炉,生产节奏固定、制品结构复杂,因此热处理工艺不能只考虑制品的性能要求,还要考虑生产节奏、制品变形、生产效率问题等。因此企业内实践进一步提高了学生解决复杂问题的能力。

③ 创新意识得到了提高。学生通过企业内实践可以了解到实际生产中存在的问题。例如,铝合金制品的表面瑕疵问题通过人工检验费时费力,效果也不理想,而学生能够通过企业内实践,利用现代计算机算法和视觉系统解决效率低下的人工检验问题,这是创新思维的一种表现。

第7章 优秀毕业设计展

7.1 设计题目:油箱加油口模具设计

题目来源:中国重汽集团济南橡塑件有限公司。
指导教师:孙玉晶(校内)、苏福贵(企业)。
完成人:赵同学,机械20-1班。

(1) 主要内容

该设计的核心内容在于完成油箱加油口的冲压工艺及其模具设计。该设计采用了多项关键的冲压工艺步骤,包括落料、拉伸、冲孔、翻边以及切边。首先,为了确保工艺合理性和产品可行性,对工件的冲压工艺性进行了分析;其次,通过对工件的结构、尺寸和材料特性的研究,确定了最优的冲压工艺路径;最后,进行了一系列计算任务,涉及毛坯布局的优化设计、所需最大冲压力的估算,以及模具刃口尺寸的精确测算等。

(2) 创新点

① 运用生产效率更高、生产成本效益更加显著的冲压技术对加油口模具进行了设计。

② 改进了冲压工艺流程,冲模时采用落料、拉伸、冲孔复合模(图7-1)、垂直切边模(图7-2)与翻边模(图7-3),单模与复合模结合使用以减少不必要的工序,使用组合冲模来完成油箱上下壳体的每道冲压工序,从而减少换模时间,提高生产效率。

③ 完善了冲压工艺步骤,包括落料、拉伸、冲孔、翻边以及切边的设计计算,更好地提高了模具的加工质量,更好地满足了油箱的耐油性、耐腐蚀性、密封性等生产要求。

④ 冲压模具的优势在于其自动化程度高,能够实现大批量生产,同时保持零件的高精度和一致性。

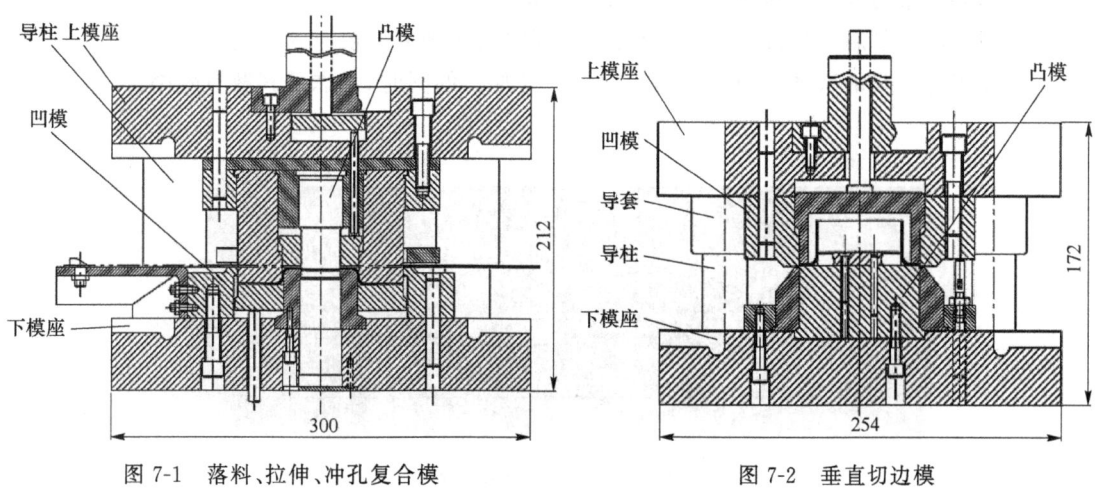

图7-1 落料、拉伸、冲孔复合模　　　　图7-2 垂直切边模

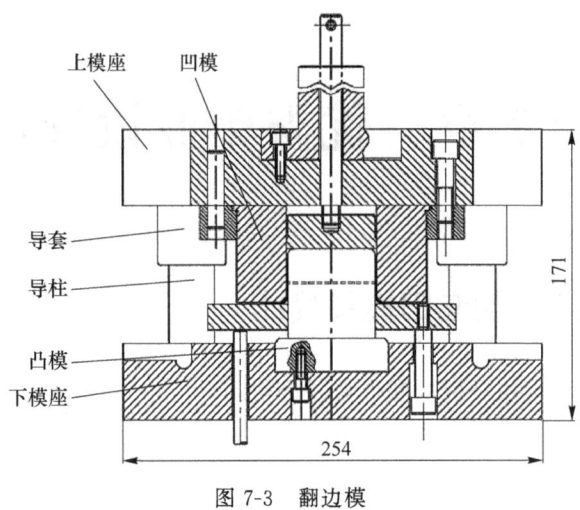

图 7-3　翻边模

7.2　设计题目：多楔带高精度传动方案设计与验证

题目来源：海克斯康制造智能技术(青岛)有限公司。

指导教师：李春玲(校内)、李俊(企业)。

完成人：邱同学，机械 19-2 班。

(1) 主要内容

该设计以 Mini 型桥式三坐标测量机为基础，结合多楔带传动的优势，对三坐标测量机的 X 向(即横向)传动结构、与 Z 向滑架的连接结构、以横梁为主的刚性框架进行设计。其中传动结构设计包含减速级多楔带主副带轮的设计、传动级多楔带主副带轮的设计、带轮轴系结构的设计、电机座的设计。此外，该设计给出了 X 向多楔带传动机构的横向振动实验数据，以判定该传动机构的振动是否在振幅界限之内，从而判断是否达到三坐标测量机的测量需求。多楔带传动结构如图 7-4 所示。图 7-5 所示为关键零件受力有限元分析。

(2) 创新点

① 用多楔带传动取代传统产品的同步带传动。

② 减速轮为创新结构设计，在稳定传动的同时可实现便捷快速的安装。

③ 在零件材料的选择上，在考虑材料轻便、易加工的同时，考虑了其散热效率。

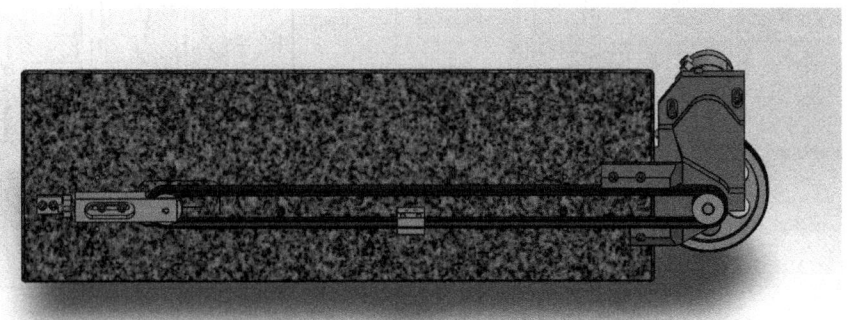

图 7-4　多楔带传动结构

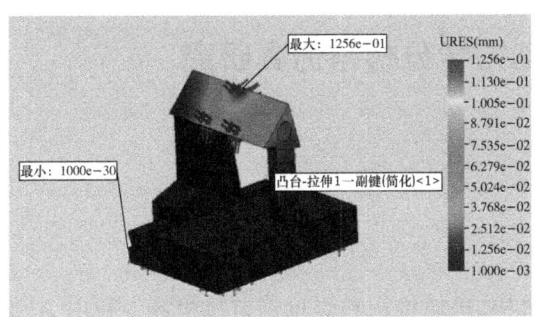 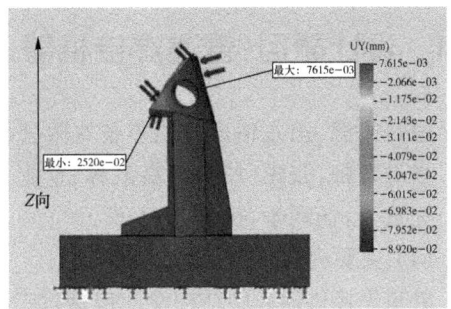

图 7-5　关键零件受力有限元分析

7.3　设计题目：一种壳体类零件自动去毛刺装夹设备

题目来源：山东富源增压器有限责任公司。
指导教师：李斌训（校内）、孔岩（企业）。
完成人：张同学，机械 20-3 班。

(1) 主要内容

该设计的内容为一种壳体类零件自动去毛刺装夹设备。设备的主要部件包括剪叉式升降机、固定夹具、翻转夹具、工作台。夹具工作过程如下。固定夹具和翻转夹具通过螺丝固定在剪叉式升降机上，当工件需要翻转过来加工另一个面时，剪叉式升降机上升到左右翻转夹具的夹具手能够进行夹紧工作的位置，左右翻转夹具的丝杆电机开始工作，使夹具手抓住壳体类工件，随后剪叉式升降机开始下降，直至待加工工件脱离固定夹具并不影响工件翻转的位置。夹具手随着翻转电机的启动开始夹着工件进行翻转，翻转完毕之后，剪叉式升降机上升接住工件，翻转夹具松开并归位，整套设备的操作流程完毕。去毛刺装夹设备三维设计图如图 7-6 所示。

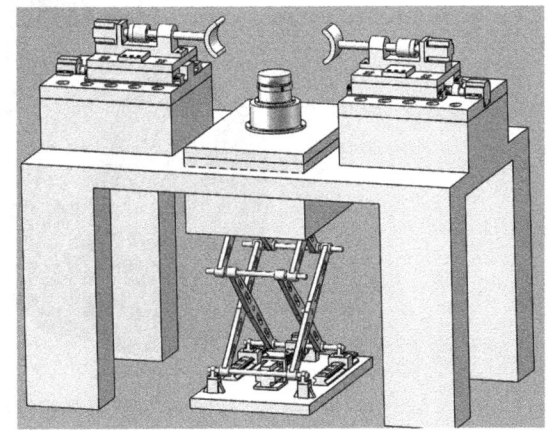

图 7-6　去毛刺装夹设备三维设计图

(2) 创新点

① 采用双重夹具而不是单一夹具，可以大大延长设备的使用年限，避免单一夹具负担载荷过大导致设备过早疲劳损坏。

② 自动调节的固定夹具可以解决针对不同尺寸壳体类零件需要频繁更换对应固定夹具的问题，极大地缩短了加工时间，降低了人工成本。

③ 自动翻转夹具可以对工件进行翻转操作，降低二次装夹的时间成本，一次装夹就能对整个工件进行去毛刺处理，相对于人工而言，机械操作将会更加精准。

④ 剪叉式升降机设计的创新之处在于：第一，与翻转夹具相互配合来完成工件的翻转过程；第二，可以自动地调节工作平台的高度，避免了人工手动定位，便于下一步去毛刺加工过程的进行。

7.4 设计题目:管道焊接机器人动力学分析与仿真研究

题目来源:山东钰琪智能装备有限公司。
指导教师:张鹏(校内)、高家林(企业)。
完成人:杨同学,机械 20-4 班。

(1) 主要内容

管道焊接机器人的结构设计包括行走式机构、送丝机构和焊枪调节机构等。利用 ANSYS Workbench 对自主设计的管道焊接机器人部分结构进行了有限元仿真。仿真结果显示,模型能够较好地预测机器人在焊接待加工钢管时的实际状况。进一步分析了齿轮传动时的应力应变状况,以及焊接温度对焊接质量的影响,分析结果表明,所设计的管道焊接机器人能够在操作空间狭小的环境下较好地完成作业。最后,通过假设对所设计的管道焊接机器人进行经济效益分析,阐明了管道焊接机器人对社会的贡献。该设计为管道焊接机器人的动力学分析与仿真研究提供了理论依据与技术支持,有望推动相关领域的技术发展。图 7-7 所示为管道焊接机器人三维设计图。图 7-8 所示为焊接机器人送丝机构。图 7-9 所示为焊接机器人行走式机构。

图 7-7 管道焊接机器人三维设计图

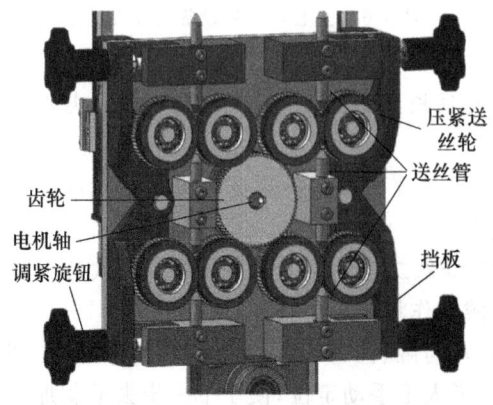

图 7-8 焊接机器人送丝机构

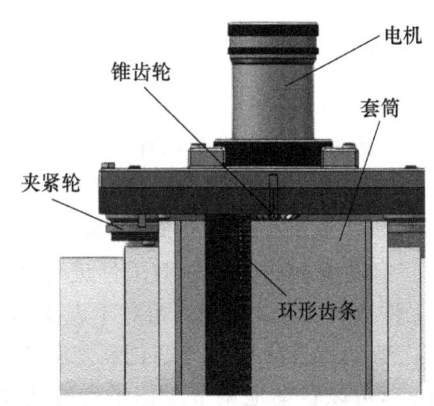

图 7-9 焊接机器人行走式机构

(2) 创新点

① 自主设计的"行走式"管道焊接机器人具有较高的焊接精度、良好的操作灵活性以及极强的环境适应性,能在复杂的环境如高温、低温或腐蚀性气体中稳定工作,该机器人的关键技术指标包括焊接精度(偏差控制在±0.5 mm 内)、焊接速度(每分钟 5~10 mm),系统兼容性,自动化程度,可靠性和稳定性,以及必要的安全性。

② 在三维模型中设计了行走式机构、送丝机构及焊枪调节机构等关键部件。行走式机构能使机器人沿钢管进行周向运动,送丝机构可以确保焊丝稳定供给,焊枪调节机构可以实现焊枪沿钢管的径向精准运动。

③ 使用 ANSYS Workbench 对管道焊接机器人齿轮传动的应力应变状态以及待加工钢管在 1 300 ℃下的瞬态热模型和接触模型进行分析,发现自主设计的管道焊接机器人能满足长输油气管道自动焊的要求。

7.5 设计题目:高效精密可倾式数控回转工作台

题目来源:烟台胜信数字科技股份有限公司。
指导教师:刘腾云(校内)。
完成人:朱同学,机械 20-2 班。

(1) 主要内容

针对数控回转工作台的传动机构等,设计了一种高效精密可倾式数控回转工作台,如图 7-10 和图 7-11 所示。

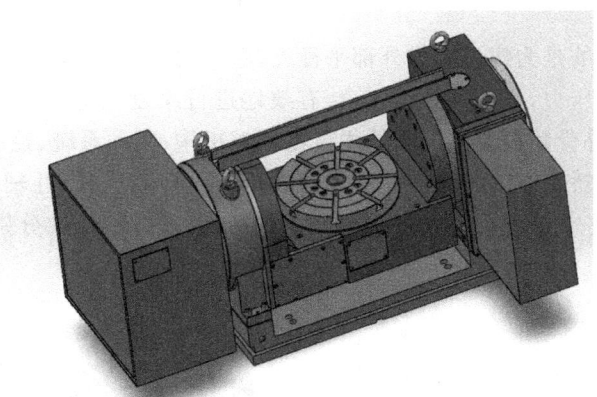

图 7-10 数控回转工作台三维设计图

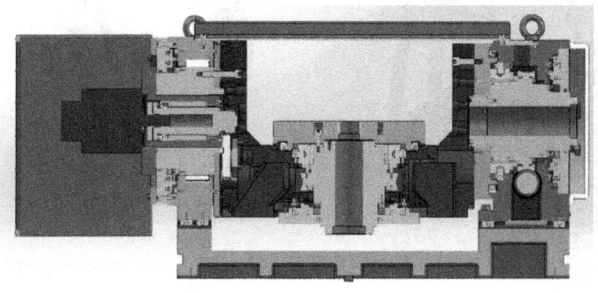

图 7-11 数控回转工作台

① 设计了数控回转工作台的主体结构,包括底座、旋转轴、传动机构等,确保设备具有足够的刚度和稳定性。

② 在旋转轴设计中,选择了合适的旋转轴材料和结构形式,设计了旋转轴的长度、直径及支撑轴承座等,以实现工件的精确旋转。

③ 在传动机构的设计中,确定了传动方案,设计了电机、减速器、传动齿轮等部件,以实现数控回转工作台的稳定运动和精确控制。

(2) 创新点

① 增加了可拆装式吊装条,以方便使用和安装,可拆装式的结构并不会影响回转工作台的正常使用。这样的小改动,可以在后期降低运输和安装时耗费的人力成本和时间成本。

② 在轴与齿轮之间用 Z1 型胀紧套连接,通过高强度拉力螺栓的作用,在内环与轴之间、外环与齿轮之间形成巨大的抱紧力,以实现齿轮与轴的无键联结。当承受负荷时,通过胀紧套与齿轮、轴产生的结合压力及相伴产生的摩擦力来传递转矩、轴向力或二者的复合载荷。这种设计具有制造与安装简单、寿命长、强度高、拆卸方便以及互换性良好等优点,在超载时胀紧套会失去联结作用,保护设备不受损伤。

7.6 设计题目:多关节柔性下肢外骨骼机器人

题目来源:阿米精控科技(山东)有限公司。

指导教师:刘鹏博(校内)、陈志龙(企业)。

完成人:李同学,机器人 20-1 班。

(1) 主要内容

该设计的主要目的是为病患提供外部平衡支援与辅助矫正功能,从而显著减轻他们在下肢康复训练时的体力压力,帮助其更为安全、有效地进行康复训练,加快康复速度。在该设计中,多关节柔性下肢外骨骼机器人的主体主要由机械机构、驱动系统、控制系统 3 部分构成;在结构、步态追踪、步态矫正方案等相关功能方面进行了设计和优化,并辅以平衡支架和减重背带。多关节柔性下肢外骨骼机器人的主体设计方案和总机械结构分别如图 7-12 和图 7-13 所示。

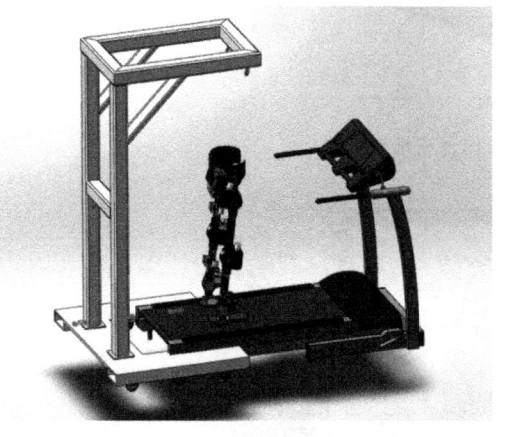 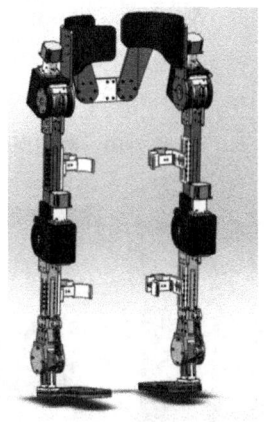 

图 7-12 多关节柔性下肢外骨骼机器人主体设计方案　图 7-13 多关节柔性下肢外骨骼机器人总机械结构

（2）创新点

① 灵活运用蜗轮、蜗杆等机械结构进行机器人机械结构的设计,同时在关键部位采取了限位孔、柔顺机构等个性化设计,以满足不同体型病患的康复训练需求和舒适度需求。

② 通过在关键部位集成各类传感器,实现了对病患步态信息的精准追踪,以拟合其康复运动过程中的各类运动步态,并辅以高效的运动驱动系统和控制系统进行轨迹规划和主动校正。

③ 通过人体动力学分析搭建了下肢外骨骼机器人动力学模型,并在运动控制方面引入了滑模控制器,优化了动力学模型的控制算法,该算法较传统的控制算法展现了更高的速度、精度和稳健性,使下肢外骨骼机器人展现了更优越的运动性能。

7.7 设计题目:基于多轴机械臂的垃圾分拣系统

题目来源:山东钰琪智能装备有限公司。

指导教师:杨志(校内)、高家林(企业)。

完成人:吴同学,机器人20-1班。

（1）主要内容

机械臂、视觉识别及深度学习等技术的成熟应用,使得基于多轴机械臂的垃圾分拣系统可以对垃圾进行快速、准确的识别和分拣。在垃圾的视觉识别方面,深度学习模型具有强大的泛化能力,能够适应不同种类和形态的垃圾,通过并行计算和优化算法,能够实现对大量垃圾图像的快速处理,显著提高了垃圾分拣的效率。正逆运动学提供了对机械臂运动过程深入理解和精确控制的基础,通过正逆运动学分析,可以根据已知的运动状态和初始条件,计算出机械臂的未来运动轨迹,从而确保机械臂能够按照预期路径进行运动。图7-14所示为多轴机械臂三维模型。图7-15展示了常见垃圾识别分类结果。图7-16所示为多轴机械臂的轨迹曲线。

（2）创新点

① 精确确定了机器人的轴数与电机选型,优化了其运动模型,从而确保机器人能够高效地适应垃圾分拣的多样化需求。此外,通过采用基于YOLOv5的深度学习技术,机器人的感知能力得到显著提升,能够捕获更丰富的信息,并实现更全面的数据处理。

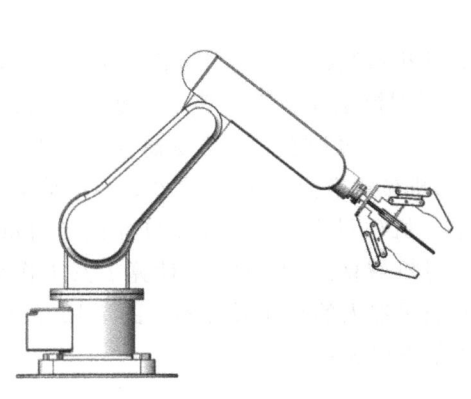

图7-14 多轴机械臂三维模型

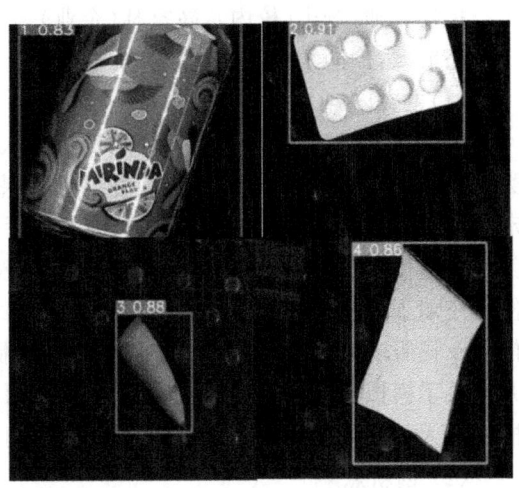

图7-15 常见垃圾识别分类结果

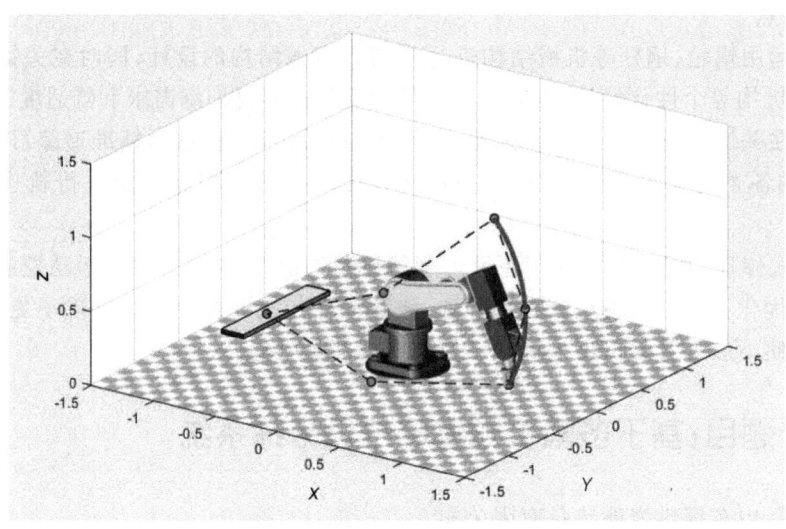

图 7-16　多轴机械臂的轨迹曲线

② 对垃圾分拣系统的视觉识别进行了设计,采用 OpenCV 视觉模块进行图像识别,利用深度学习(卷积神经网络)算法,通过学习大量的数据集,以及借助于迁移学习来训练模型,得到一个具有较高识别精度的模型,并通过测试集进行测试,最后进行了模型估计。

③ 对机械臂运动学建模进行了概述,以 D-H 建模法为建模基础,借助于 MATLAB 的特定函数的应用,成功进行了机械臂正运动学和逆运动学的分析,并顺利求得了相应的解。该成果为后续机械臂的位姿控制和轨迹规划奠定了坚实的基础。

④ 利用 MATLAB 的 Robotics Toolbox 进行了仿真研究,并选择五次多项式插值方法对机械臂的运动轨迹进行了规划与设计,显著减少了机械臂在运动过程中因加速度过大而产成的磨损,从而有效地优化了机械臂的运动过程。

7.8　设计题目:基于机器视觉的苹果智能采摘机器人

题目来源:山东钰琪智能装备有限公司。
指导教师:杨志(校内)、高家林(企业)。
完成人:徐同学,机器人 20-1。

(1)主要内容

针对果园的工作环境,设计了采摘机器人的整体机械结构。对苹果进行识别与定位,采用类"眼在手上"方案,使用训练集训练出了苹果视觉识别模型并验证了其准确度。使用张氏标定法计算了相机的内外参矩阵,进行了相机手眼标定。通过像素对齐方法解决了深度相机的颜色与其位置存在偏差的问题。将图像坐标变换为机械臂坐标,进行了机械臂逆运动学解算。使用搭建了机器人的控制系统,进行了 STM32 单片机项目搭建、STM32 单片机与树莓派通信以及伺服电机 PID 控制(比例积分微分控制)。对机械臂进行了仿真,计算了其工作范围,并生成了模拟采摘过程的动画。图 7-17 所示为采摘机器人的整体设计图。图 7-18 所示为采摘机器人的末端执行器。图 7-19 所示为采摘前的苹果识别效果。

(2)创新点

① 机器人的底盘为可升降结构,有效采摘空间大。机器人本体与货运筐可分离,便于维

护与模块化替换。机器人的末端执行器贴合苹果外形,既能对苹果进行有效采摘又不会破坏苹果的表面。

② 采用类"眼在手上"方案,使机器人对苹果的识别与定位更加精准。采用四轴机械臂方案,使得机器人采摘过程尽可能地精准、稳定。

③ 在视觉识别方面采用神经网络训练模型的方案,比传统的图像识别更准确。YOLOv5s模型在保证精度的同时所需计算量相对较低,使系统运行更加稳定。

④ 机器人使用功耗低且运行稳定性高的 STM32 单片机作为主控制器,控制各模块运转;使用运算功能强大的树莓派处理深度相机捕获的图像,对苹果实现识别与定位,进而计算出机械臂的姿态回传给 STM32 单片机,使得系统在满足工作需求的同时能以更低的功耗运行。

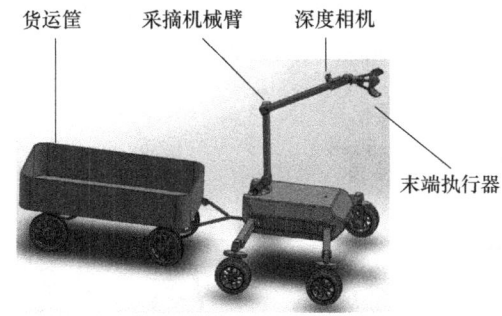

图 7-17 采摘机器人的整体设计图

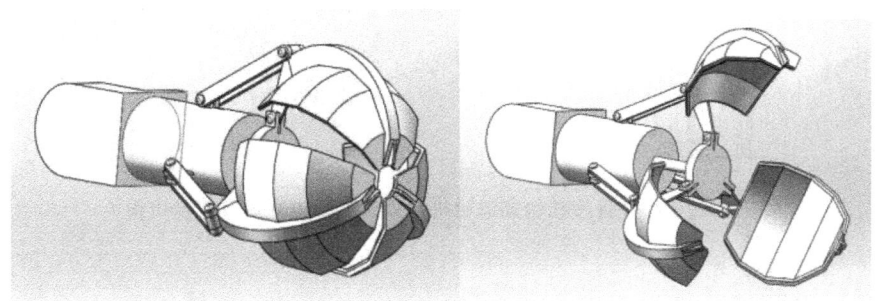

图 7-18 采摘机器人的末端执行器

图 7-19 采摘前的苹果识别效果

7.9 设计题目:综合管廊挂轨式巡检机器人设计

题目来源:济南联合众为建筑科技有限公司。
指导教师:张培荣(校内)、赵虎(企业)。
完成人:曲同学,机械 20-2 班。

(1) 主要内容

针对挂轨式巡检机器人爬坡性能较差、伸缩范围较小且旋转部分不能实现全方位巡检等问题,设计了一种带有行走机构、伸缩机构、旋转机构等的挂轨式巡检机器人。进行了机器人行走机构的设计,涵盖行走轨道的选择、滚轮与轨道接触形式的选择、轨道受力分析,以及行走轮和动力传动系统的选型与设计;进行了伸缩机构和旋转机构的设计,包括传动部件的配置以及部件的选型等。图 7-20 所示为综合管廊挂轨式巡检机器人的三维设计图及行走机构。图 7-21 所示为摄像头旋转机构。

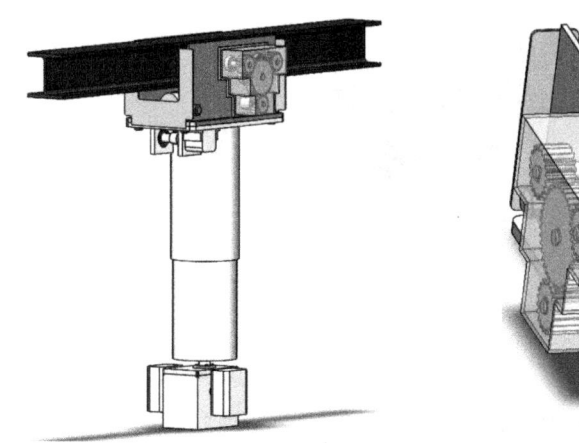

图 7-20 综合管廊挂轨式巡检机器人的三维设计图及行走机构

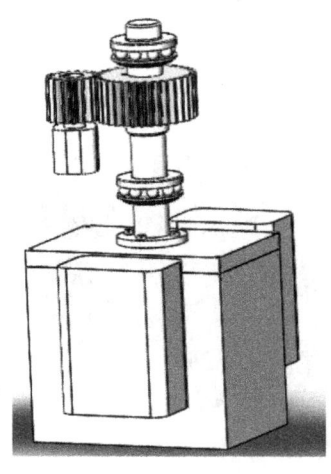
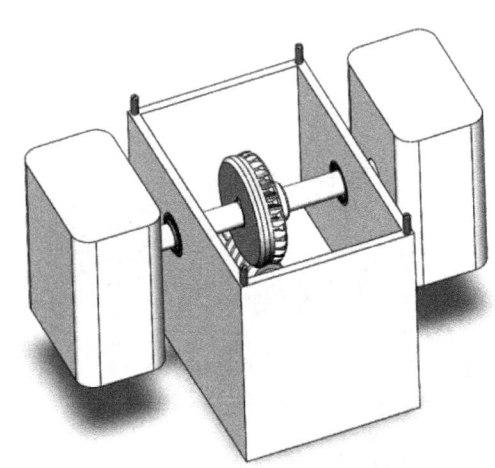

图 7-21 摄像头旋转机构

(2) 创新点

① 行走结构整体采用"U"结构。行走结构采用齿轮传动,齿轮传动具有传动精度高、传

动效率高、工作可靠、使用寿命长等优点。为了保证稳定,每侧采用两个轮子以减少受力,轮子采用摩擦轮,通过摩擦来实现爬坡能力。电机带动主动轮,所产生的动力通过惰轮传递到两个驱动轮,从而实现连续运动。

② 伸缩机构采用电机驱动滚珠丝杠进行上下运动,在丝杠螺母上连接"工"字形升降平台来实现所需要的功能,通过滚珠在螺纹轴与螺母之间的滚动来实现力的传递和转换,具有结构简单、精度高、传动效率高等优点。

③ 检测机构可以带动摄像头实现360°旋转,以实现检测功能。

④ 该机器人可实现 X、Z、Y 方向以及360°旋转检测功能,可通过螺栓和螺母的连接来确保整体结构的完整和稳定。

7.10 设计题目:异种铝合金搅拌摩擦焊接工艺试验研究

题目来源:豪迈集团股份有限公司。

指导教师:高嵩(校内)、闫文旭(企业)。

完成人:安同学,材控20-2班。

(1) 主要内容

开展了6061铝合金板材和2024铝合金板材的搅拌摩擦焊接工艺试验,通过调整焊接速度和搅拌头转速对焊接工艺参数进行了优化,研究了不同焊接条件对异种铝合金搅拌摩擦焊接的接头组织和性能的影响。图7-22展示了焊接工作示意图、接头的宏观形貌与力学性能。

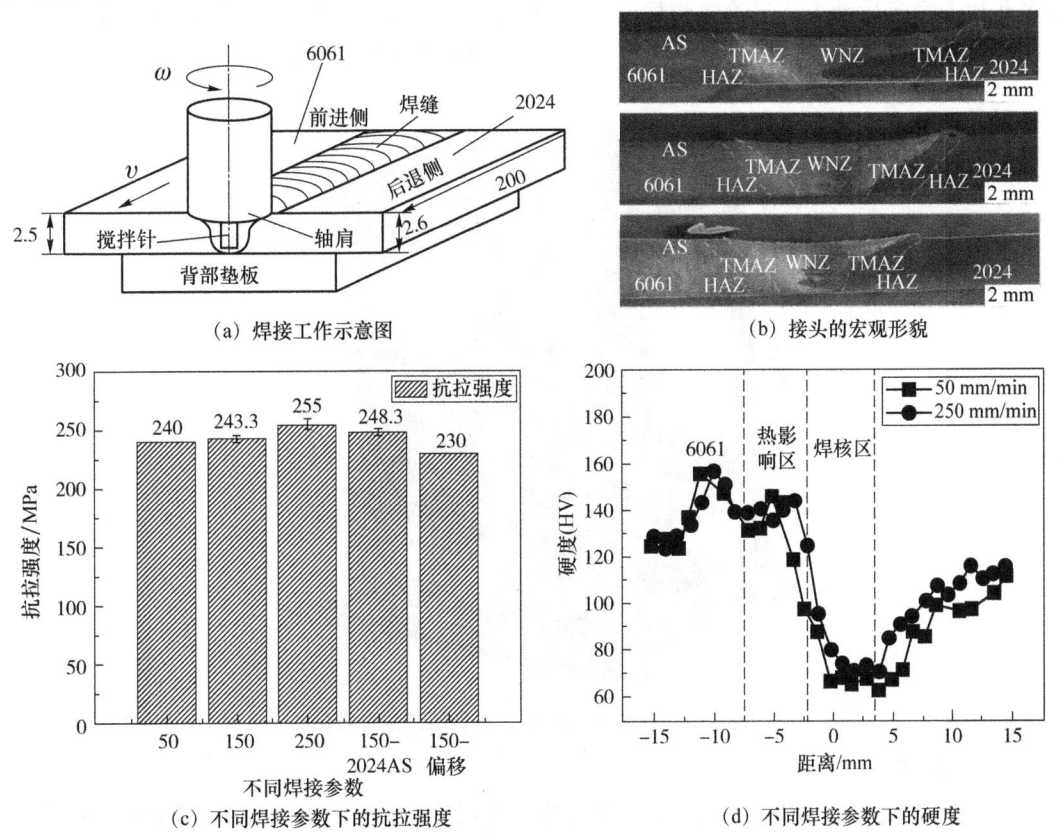

图 7-22 焊接工作示意图、接头的宏观形貌与力学性能

(2) 创新点

① 异种铝合金焊接工艺优化：探索了不同焊接速度、下压量和搅拌头偏移对焊接接头质量的影响，为异种铝合金的焊接工艺提供了新的方案。

② 焊接接头微观组织特征分析：分析了焊接热输入和搅拌摩擦作用对接头微观组织的影响，为揭示接头的连接机理提供了理论支持。

③ 力学性能与焊接参数关系研究：通过拉伸试验和显微硬度测试，探讨了焊接速度、材料位置和搅拌头偏移对焊接接头抗拉强度和硬度的影响，揭示了焊接参数与接头性能之间的定量关系。

7.11 设计题目：重型发动机用缸体串水孔加工专机设计

题目来源：山东盛祥动力有限责任公司。

指导教师：张鹏（校内）、张海明（企业）。

完成人：朱同学，机械（卓工）17-1班。

(1) 主要内容

组成缸体串水孔加工专机的主要部件包括钻削动力头、动力头进给机构、定位机构、定位板抬升机构、机架。缸体串水孔加工专机的加工过程如下。先由辊轮或行车将缸体放置在定位板上，定位板依靠挡板进行粗定位，依靠定位销进行精细定位，而后定位板抬升机构通过电缸将定位板抬升，动力头工作，动力头进给机构通过电机带动丝杠进给，完成串水孔加工工作。串水孔加工完成后动力头进给机构后退至起初位置，定位板抬升机构下降将缸体放回原位置，再由行车过辊道将工件输送至下一工序。图7-23所示为缸体串水孔加工专机的三维设计图。

图7-23 缸体串水孔加工专机的三维设计图

(2) 创新点

① 钻头改为由内向外钻，减少了打铆钉的步骤，且减少了一次装夹的步骤，省去了铆钉的成本，加快了生产速度。

② 为了将钻头放入缸孔,将原来的加工中心直接输出动力改为直角输出动力,大大缩短了动力头的长度。

③ 动力头的传动方式改为带传动。由于不再使用加工中心加工,且钻头改为直角输出,所以带传动更加适用于新工艺。

④ 钻头改为麻花钻。抛物线钻头由于长度长,所以对材料的要求高,价格昂贵。该设计中的工艺工作行程缩短,所以可以采用价格低廉的麻花钻。所设计的缸体串水孔加工专机可实现 6 个串水孔同时加工,大大提高了生产效率。

7.12 设计题目:辐射制冷反射追光装置的设计

题目来源:山东北辰机电设备有限公司。

指导教师:苏伟光(校内)、孔德龙(企业)。

完成人:黄同学,过控 17-2 班。

(1) 主要内容

该设计包含控制系统设计和结构设计,二者的结合可以实现太阳能跟踪的目的,其中控制系统设计分为硬件设计和软件设计,结构设计分为机架设计和机构设计。对于结构设计,先选取必要的零部件,如锥齿轮、蜗杆、带轮等,然后根据零部件设计三维图,充分节省制作成本。机架全部采用铝合金型材搭建而成,使得辐射制冷反射追光装置的制作更加简便。图 7-24 所示为辐射制冷反射追光装置实物图。

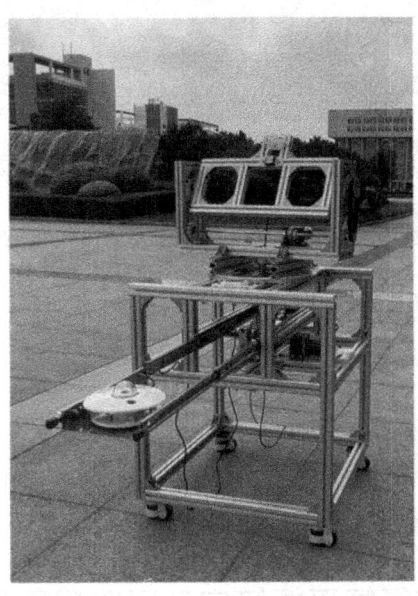

图 7-24 辐射制冷反射追光装置实物图

(2) 创新点

① 该装置实现了反射器全自动实时反射太阳光,避免了手动移动反射器对反射效果的影响,且实现了反射率的最大化,尽可能地将太阳的直射辐射反射出去,进一步提高了制冷效率。

② 该装置安装了太阳总辐射测量仪,可对太阳辐射强度进行测量,再测量出辐射制冷板底座的温度,可间接得出自动反射装置达到的制冷效果。

7.13 设计题目:焊接速度对铝/钢异质 FSW 焊接过程及接头质量的影响

题目来源:山东泰来铸铝科技有限公司。

指导教师:高嵩(校内)、苏伟峰(企业)。

完成人:彭同学,材控 17-1 班。

(1) 主要内容

使用龙门式搅拌摩擦焊设备和具有较高硬度、较高耐磨性和良好韧性的钨铼系合金搅拌头进行了铝(2.5 mm 厚 6061-T6 铝合金)和钢(1.8 mm 厚 QP980 钢)的焊接工艺试验,研究了焊接速度对焊接过程和接头质量的影响规律。图 7-25 所示为焊接质量检测结果。

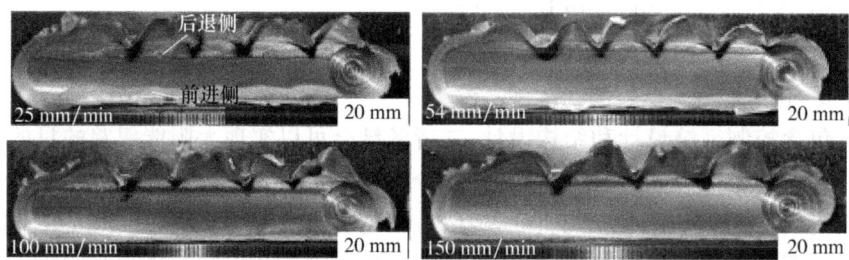

(a) 不同焊速下的焊缝表面成形

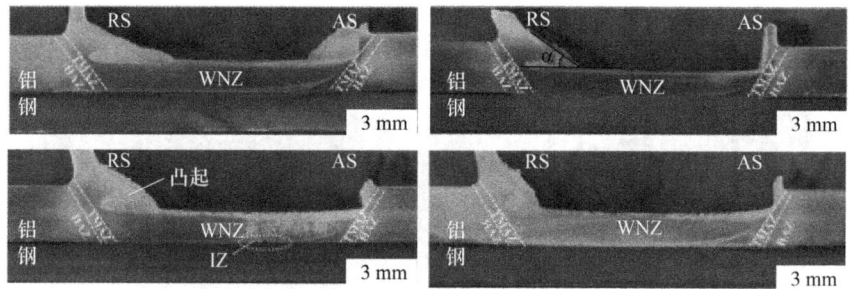

(b) 不同焊速下的横截面宏观形貌

图 7-25 焊接质量检测结果

(2) 创新点

搅拌摩擦焊(FSW)是铝/钢异质金属连接中最具前景的焊接技术之一,与其他传统的焊接方法相比具有焊接效率高、焊缝性能优异和绿色环保等优势。该设计研究了铝/钢搅拌摩擦焊接工艺,对提高铝/钢异质接头的可靠性具有重要的理论意义和实用价值。

7.14 设计题目:数控升降台铣床氮气平衡缸自动平衡配重系统设计

题目来源:山东有荣喜力机床有限公司。

指导教师:衣明东(校内)、魏盼盼(企业)。

完成人:储同学,机械 18-3 班。

(1) 主要内容

铣床在实际工作时,工件装于工作台或分度台等机器部件,铣刀的旋转体进行主运动,操作台或铣头进行辅助推进运动,工件就能够得到所需要的机械加工表层。由于加工过程为多刃断续机械加工,铣床的机械加工产量比较高。现有的升降台铣床没有平衡配重系统,造成 Z 轴滚珠丝杠和滚动轴承的使用寿命和准确度下降,电能耗费较大;若使用传统的机械平衡配重,尽管成本小,但反应速度较慢,需要的安装空间大,升降台铣床的空间也会受到限制。该设计的主要内容是克服目前工程技术中的缺陷,在数控升降台铣床上安装氮气平衡缸自动平衡配重系统,该系统的三维设计图如图 7-26 所示。

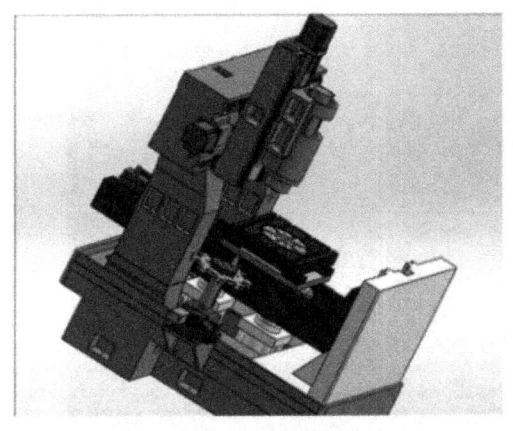 

图 7-26 氮气平衡缸自动平衡配重系统的三维设计图

(2) 创新点

① 该设计中的氮气平衡缸自动平衡配重系统有较好的适配性,可应用于多种铣床加工场景,安装方便,所占空间小,可以保证在提高机床加工精度以及稳定性的同时,缩减所需空间。

② 只使用高压氮气对机床进行平衡配重,所产生的噪声污染较小,可以较好地减小加工时机床产生的噪声。

③ 相较于液压平衡配重系统,该设计中的氮气平衡缸自动平衡配重系统所需能量少,维护、安装方便,不会出现漏液等现象,安全系数较液压平衡配重系统高,同时,采用氮气作为传力介质,成本较低,效果较好。

④ 氮气平衡缸自动平衡配重系统所需空间远小于配重块,维护方便,精度较高,免去了对配重块的选择等复杂环节,适用性较高。

7.15 设计题目:临界退火对中锰钢组织性能的影响研究

题目来源:山东钢铁集团有限公司。
指导教师:刘纪源(校内)、田超(企业)。
完成人:杨同学,材控 20-2 班。

(1) 主要内容

利用热轧、淬火和临界退火工艺,制造出了强塑积为 49.5 GPa·% 的中锰钢。该中锰钢优异的机械性能得益于奥氏体异质结构,即板条状、粒状和等轴状奥氏体,以及连续的"TWIP+TRIP"效应。研究工作主要集中在两个方面:一方面,研究拉伸变形过程中奥氏体和铁素体不同形态之间的微应变演变及其对相变诱发塑性(TRIP)效应引起的应变硬化的影响;另一方面,研究异构结构中的孪晶诱发塑性(TWIP)效应和 TRIP 效应的强化机制。在不同奥氏体/铁素体微应变的相互作用下,最先产生 TRIP 效应的晶粒形态为粒状奥氏体,而后为板条状奥氏体,最稳定的是等轴状奥氏体,如图 7-27 所示。

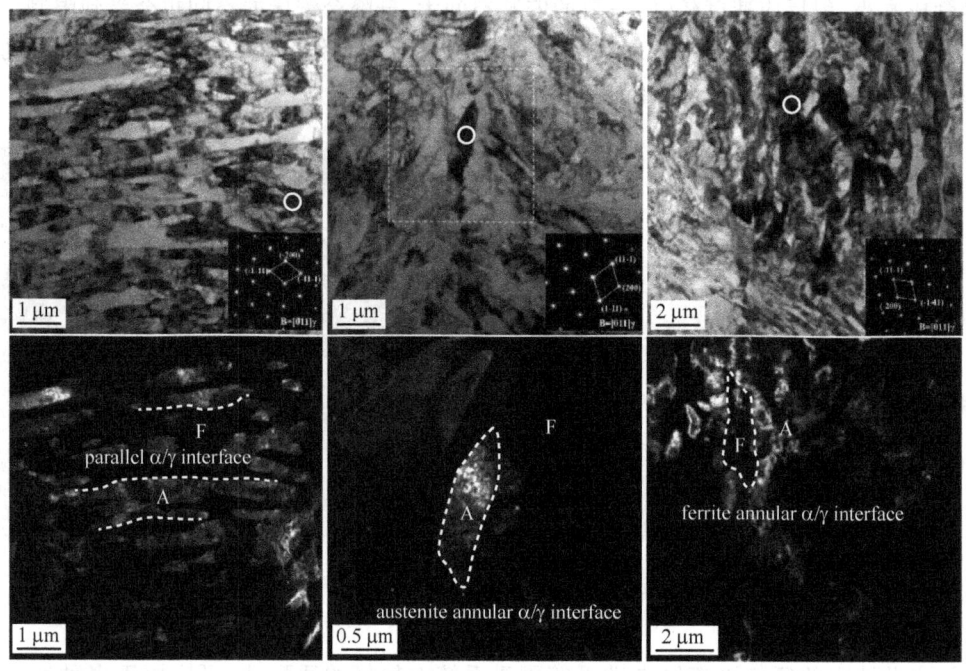

图 7-27 中锰钢异质结构与奥氏体/铁素体相界 TEM 图像

(2) 创新点

① 通过简单高效的生产工艺获得了具有奥氏体异质结构的双相中锰钢,该生产工艺对实际生产具有很高的参考价值。

② 在微观尺度深入地分析了奥氏体/铁素体相界微观应变的分布与 TRIP 效应之间的内在联系。

③ 探讨了异质结构与连续"TWIP+TRIP"效应之间的相互作用机制,发现了提高中锰钢强塑性的一种新方法。

第 3 篇 科教产协同育人理论研究成果集

第8章 协同育人机制与实践

基于协同学理论的科教融合协同育人研究与实践
——以齐鲁工业大学(山东省科学院)为例

许崇海 安蕾蕾 肖光春 林江海

齐鲁工业大学(山东省科学院)机械工程学部

摘 要 将协同学理论应用于科教融合协同育人研究领域,在分析科教融合协同育人与协同学理论契合性的基础上,从序参量、控制参量、自组织演化等方面阐述了实施科教融合协同育人的内在机理。研究表明:科教融合协同育人与协同学理论具有良好的契合性;采用协同学理论解析科教融合协同育人的内在机理,有助于深入理解其协同育人机制,促进高校、科研院所的深度融合;科教融合协同育人系统将趋于自组织的有序演化,最终实现协同增效。最后以齐鲁工业大学(山东省科学院)为例,概述了其科教融合协同育人的阶段性实践探索及成效。

关键词 科教融合;协同育人;协同学理论;契合性分析;内在机理

1. 引言

科教融合是当代大学的重要理念,也是国际高等教育发展的必然趋势之一[1,2]。从广义上讲,科教融合主要包括科教部门之间、科教机构之间以及科教活动之间的结合等三个方面[3]。从狭义上讲,科教融合主要指科研与教学互动、科研与教学之间的成果转化以及学生参与科研活动等[4]。

2012年发布的《教育部关于全面提高高等教育质量的若干意见》指出,要全面提高高等教育质量,需要从创新人才培养模式、改革高校科研管理机制、推进协同创新等多个方面开展工作。2018年发布的《教育部关于加快建设高水平本科教育、全面提高人才培养能力的意见》明确提出要"建立科教融合、相互促进的协同培养机制",为科教融合研究与实践工作的深化指明了方向。

科教融合协同育人,就是要按照"以学生为中心"的理念,通过推动高校内部科研与教学之间的紧密结合,以及高校与科研院所之间的深度融合,发挥各自优势,共同培养创新人才。在这方面,国内学者进行了大量研究与实践。顾少轩等[5]提出,建设一流专业,必须强化科教融合。他们开展了科教融合在材料化学本科专业创新人才培养中的探究与实践,充分利用学科资源,构建新的课程体系,更新课程内容,建立多层次实践教学和创新能力"金字塔"培养体系,将科研贯穿融合于本科教学进程,显著提高了学生的实践创新能力和综合素质。张世明等[6]将科教融合协同育人理念贯穿到化工原理课程教学过程中,从师资队伍建设、教学平台建设、教学内容设计、科研成果在化工原理课程教学中的渗透等方面进行了探索与实践。以科教融合为核心思想,大连理工大学与中国科学院工程热物理研究所共同设立了吴仲华未来能源技术学院,充分利用校所双方的智力资源和科技资源,培养具有创新实践能力、科研思维能力的高精尖人才[7]。2017年,山东省人民政府发布文件,整合原齐鲁工业大学和原山东省科学院,组建齐鲁工业大学(山东省科学院),开始了科教融合的探索和实践。

本文拟将协同学理论应用于科教融合协同育人研究领域,分析科教融合协同育人与协同学理论的契合性,阐明科教融合协同育人的内在机理,并以齐鲁工业大学(山东省科学院)为例,说明科教融合协同育人的成效。

2. 科教融合协同育人与协同学理论的契合性

协同学理论是德国物理学家赫尔曼·哈肯(Hermann Haken)教授在20世纪70年代提出的,其基本原理主要包括协同效应、伺服原理和自组织原理等三个方面,其实质是揭示一个系统如何实现从无序转变为有序的基本规律,以及该系统如何在其内在机制等的非线性作用下进一步实现高级有序[8,9]。

(1) 科教融合协同育人是一个复杂开放系统

科教融合协同育人可以视为一个协同系统,该系统由各培养单位子系统及其内部各级要素与关联要素构成。其中,各培养单位子系统指的是高校、科研院所,内部各级要素包括人才、信息、经费、设备、制度及文化等方面。科教融合的目的是协同育人,但无论是科教融合过程还是协同育人过程,都会不同程度地面临各培养单位子系统、内部各级要素、关联要素之间的沟通、协调、实施、评价、反馈、调整等环节,这本身就是一个复杂的过程。科教融合协同育人过程与传统的由高校单一进行人才培养的模式显著不同,培养目标、培养方案与实施过程等都需要高校和科研院所双方共同确定,教学资源需要双方协同重组,教学效果评价也需要双方共同组织。同时,科教融合协同育人的整个过程都是开放的,需要各培养单位子系统及各要素的共同参与、协同推进。因此,这是一个由科教双方组成、要素与资源交互作用的复杂、开放的系统,其复杂性、开放性与协同学理论的研究主体具有一致的典型特征。

(2) 科教融合协同育人系统内部存在非线性作用

科教融合协同育人系统包含众多影响因素和变量。一方面,科教融合协同育人所呈现的整体功能,并不等于各子系统作用的简单叠加,在很多情况下会出现"1+1≠2"或者非线性叠加的现象。另一方面,由于系统内部结构的复杂性,各要素之间的关系比较复杂,难以用普遍的规律加以概括,其影响有时也难以预测。因此,科教融合协同育人过程可以视为一个非线性过程,系统内部存在诸多非线性作用。在协同育人过程中,各培养单位子系统为获取更多资源,会积极开展合理的竞争与有效的合作。根据协同学理论,系统的演进、创新与发展,离不开内部各子系统或要素间既竞争又协同的非线性作用,这种非线性作用正是系统演化和发展的内在动力。

(3) 科教融合协同育人系统处于非平衡状态

与传统的稳定、成熟的高校人才培养模式不同,科教融合协同育人作为一种新的尚在探索中的人才培养模式,具有动态变化的特征,处于较为典型的非平衡状态。协同育人的过程需要各培养单位子系统及各要素的共同参与,要素与资源将在这个过程中产生众多的交互作用,甚至有时会出现冲突。显然,这种新的人才培养模式不能套用传统的模式和方法,需要各单位在人才培养实践中自主探索。而且不同的培养阶段可能面临不同的问题,需要不同的解决方法。此外,当前高等教育人才培养过程中需要解决的问题也较多,社会关注度较高,高校与政府、企业、社会的关系还有待于进一步完善,其动态特征是显而易见的。因此,科教融合协同育人过程是一个不断打破平衡、从不平衡到平衡、从一个平衡到另一个新的平衡的动态变化的过程。

(4)科教融合协同育人存在随机涨落现象

科教融合协同育人系统在与其子系统以及外部环境相互作用的过程中,可能导致系统部分变量的涨落。如果这种涨落达到或超过某一阈值,那么会使得系统加速形成涨落放大,进而推动整个系统向着高级有序的方向发展。例如,国家和地方政府政策的变化、科教双方培养单位的人员调整、学科专业结构布局的调整等,都会导致系统产生随机涨落效应。我们希望出现的是能够产生协同增效的"良性涨落",这些涨落现象将成为推动科教融合协同育人向有序、完善、高质量发展的内在动力因素。

3. 科教融合协同育人的内在机理

(1)序参量

协同学理论认为,序参量是微观子系统集体运动的产物,是合作效应的表征和量度,也是系统演化程度的宏观表现[9]。对齐鲁工业大学(山东省科学院)科教融合协同育人系统来讲:当系统处于演化初期时,由于各二级学院、科研院所等子系统的运动是相对独立的,而且协同育人要素之间的作用很弱,因此很难形成整体协同效应,也就不能形成有效的序参量;随着系统不断演化,协同育人要素之间的影响不断增加,使得各子系统之间的相互作用逐渐增强;当系统达到或超过某一特定阈值时,子系统之间的协同效应会明显增强,序参量将随之形成。此后应用哈肯提出的绝热消去法,把其中的快弛豫参量消去,即可得到由剩余慢弛豫参量组成的序参量[9]。而对于各子系统而言,协同育人过程包含学生、教师、科研人员、管理人员以及经费、规章制度等诸多要素。在这个过程中,不同专业会形成不同的人才培养模式,而且随着融合程度的深化,会逐渐形成具有科教融合特色的办学理念,进而其会成为各子系统内部起主导作用的序参量。最终,序参量将主导整个科教融合协同育人系统的发展方向,并使之朝向稳定、有序的状态演化。

(2)控制参量

协同学理论认为,控制参量是决定系统能否发生相变乃至何时发生相变的重要因素,也是改变系统平衡状态和非平衡状态的外部动力,它将影响系统从无序到有序发展的进程[10]。就齐鲁工业大学(山东省科学院)科教融合协同育人系统而言,高校和科研院所由于性质和定位不同,既有诸多共性,也有不同之处。高校由于其职能所在,对于人才培养、科学研究和社会服务高度重视,但强调以学生为中心,坚持"以本为本",科研院所虽然也有人才培养责任,但其主要任务是科学研究、社会服务以及成果转化与产业化,二者侧重点不同,考核体系也有所不同。因此,这种性质和定位的不同,必然导致二级学院、科研院所等子系统之间的差异化,系统内部的摩擦、竞争乃至矛盾也会不断产生,进而可能形成偏离平衡态的熵结构系统[11]。随着这种摩擦、竞争等的持续,系统偏离平衡态的现象会增多,偏离程度也会相应地增加。因此,要做到减少摩擦和竞争,获得协同增效的动力与效果,控制参量的调整与优化就变得尤为重要。此时,就需要进一步解放思想,更新观念,促进各子系统、要素和资源的共享,发挥各方在人才培养方面的优势,真正实现协同育人。

（3）自组织演化

协同学理论认为，在序参量的支配和控制参量的影响下，随机涨落效应将会得到放大，使得整个系统在从无序逐渐走向有序的过程中，实现自组织的演化[10]。对于齐鲁工业大学（山东省科学院）科教融合协同育人系统而言，在外部环境和社会需求等外部因素的作用下，各二级学院、科研院所等协同育人子系统和要素之间的协同与融合不断加强，并通过序参量的主导作用，逐渐演化形成自组织结构。伴随着系统的非线性作用和随机涨落效应，科教双方会进一步趋向相互作用、相互影响、相互依赖，并通过双方内在的耦合关联不断增强协同效应，使得整个自组织结构持续朝着高级有序的方向演化并趋于稳定，最终实现科教深度融合，进入协同育人的良性循环。

4. 科教融合协同育人的初步实践及成效

自 2017 年 5 月整合组建以来，齐鲁工业大学（山东省科学院）就开始了科教融合的持续探索和实践。可以说，齐鲁工业大学、山东省科学院这样两个发展历史、学科背景、实力都相当的大学与科研院所的整合，是科教融合的新探索。2017—2020 年是科教融合 1.0 阶段，是以资源整合为核心的物理融合阶段，其主要特征是科教并存、协同发展，主要思路是一个单位两种体制、一个单位两种属性。对于这样一个两种属性并存、两种职能并存的科教融合协同育人系统，在融合初期各二级学院、科研院所等子系统相对独立运行，很难形成整体系统的协同效应。随着各子系统之间相互作用、相互影响，其协同效应越来越显著。经过多年的融合过程，目前已形成以二级学院、科研院所为序参量的有序集合，整个系统正向有序状态逐渐演化。

在科教融合协同育人方面，经过多年的融合探索，齐鲁工业大学（山东省科学院）已经构建并形成了学校与科学院、二级学院与研究所、专业与课程建设等多个层面的协同育人体系。

一方面，基于社会需求优化学科专业布局，依托 26 个二级学院，充分发挥原山东省科学院所属的 16 个具有二级法人资质的科研院所的科研优势，重点建设计算机科学与技术、轻工技术与工程、机械工程等 8 个一级学科。例如，依托计算机科学与技术学院、山东省计算中心建设计算机科学与技术学科，依托机械与汽车工程学院、山东省机械设计研究院建设机械工程学科。在建设过程中，通过成立学科建设委员会，以学科为纽带，集成二级学院与研究所的人才、科研、平台等资源，使得学科建设水平不断提高。

另一方面，成立了网络空间安全学院、能源与动力工程学院、光电国际化示范学院、药学院、海洋技术科学学院等 5 个科教融合学院，例如由计算机科学与技术学院、山东省计算中心组建而成的网络空间安全学院，由机械与汽车工程学院、能源研究所组建而成的能源与动力工程学院，等等。依托科教融合学院，一方面共建原有的能源与动力工程等专业，另一方面新增机器人工程、智能制造工程、网络空间安全等新工科本科专业。在人才培养过程中，通过实施两段式、导师制、国际化的教学模式，发挥科教融合优势，突出科教融合特色。具体地说，科教融合学院实施"3+1"或"2+2"人才培养模式，采取双导师制；其中前 2~3 年的课程包括通识教育课和专业基础课，在学校进行，由二级学院负责配备学业导师；后 1~2 年的课程主要是专业方向课和特色实践课，在研究所进行，由研究所负责配备学术导师，学术导师依托研究所产学研平台，指导学生参与科研课题。此外，研究所的研究人员通过考取教师资格证，可以参与授课、指导毕业设计等育人环节。据不完全统计，截至目前已有约 2/3 的研究人员通过了教师资格考试，生师比得到显著改善，达到 16.06∶1。因此，通过依托科教融合学院，共建科教融合专业，齐鲁工业大学（山东省科学院）逐渐探索并形成了具有科教融合协同育人鲜明特色的人才培养模式。

作为科教融合协同育人效果的综合体现,近几年,学校的社会声誉显著提升。一方面,学校的生源质量大幅提升:相比于2020年,普通本科最低录取位次理工类提高26 000余名,文史类提高6 900余名。另一方面,学校的综合排名持续提升:学校在国内三大高等教育评价机构——艾瑞深校友会、中国管理科学研究院(武书连)、上海软科——各主要排行榜上的综合排名,均实现了显著的持续提升。此外,科教融合以来,学校获批省部共建国家重点实验室1个、省部共建协同创新中心1个、省实验室1个、省技术创新中心2个,新增1个山东省"高峰学科"、1个山东省"优势特色学科"、3个山东省一流学科,13个专业获批国家一流本科专业、25个专业获批山东省一流本科专业,获批国家级精品课程1门、国家级一流本科课程4门、省级一流本科课程25门,学科专业建设水平也得到了显著提高。

5. 结束语

科教融合是现代大学发展过程中贯穿始终的大学理念,科研与教学协同培养创新人才是当前高等教育必须面对和解决的一个重要的理论和实践问题。本文将协同学理论用于分析科教融合协同育人研究,发现协同学与科教融合协同育人具有良好的契合性。在此基础上,本文进一步阐明了科教融合协同育人的内在机理。最后本文以齐鲁工业大学(山东省科学院)为典型案例,概述了其科教融合协同育人的阶段性实践探索及显著成效。

应该看到,尽管我们已经在科教融合协同育人方面有了一个良好的开端,但在科教融合理论及实践研究方面还有待于进一步完善,"1+1>2"的协同效应、协同机制与协同路径还需要进一步探索。特别是如何通过科教融合协同育人的研究与实践,提高"双一流"建设水平,将成为今后一段时间高等教育人才培养领域的重点研究课题之一。

参 考 文 献

[1] 邹晓东,韩旭,姚威.科教融合高校办学新常态[J].高等工程教育研究,2016(1):43-50.
[2] 周光礼,马海泉.科教融合:高等教育理念的变革与创新[J].中国高教研究,2012(8):15-23.
[3] 康琪,周华东,梁洪力,等.关于促进科教结合内涵、实质和路径的思考[J].科技管理研究,2013(12):212-214,219.
[4] 吴洪富.一流大学科教融合的制度与实践:坎特伯雷大学的经验[J].河北师范大学学报(教育科学版),2020(1):59-66.
[5] 顾少轩,祝振奇,雷丽文,等.科教融合在材料化学本科专业创新人才培养中的探究与实践[J].教育教学论坛,2019(46):128-129.
[6] 张世明,陈永正,熊军."科教融合,协同育人"理念在制药工程专业化工原理教学中的探索与实践[J].广东化工,2019(20):209-211.
[7] 东明,尚妍,贺缨,等.科教融合下新型人才培养模式建设[J].高等工程教育研究,2019(S1):251-252,261.
[8] 赫尔曼·哈肯.协同学——大自然构成的奥秘[M].凌复华,译.上海:上海译文出版社,2005.
[9] 赫尔曼·哈肯.高等协同学[M].郭治安,译.北京:科学出版社,1989.
[10] 董维春,朱冰莹.协同学语境下校所联合培养研究生的机理解读[J].学位与研究生教育,2014(4):1-6.
[11] 林涛.基于协同学理论的高校协同创新机理研究[J].研究生教育研究,2013(2):9-12.

机械类专业协同育人研究与实践

高立营　肖光春　许崇海　苏伟光

齐鲁工业大学(山东省科学院)机械工程学部

摘　要　在简要概述协同育人发展历程的基础上,综述了当前国内协同育人实践研究存在的问题及其解决策略和方法,进一步从协同育人机制创新、培养体系建设、课程建设与师资队伍保障等方面分析了机械类专业协同育人研究进展和实践成效,简要探讨了今后的发展方向。

关键词　机械类专业;协同育人;教学改革

1. 引言

为推进人力资源供给侧结构性改革,2017年年底国务院办公厅发布了《国务院办公厅关于深化产教融合的若干意见》,提出通过政策引导,全面推行校企协同育人,提高行业企业参与办学程度。随后,教育部在新工科研究与实践项目中安排了协同育人专项,进一步加快推进构建产学合作协同育人体系,产教融合协同育人已经上升为国家教育改革和人才开发的重要制度安排。

2020年我国高等教育在学人数已达4 183万,高等教育毛入学率为54.4%,在高等教育加速由大众化向普及化迈进的同时,人才教育供给侧与产业需求侧的重大结构性矛盾依然突出。当前,产教融合协同育人发展还面临不少瓶颈和制约因素,本文简要概述了协同育人的发展历程和研究现状,进一步分析了协同育人与机械类专业人才培养的结合及成效。

2. 协同育人研究的发展历程分析

在校企合作协同育人的过程中,校企双方凭借自身掌握的资源,协同合作完成人才培养。但在合作过程中,校企双方存在着各自的利益诉求,有时会产生较大的分歧,如何弥合双方利益诉求的差异,创新体制机制,推进校企合作协同育人工作顺利展开,已成为教育教学改革需要面对的问题。

针对上述问题,国内各层次院校进行了大量探索,近年来也发表了大量研究论文。为了把握协同育人教学改革的发展历程,本文作者以中国知网数据库为依据,设置了不同的检索词检

基金项目:山东省高等学校教学改革重点项目(编号:Z2018S011)、山东省研究生教育优质课程建设项目(编号:24191302)、齐鲁工业大学(山东省科学院)教学改革研究项目(编号:201801,201825)、齐鲁工业大学(山东省科学院)研究生教育优质课程建设项目等。

索协同育人相关文献。图1为以"协同育人"为检索词进行篇名检索,期刊类论文的发表数量情况。由图1可见,相关论文的发表数量呈指数曲线增长,研究协同育人的论文最早发表于2011年,在此之后论文发表数量逐渐增加,2015年论文发表数量接近100篇,2017年论文发表数量首次超过200篇,之后3年相关研究论文的数量显著增加,2020年论文发表数量已超过700篇。

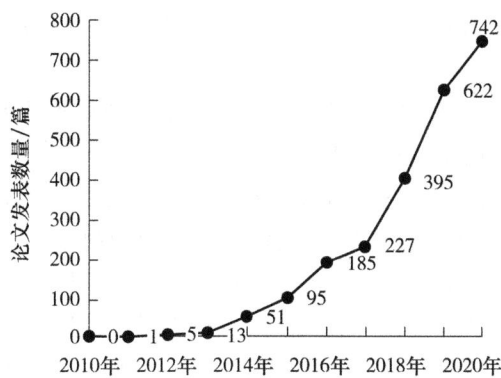

图1 "协同育人"相关研究论文的发表数量情况

论文发表数量的快速增加充分体现了政策的引导作用,2017年以来国家陆续出台相关支持政策,产教融合协同育人逐步成为高校教育教学改革的热点,相关领域的研究逐渐受到研究者的重视。但马亮等[1]研究了2012—2018年间协同育人领域的相关期刊文献发现,该领域的突出研究贡献者数量较少,尚未形成明显的核心作者群体,研究者多数来自学校,仅少数来自企业,这在一定程度上限制了对协同育人在实践导向和社会责任等方面研究的深入开展。

图2是以"协同育人+机械"为检索词进行篇名检索的结果。对比发现,机械类专业协同育人的研究论文发表较晚,2015年肖容美等[2]首次发表了关于应用型大学机械类专业校企协同育人模式的研究论文。此后机械类专业协同育人的研究论文发表数量总体呈增长趋势。进一步分析可见,机械类专业相关论文的发表数量不多,截至2020年累计发表论文19篇,2020年发表论文7篇,数量不足同期协同育人相关论文总量的1‰,这从一个侧面说明协同育人理念下的机械类专业协同育人成果和机制体制创新仍需开拓。

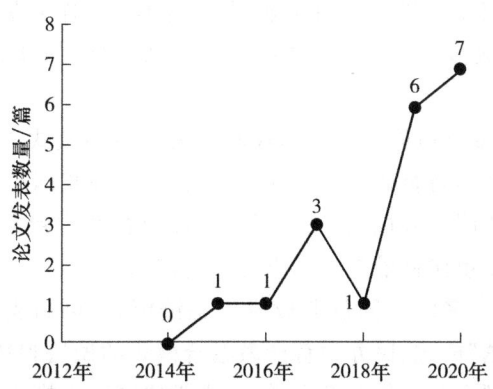

图2 "协同育人+机械"相关研究论文的发表数量情况

在上述19篇论文中,只有1篇论文是校企合作发表的,一方面是因为校企双方的考核机制存在很大差异,致使企业对教研论文缺乏重视,另一方面表明校企双方在合作育人的过程中有待进一步深化沟通和交流。

3. 协同育人实践存在的问题及解决策略

总体上看,经过多年的研究与实践,协同育人在专业人才培养方面已经取得了良好的效果,但由于协同育人涉及多元主体(包括政府、行业协会、企业、科研院所和高等院校等),在激发主体活力、提升育人质量、缓解人才供给侧与需求侧结构性矛盾等方面仍有大量工作需要探索,普遍存在资源配置低效和分散、多元主体协同育人的模式与机制不成熟、质量保障体系和监控评价体系缺位等问题[3]。

张君[4]研究了协同育人主体间的矛盾冲突,指出在市场化条件下企业参与人才培养各教学环节的积极性不强,更倾向于通过快速匹配生产要素和生产条件来驱动产业结构化。而高校偏向于学科、科研、专业等学科建设内容,造成学科专业发展与产业转型升级无法实现精准对接[4]。在以需求为导向的应用型人才培养体系中,企业倾向于从当前实际工作需要出发,引进能够快速创造效益的人才,而大学关注人才发展潜力,进而导致人才供给侧的培养标准和市场需求侧的选择标准存在一定的差异。孙明等[5]以"胜任力模型"研究了大学与企业协同育人的理论与实践,指出校企双方可以协同合作构建胜任力模型,共同确定胜任力要素及其权重,修订人才培养方案,合作开发教材,优化课程设置和实习实训等工作,不断完善协同育人体系,弥合人才供给侧和需求侧的标准差异。

唐未兵等[6]报道了湖北工业大学采用政校企协同合作共建实践基地的情况,针对校外实践在基地建设、教学组织、学生能力培养等方面存在的"影子化""松散化""碎片化"现象,推动"联盟型"实践教学基地发展,其中:政府提供必要的基础设施并引导企业与学校共建实践教学基地联盟,在管理上,政校企三方共建基地管委会,采取随时沟通和定期会商相结合的沟通机制,采用"协同型"管理模式。在育人机制上发挥双主体协同作用,校企双方共建实践教学体系、共同研制培养方案、实习流程再造、校企双方师资联合指导教学。

协同育人是地方应用型高校人才培养的重要途径。向永胜等[7]指出育人主体间的目标、关系、资源和利益等需要有相应的机制进行合理协调,这些运行机制包括平台与规则、沟通协调、合作与共享、利益平衡与共享等四个方面。在实践做法上,浙江省四所外迁独立学院通过与地方政府和企业签订合作协议,共同建设实践基地和产学研基地,搭建协同育人平台;通过聘用外部人才,开设定向/订单班和企业/行业学院,合作开展实习、就业推荐等途径,共享人才和科研资源,达成多主体间的目标协同、关系协同、资源协同与利益协同,提升协同育人效果。

林健等[8]研究了国外多方协同育人中的政府作为及典型模式,对比分析了德国双元制模式和日本、瑞典等国家的大学与企业人员流动机制,指出当前我国产学研协同育人的有效机制尚未形成,认为在产学研协同育人机制形成的初期,政府行政力量起主导作用,而随着产学研协同育人机制的形成,市场规律将最终发挥决定性的作用。

陈延良等[9]系统总结了多维协同创业教育生态链模式、创新支撑的产教融合育人模式、"浙江大学与紫金众创小镇"模式、民办教育产教融合模式的做法和特点,基于"三螺旋"理论提出了"创新型政府+创造型企业+创业型大学"政产学协同育人模式,其中政府通过政策引导、平台建设为参与主体提供保障,企业担负一部分知识创造和育人的主体作用,大学需向创业型大学转变,提升自身知识资本化和技术产业化能力,各类资源在三螺旋主体内部合理流动,为经济社会发展提供持续的动力。

4. 机械类专业实施产教融合协同育人的对策

文献研究发现,机械类专业协同育人研究主要集中在协同育人模式与机制创新、协同育人培养体系建设、课程建设与师资队伍保障等方面。

(1) 协同育人模式与机制创新

肖容美等[2]介绍了五邑大学机械类专业密切结合区域产业发展需求,结合自身条件较早地组建了综合试验班,逐步探索了一套"校企合力、协同育人、资源共建、成果共享"协同育人模式。综合试验班吸纳多个专业的学生,由校企共同组织、管理培养过程和培养环节,通过企业实践着重提高学生的综合实践能力,选择地缘上联系方便、有一定行业地位和特点的企业作为合作企业,确保企业拥有足够的工程技术人员来管理和指导学生。这套协同育人模式效果显著,很好地适应了社会和市场需求。

赵国勇等[10]介绍了山东理工大学机械类专业人才培养现状,给出了校企协同育人机制的建设目标和方案,并分享了其育人实践成效:他们以培养卓越工程师为切入点,人才培养过程有行业企业的深度参与,校企双方共同制订培养方案,提高实践教学在课程体系中的比重,打通校企师资共享;引入企业生产经营标准和环境,联合开发专业课程,加强实习实训基地建设和校企合作力度,全面实施教育教学与生产实践、专业链与产业链的产教融合。

张丽丽等[11]阐述了校企协同育人的目标、思路,认为校企协同培养机械类专业高素质应用型人才,应充分发挥企业具有的生产环境、先进设备和技术人才等优质资源,加强专业建设、课程建设、师资建设,提出校企双方可通过共管、共制、共建、共享、共育、共创等方式深度合作,充分调动高校和企业积极性,加强人才需求侧全面融入人才培养全过程,具体包括:引入企业人员共建教学管理机构、校企共同制订人才培养标准等。

孙月华等[12]指出校企研三方可以组成指导委员会,全方位调研行业企业人才需求的规格、数量和层次,系统分析行业相关工作岗位的职业能力要求和知识结构,按工作岗位的相关要求,参照《工程教育认证标准》中的12条毕业要求,将行业企业的技术标准、职业资格标准融入课程标准,建立课程体系。在师资队伍方面,将聘请企业兼职导师与教师在企业挂职相结合,为学生分配科研导师、企业导师,校企研三者结合,三方共同进行专业课程教学,三方协同育人活动要贯穿于整个教学环节。

(2) 协同育人培养体系建设

校企联合过程中存在培养目标与企业需求契合度不高、专业性与职业性相融度不深、教育教学环节与培养目标的达成度不匹配等问题,张永炬等[13]以机械专业为例,从培养目标、课程体系、实践环节、教学模式和组织机制等五个方面提出了具体的对策。在课程体系方面,注意改革传统制造背景下的机械专业人才培养课程体系和教学内容,优化和重构专业核心知识、核心能力、行业产业知识与职业岗位能力相融合的课程体系,面向优势产业设置"接地气"的课程模块,力求将人才培养融入地方产业。

王娜等[14]总结了学校转型发展的指导思想和研究实践思路,面向本校机械类专业群,提出课程要与岗位相匹配,以实际项目为载体,依据岗位的工作任务和工作内容开展教学组织和设计。实践教学体系包括课内实践、集中实践、第二课程及创新创业实践等部分。利用企业丰富的实践资源,落实校企合作项目教学模式,以项目做引导,以真实的企业项目训练学生的专业技能。

佟静[15]提出在校内建设"企业化"实践教学基地,将企业的岗位设置、文化、规范和标准等元素引入实践教学基地,学生在真实的生产环境中以"企业员工"的身份进行轮训。将高校的教师、教学规范、教学组织与设计、考核评价等元素引入校外实践教学基地,构建"课堂化"的校外实践教学基地,搭建真实的教学环境。在课程体系建设方面,调整课程结构,更新课程内容,深化课程改革,形成专业群内"底层共享、中层分立、高层互选"的课程模块。

(3) 课程建设与师资队伍保障

李竞等[16]基于校企协同育人模式改革"机械制图"课程。"机械制图"课程是工科专业的一门技术基础课,他们建立了校园开放式教学资源云平台,采取校企协同共建"教学课堂"的方式开展理论教学,并实施"翻转课堂"。聘请企业科研人员(校外师资)走进课堂,校外师资的教育项目和案例由实际成果转化而来,具有很强的实践性,他们能够使用实际工程案例开展课程教学,能有效弥补校内师资在实践方面能力不足的问题。校外师资将行业企业的前沿技术带入学校,拉近了课堂教学与企业生产的距离,能够激发学生的学习兴趣。

邱琳等[17]以热工领域实际需求为导向,在师资队伍、课程体系、理论教学、专题报告及实验教学方面对产学研用协同育人教学模式进行深入探索,为建立高校与企业、科研机构等的合作育人机制,他们优化了热工学课程结构,整合了"热工基础"课程中的"工程热力学"和"传热学"内容,采用"科研进入课堂"的教学模式,加强课程基础理论和科学研究的联系,使教学呈现了"学研交融"的局面。针对教师实践经验少、教学内容与企业需求脱节等问题,他们提出应通过定期与企业交流、开展师资培训来提升教师的工程实践能力,促使"学术型"教师向"专业型"教师转变,以适应当前人才培养的需求。

中国矿业大学徐海学院机械工程专业[18]结合徐州市的区域企业优势,构建了"一条主线、三种能力、三大模块、一项技能"的实践教学体系:以培养学生的创新精神和实践能力为主线,实践教学包括课程实验、综合设计和企业实习等三大模块,培养学生的实践动手能力、创新设计能力和现场分析能力,让学生至少获得一项"专业技能证书"。教师定期入厂对企业员工进行专业知识培训,提高员工的专业素养,为企业育人;教师参与企业项目攻关,解决企业的实际问题,促进企业技术发展;校企双方良好互动,有效地避免了协同育人模式重形式、缺内容的情况。

在联合授课方面,河南科技大学轴承专业进行了有益探索[19]。该专业与德国舍弗勒(中国)有限公司进行协同育人合作,该公司的专业技术人员深度参与了该专业的人才培养过程,开设了"轴承应用技术"课程。该公司技术领域的资深专家、业务骨干作为讲师,承担该课程的理论教学和实践教学工作。学生结束理论学习后,到企业完成课程实验,实践表明联合授课产生了良好的效果。

5. 结束语

综上,我国高等教育进入普及化阶段,产教融合协同育人已经成为化解人才培养供给侧和社会需求侧结构性矛盾的必然选择,相关协同育人研究也在不断拓展,并取得了显著成效。机械类专业协同育人研究和实践可以充分借鉴已有经验,今后的研究应侧重在协同育人机制研究、协同育人平台建设、资源高效利用及育人质量评价等方面,要特别注意提高企业尤其是企业技术人员的参与积极性,通过高效协同政府、社会和学校等各类主体,发挥各类资源的育人效能,持续提高大学生的创新和实践能力,满足社会发展的需要。

参 考 文 献

[1] 马亮,温曼婷,肖富文.基于CNKI文献计量和内容分析的我国协同育人领域研究综述[J].黑龙江高教研究,2019,37(10):152-156.

[2] 肖容美,耿爱农,李辛沫.应用型大学机械类专业校企协同育人模式的探索[J].教育教学论坛,2015(12):21-22.

[3] 雷明镜,张华,武卫东,等."政产学研用"多元协同育人机制探索——以上海理工大学制冷空调产业学院(含山)为例[J].高等工程教育研究,2020(6):81-85.

[4] 张君.协同育人视域下应用型高校产教融合创新研究[J].教育与职业,2020(19):51-55.

[5] 孙明,付景川.应用型大学与企业协同育人的理论探索[J].中国高校科技,2019(5):76-78.

[6] 唐未兵,温辉,彭建平."产教融合"理念下的协同育人机制建设[J].中国高等教育,2018(8):14-16.

[7] 向永胜,袁金祥.应用型高校与地方协同育人运行机制研究——以浙江省四所独立学院为例[J].黑龙江高教研究,2019(6):43-48.

[8] 林健,耿乐乐.美英两国多方协同育人中的政府作为及典型模式研究[J].高等工程教育研究,2019(4):52-65.

[9] 陈延良,李德丽.三螺旋理论视角下的政产学协同育人实践与模式构建[J].黑龙江高教研究,2018(8):87-90.

[10] 赵国勇,赵彦峻,董爱梅,等.地方院校机械类人才培养中校企协同育人机制构建[J].产业与科技论坛,2019,18(4):255-256.

[11] 张丽丽,赵元,杨玉芳,等.机械类专业校企协同育人的研究与实践[J].内燃机与配件,2019(17):249-250.

[12] 孙月华,刘春生,宋作忠,等.机械类专业应用型人才产学研协同育人模式的探索研究[J].科技风,2020(18):246,248.

[13] 张永炬,张莉,徐锋,等.地方高校机械专业产教协同育人若干问题及对策研究[J].教育教学论坛,2020(25):119-121.

[14] 王娜,商丽,王玉玲.基于产教融合、协同育人机制的机械类应用型人才培养模式研究[J].高教学刊,2020(27):180-182,185.

[15] 佟静.基于协同育人理念的机械制造专业群建设[J].现代信息科技,2019,3(21):192-193,196.

[16] 李竞,蒲明辉,卢煜海,等.基于校企协同育人模式的《机械制图》课程教学改革与实践[J].教育教学论坛,2016(26):111-112.

[17] 邱琳,陈文璨,冯妍卉,等.机械专业热工学课程产学研用协同育人模式的探索[J].高等工程教育研究,2019(S1):276-279.

[18] 梁斌,王桂卿.基于校企协同育人的地方高校人才培养模式构建与实践——以中国矿业大学徐海学院机械工程专业为例[J].中国教育技术装备,2020(9):134-136.

[19] 韩建海,薛进学,杜辉.企业融入高校人才培养过程 协同培育卓越技术人才——河南科技大学机械类专业校企协同育人的做法与效果[J].河南教育(高教版)(中),2018(4):27-30.

机械工程学科协同育人机制及实践研究
——以工业设计专业为例

陈彦钊 王 莹 闫 鹏 郑 枫 鞠军伟

齐鲁工业大学(山东省科学院)机械工程学部

摘 要 在信息化和全球化背景下,机械工程学科面临着诸多新挑战和新机遇,传统的教育模式已无法满足现代机械工程教育的需求。本文旨在探讨机械工程学科在科教融合与产教融合背景下,协同育人机制的建设与实践。通过深入分析当前机械工程领域人才培养的现状与需求,本文提出了一系列协同育人体制机制建设、人才培养模式改革、实践探索、推广应用及评价的措施,并结合工业设计专业典型案例分析,为机械工程领域的人才培养提供新的思路和方法。

关键词 协同育人;实践研究;人才培养

1. 引言

随着科技的迅猛发展和产业结构的不断调整,新工科背景下机械工程领域对专业人才的需求也在不断变化。习近平总书记指出要"加快一流大学和一流学科建设,实现高等教育内涵式发展",强调推进产教融合、协同育人,优化学科专业布局和人才培养机制,着重培养创新复合型人才[1]。传统的教育模式已经难以满足现代机械工程行业对人才的多样化和高素质要求,因此,科教融合和产教融合的协同育人体制机制日益成为高校教育改革的重要方向。通过整合高校、科研机构和企业资源,协同育人机制不仅能够提升学生的专业能力,还能促进学生创新思维和实践能力的发展。因此,探索和实践协同育人机制成为提高人才培养质量的重要途径。

2. 科教融合与产教融合协同育人机制的建立

高校应建立与科研院所、企业等外部资源的紧密合作关系,形成资源共享、优势互补的协同育人机制,助力科教融合和产教融合。

(1) 科教融合机制

科教融合机制是指将高校教育与科学研究紧密结合,通过科研项目和实验室建设,提升教学质量和学生的科研能力。在机械工程领域,一方面可以通过建立高水平的科研平台,吸引优秀科研人员和教师团队,进一步将科研项目引入教学环节,让学生在实际项目中学习和运用知识;另一方面可以设立联合实验室,促进高校与科研机构的合作,为学生提供更多实践机会。

(2) 产教融合机制

产教融合机制是指将企业的实际需求和高校的教育资源有机结合,通过校企合作,实现人才培养和产业发展的双赢。在产教融合方面,一方面可以通过校企合作共建实习基地和实验室,为人才培养提供真实的工程环境和项目,同时可设立企业奖学金和实习岗位,吸引优秀学生参与企业实践;另一方面可以邀请企业专家参与课程设计和教学,确保教学内容与行业需求接轨。

在政策层面,政府应出台相关政策,鼓励和支持高校与企业、科研院所开展合作,为协同育人提供政策保障。同时,高校也应制定相应的政策措施,激励教师积极参与协同育人工作。

3. 人才培养模式改革

高校的人才培养应适应社会对人才的需求,可通过优化课程设置、改革教学方法、增强实践环节等手段创新人才培养模式。

根据产业需求和学生的兴趣,调整和优化课程设置,增加与产业密切相关的课程和实践环节,如市场调研、设计竞赛、企业实习等,提高学生的实践能力和创新能力。

在教学方法方面,采用启发式、讨论式、案例式等教学方法,激发学生的学习兴趣和主动性,培养学生的自主学习能力、团队协作能力和创新思维。

加强实践教学环节,基于协同育人机制与平台,与企业协同开展实习实训、项目合作等活动,让学生在实践中学习和成长。

强大的师资是保证教学质量的前提,要加强师资队伍建设,引进具有丰富实践经验和行业背景的教师。同时,鼓励教师参与企业项目研发、设计竞赛等活动,提升教师的实践能力和教学水平。

4. 实践探索

本部分以齐鲁工业大学(山东省科学院)机械工程学部工业设计专业为例,从协同育人机制建设、培养方案和课程优化设置、学生实践能力提升等方面探索协同育人机制的实践思路与方法。

(1) 建立校企协同育人机制,完善制度

2019年,机械工程学部牵头成立了机械类专业协同育人联盟,与多家企业建立了合作关系,并积极构建多个课外实习基地,为学生的毕业设计、毕业实习提供环境支持,并完善了协同育人制度。工业设计专业依托协同育人联盟,建立校企协同育人机制,进行人才培养改革,坚持"产学研用"与"多元融合"的指导思想,促进企业、高校、科研机构共享资源,制订多维度培养方案,以学生为中心,用项目驱动教学,培养高素质人才,实现三方互惠共赢。

(2) 人才培养与课程结构优化

综合企业、高校和科研机构对于工业设计人才的需求,确定以"产学研用"为协同育人的整体目标,培养具备人文科学素养、工程与设计应用能力、产品设计决策力、设计鉴赏与表达能力,精通工业设计专业知识,具备强创新能力和通用管理素质的高素质应用型人才。

为迎合社会对工业设计人才的需求,在深入企业调研的基础上,以工业产品研发全过程为主线制订人才培养方案,优化课程结构,建立课程体系,课程内容涉及用户需求获取与分析、产品设计与研发、用户评价等,同时聘请协同育人企业的专家合作授课,使校内教学契合社会生产需求。例如,学部聘请山东鸭嘴兽工业设计有限公司、山东同天科技集团有限公司等企业的专家为工业设计专业的学生讲授"产品设计程序与方法""品牌形象设计""文化创意产品设计"

等课程,企业专家在授课过程中结合实际生产经验,有效地激发了学生的学习兴趣,获得了良好的教学效果。

坚持以学为主的教学策略[2],突破传统讲授式大班授课制,积极推进小组协作、任务导向的教学模式,引入企业真实项目或模拟项目作为教学载体,让学生在完成项目的过程中学习知识和技能。这种策略不仅能够增强学生的实践能力,还能够培养他们的团队协作能力、问题解决能力和创新能力。定期组织工作坊和实训活动,让学生在模拟或真实的工作环境中进行实践操作和技能训练。

在教育教学过程中,积极推进校企互访模式,与企业建立定期互访、研讨会、工作坊等长效交流机制,促进双方在课程设计、教学方法、人才培养目标等方面的深度对话与合作。一方面,校内工业设计专业的教师定期到企业参观访学,了解行业最新动态、技术发展趋势、企业实际项目运作流程、市场需求及用户反馈等,以便将这些宝贵经验融入日常教学。另一方面,协同育人联盟企业的相关人员到校授课,采用讲座、工作坊、案例分析、模拟项目等多种授课形式,让学生在进行理论学习的同时,通过动手操作、团队协作等方式,亲身体验企业工作的真实场景,提升实践能力和综合素质。

(3) 实践教学

学生实践能力的提升是教育教学的重要方面,也是重要的人才培养目标。校企合作助力实践教学可以充分发挥协同育人优势。工业设计专业在协同育人框架下,积极改革和创新实践教学环节,在学科竞赛、实习实践、毕业设计(论文)等方面借助校企合作优势,努力探索与拓展提升学生实践能力的思路。

① 学科竞赛

学生实践能力的培育不仅是教育教学的核心维度,更是人才培养不可或缺的关键目标。校企合作作为一股强大的驱动力,为实践教学注入了鲜活的生命力,深度挖掘并充分发挥了协同育人的独特优势。在这一框架下,工业设计专业积极投身于实践教学的改革与创新浪潮,勇于探索,不懈进取。通过充分利用校企合作的宝贵资源,工业设计专业在学科竞赛等多个环节上不断拓宽思路,寻找并实践着提升学生实践能力的有效途径,为学生的全面发展奠定了坚实的基础。

学科竞赛是学生将课堂所学应用于实践的初步体验,在校企协同育人的大背景下,工业设计专业的学科竞赛呈现出前所未有的活力与创新性,成为连接高校教育与企业实践、促进学生综合能力提升的重要桥梁。工业设计专业积极联系企业,多次承办学科竞赛并指导学生参赛,积极征集来自企业的课题参加竞赛项目。例如,工业设计专业的学生参加首届"小兽杯"全国大学生宠物用品设计大赛,作品"防猫打扰式键盘保护罩"获优秀设计奖一项,作品"宠物足部烘干器"获入围奖一项。2023年工业设计专业的教师与山东旭天标识工程有限公司、山东同天科技集团有限公司联合指导学生参加2023山东省大学生工业设计大赛暨"旭天杯"标识与公共设施专项赛并取得优异成绩,其间,多次邀请企业针对比赛进校宣讲[3](如图1所示)和对学生比赛进行过程指导,这正是校(院)机械类专业协同育人联盟的有效实践。这一模式不仅丰富了实践教学内容,还极大地增强了学生的实践操作能力、创新思维能力和团队协作能力,为工业设计行业输送了大量高素质、应用型人才。

② 实习实践

协同育人联盟建立以来,工业设计专业积极联系企业,与企业合作开展课程实习和毕业实习,不断拓展校外实习基地,机械工程学部先后与山东凯雷德工业设计有限公司、山东鸭嘴兽

图 1　协同育人企业进校宣讲

工业设计有限公司、山东旭天标识工程有限公司等设计类企业签约,挂牌教学实习实训基地。工业设计专业的学生多次到签约企业实习实践。例如,2021 年 3 月,2017 级 4 位学生入驻山东凯雷德工业设计有限公司进行参观实习,该公司的设计总监向学生介绍公司基本情况,讲授设计流程及案例,并解答交流学习、就业等问题。同年 4 月这些学生入驻山东凯雷德工业设计有限公司博山中国机电谷开始调研,分析竞品,寻找突破点和创新点,进行手绘,确定方案。双方充分利用线上的优势建立微信群,以便随时交流,并利用腾讯会议进行线上辅助沟通,定期进行线下辅导,完善方案。同年 5 月这些学生设计建模,利用 3D 打印机制作样品白膜模型,然后进行上色处理,完成作品。通过企业实践,学生真实体验了工业产品的实际生产过程,能够实现学以致用,学生获得了极大的成就感,这是协同育人的一次成功实践。

③ 毕业设计(论文)

毕业设计(论文)是高等学校实现培养目标的重要教学环节,是教育与实践相结合的重要体现,是培养学生综合运用大学期间所学知识分析问题和解决问题的能力、提高专业素质和培养创新能力的重要实践环节。毕业设计(论文)的完成过程也是学生在校期间的重要实践过程,并且是快速提升工作能力的过程。

协同育人模式按照服务学生、沟通服务企业、搭建平台、协同共赢的定位,采取学校指导教师与企业设计师共同指导学生的工作方式,充分利用现有资源,配合工业设计专业人才培养的要求,取得了显著的成效,全面提升了实践教学质量,为工业设计专业的人才培养和专业建设做出了较大的贡献,同时开创了协同育人工作的新局面,优质高效地完成了各项任务。

如表 1 所示,工业设计专业毕业设计(论文)课题来自企业的占比已达到 100%,学生到企业做毕业设计(论文)课题的占比逐年递增,2023 年已超过 50%,企业的协同育人资源得到了充分的利用。学生在企业进行毕业实习,选择企业课题作为毕业设计(论文)课题,并聘请企业专家作为评委完成答辩,成为协同育人的一种重要形式,发挥着越来越重要的作用。

表 1　毕业设计(论文)课题情况

项目	来自企业的毕业设计(论文)课题占比		学生到企业做毕业设计(论文)课题占比	
年份	2022 年	2023 年	2022 年	2023 年
百分比	100%	100%	42%	53%

2023 年 3 月,工业设计专业 2019 级的 18 名学生入驻山东鸭嘴兽工业设计有限公司进行参观实习,同年 6 月学生回校进行毕业答辩,山东鸭嘴兽工业设计有限公司董事长丛炜峰担任

答辩评委,从市场需求的角度对学生的作品提出建议,学生确实感受到在企业做设计和在学校做设计的差距,并感受到自己的能力还需要进一步的磨炼。这种校企协同育人模式对端正学生的学习态度、激发学生的学习热情以及培养学生的实践能力具有极其重要的意义。

④ 协同育人成效

工业设计专业的学生在企业实习与毕业设计中展现了卓越的协同育人成效。通过深入多家省内企业进行实习,学生不仅掌握了企业运作流程,还显著提升了实践技能与综合素质。校企联合指导的毕业设计(论文)课题均源于企业真实需求,覆盖产品设计、平面设计与产品交互等前沿领域,体现了"设计赋能,智向未来"的理念。所有学生的毕业设计均获好评,成绩合格,彰显了协同育人的高质量成果。特别是与山东凯雷德工业设计有限公司的长期合作,不仅丰富了教学资源,还促进了课程与产业的无缝对接,多名学生的毕业设计成果直接转化为企业项目,实现了教育与产业的双赢。这一系列成果充分证明了协同育人模式在工业设计专业人才培养中的有效性。

5. 结束语

在新工科建设浪潮的推动下,社会进步与发展的需求对工业设计领域专业人才的培养提出了新的与迫切的要求。鉴于当前校企深度合作育人模式下人才培养改革所遭遇的挑战,本文致力于探寻科教融合与产教融合协同育人机制的建立,以及对应人才培养模式的改革。在此基础上,以本校机械工程学部工业设计专业为例,从协同育人机制建设、培养方案和课程优化设置、学生实践能力提升等方面呈现协同育人现状以及探索协同育人机制的实践思路与方法。虽然工业设计专业的协同育人工作已取得初步成效,但面对日新月异的行业需求与教育变革,相关改革仍需不断深化探索与积极实践,以持续优化人才培养模式,确保工业设计专业的教育与社会发展同频共振。

参 考 文 献

[1] 孙雨婕."新工科"背景下产学研协同育人模式研究[D].大庆:东北石油大学,2020.

[2] 徐平,孙雨婕.产学研协同培养复合创新型人才模式与路径研究[J].学理论,2019(11):138-140.

[3] "旭天杯"标识与公共设施专项赛宣讲会在我校举行[EB/OL].(2023-09-20)[2024-07-09].https://me.qlu.edu.cn/2023/0920/c1711a227374/page.htm.

机械类专业产教融合协同育人模式的研究及发展方向探索

衣明东

齐鲁工业大学(山东省科学院)机械工程学部

摘　要　在齐鲁工业大学(山东省科学院)机械工程学部机械类专业协同育人模式发展的基础上,从产教融合协同育人背景下的教学改革、课程建设、实习实训体系、人才培养模式、专业建设和协同育人发展机制等六个方面分析了产教融合协同育人与机械类专业人才培养方面的实践与研究进展,分析了产教融合协同育人与机械类专业人才培养的应用特点、成效等,并探讨了今后的发展方向。

关键词　协同育人;产教融合;人才培养

1. 引言

随着中国经济的转型升级发展,创新驱动对于培育经济发展新动力的作用日渐突出。创新的首要前提便是人才,传统的闭门育人模式已经不能满足现代创新发展的需要。

产教融合协同育人是指产业和学校紧密结合,以产业促教育,教育模式直接面向产业需要。协同育人并非新鲜事物,但过去受体制机制等多重因素的影响,人才培育工作主要依靠学校自身进行,企业介入既不积极,也不深入,造成教育、人才和企业、创新不能有效衔接。企业是协同育人的重要主体,企业在自身转型升级的过程中,要主动推动产学研合作。高校尤其是地方高校也必须主动转型发展以适应产业发展和技术进步的需求。协同育人是助推学校和企业发展的双赢之路,企业应该更加积极地参与校企合作,切实构建产学研一体化的工程实践教育基地,助推企业技术升级。因此,深化协同育人,对于我国产业转型升级和创新驱动发展具有重要意义。

李培根院士指出,仅仅从技术角度讨论工程实践教育是不够的,企业需要的人才是具有职业素养和应用技能的复合型人才;林忠钦院士认为,高校应当注重人才的工业文明意识培育,在培育人才的同时还要加强理论知识的教育与实验、工程实际与实践相结合;朱高峰院士针对技术技能人才培养模式认为,面对当前技术革命的巨大挑战,中国需坚持发展高端装备制造业,而要使制造业高端化,就需要有一批高素质的技术技能人才;谭天伟院士针对为经济转型升级提供人才支撑认为,工程师人才的教育应当首要重视应用技术,根据产业需要培养人才,且应该构建一支具有工程教育背景的教师队伍[1]。

协同育人的基础是产教融合。2014年5月,《国务院关于加快发展现代职业教育的决定》

发布,将产教融合、特色办学作为五项基本原则之一。2017年10月18日,习近平总书记在党的十九大报告中指出,要深化产教融合。2017年12月19日,《国务院办公厅关于深化产教融合的若干意见》(以下简称《意见》)发布,我国产教融合发展进入新的时期。如图1所示,通过知网检索可见,2014年以前,每年发表的产教融合相关的论文不足10篇,之后开始快速增多,2017年《意见》发布之后增长更快。产教融合已经成为我国教学改革研究的热点之一。

图1 产教融合相关论文年发表数量

值得注意的是,从知网分析数据来看,"产教融合＋机械"相关论文发表数量尽管总体在上涨,但数量偏低。机械类专业作为培育应用型人才的重点专业,如果不重视产教融合协同育人,缺乏对学生产业实践和动手能力的培养,最终会造成人才培养目标与经济转型升级发展的脱节。

齐鲁工业大学(山东省科学院)一直高度重视产教融合协同育人。2019年,齐鲁工业大学(山东省科学院)机械工程学部牵头成立机械类专业协同育人联盟(理事单位共65家),并成立了机械类专业协同育人指导委员会。委员会由李培根院士任主任委员,沈阳化工大学原校长李志义和山东师范大学校长曾庆良任副主任委员,中国工程教育认证协会机械类专业认证委员会副秘书长王玲及教育部机械类专业教学指导委员会委员、机械类认证委员会专家、济南二机床等龙头企业董事长等13位国家顶级专家任委员,共同为协同育人引路、把脉。联盟设计了组织、管理和制度保障体系,充分发掘协同育人的利益驱动点,健全了学生主动、教师推动、企业联动的长效运行机制,机械类专业建设达到了更高水平。突出工作如下。

(1) 联构实践平台

校内联合工训中心组建机械教学示范中心等4个实践平台,与科研院所、企业共建省级行业公共实训基地、中国轻工业重点实验室等26个实践平台。

(2) 联研课程与教材

联合制/修订培养方案:兼顾国家质量和工程认证标准,联合行业企业共同制/修订培养方案。构建"轻工机械"等特色课程模块6个,新增"工程素养训练"等实践课程5门。以企业的实际案例为特色,出版教材7部。

(3) 联导毕业设计

题目来源于企业,实现了来自企业题目的全覆盖。其中,机械类专业自2022届开始实现了毕业设计课题100%来源于企业生产实际,并已坚持3年。每家企业接收不超过8名学生,每名学生配备校内导师和企业导师各1名,邀请企业专家来校参加毕业答辩或校内导师前往企业组织毕业答辩,共把出口关。

(4) 联提师资水平

聘请79家企业的101名专家作为指导教师参与各教学环节,学校的53名教师先后到企业参加实践。每年均组织校内教师和企业专家进行双向培训,解决校内教师实践教学能力不足和企业专家理论知识薄弱等问题,联合提高教学和生产研发能力。

由此可见,为培养能够满足当前经济社会发展的创新工程技术人才,产教融合协同育人是提高机械类专业学生综合素质的最好手段。本文主要从产教融合协同育人背景下的协同育人发展机制、人才培养模式、专业建设、教学改革、课程建设、实习实训体系等六个方面对机械类专业产教融合协同育人模式进行进一步探索。

2. 协同育人发展机制

机械类专业产教融合协同育人发展机制能够有效推进高等院校与企业的相互合作,是实现校企合作持续发展的主要因素,对机械类专业产教融合发展的不断探究,有利于促进机械类专业教学质量的不断提高。

袁三强[2]认为随着工业技术的发展,机械制造业的观念和技术发生了很大的变化,生产技术水平大大提高,制造企业对毕业生提出了更高的实践要求,特别是在专业技能、工作创新和领域应变等方面。机械类专业学生的教学需要整合现有的教学资源和设施,重新界定教学方向和内容,紧跟实践和企业生产的步伐,研究专业整合和交叉教学方案,以适应时代和生产的需要。

杨林等[3]认为构建基于产教融合的校企合作长效机制是当前高职院校教育体制改革的重要发展方向,也是《国家职业教育改革实施方案》提出的完善职业教育和培训体系的重要举措。伏彩建[4]认为产教融合是数控机械专业教学发展的重要途径,产教融合模式不仅能够提升数控机械专业学生的专业知识与专业技能,还能够让学生深入了解市场发展现状,以便培养出更多能够满足市场发展需求的专业人才。谭晶莹等[5]分析了工学结合在工程应用型本科院校机械专业人才培养中的背景和现状,从培养方案、课程体系、实践教学体系、"双师型"教学与团队、产业与教育方式等方面对这一机制进行了研究。

3. 人才培养模式

产教融合协同育人的推动首先应立足于建立新的人才培养模式。

研究生教育方面:王相友等[6]认为人才欠缺是制约中小企业创新发展的瓶颈之一,通过产教深度融合,校企双方发挥各自优势联合培养专业学位研究生,一方面为应用型人才培养提供了实践平台,解决了专业学位研究生实践环节薄弱的问题,另一方面有利于帮助企业解决技术难题,优化企业技术研发队伍。他们认为产教融合的研究生联合培养模式既出成果又出人才,能有效解决欠发达地区中小企业"引进人才难,留住人才难"的问题,为中小企业新旧动能转换提供动力。郑忠才等[7]围绕行业企业高端应用型人才需求,建立了与培养特色目标相对应的研究方向,优化培养方案和课程设置,改革教学模式,融合产教资源,搭建学术交流平台,强化特色培养条件建设,培养了具有较强实践能力和创新能力、综合素质优秀的硕士研究生。

本科生教育方面:梅华平等[8]基于我国产教融合的发展现状,讨论了应用型本科机械类专业人才培养过程中产教融合机制的实践途径,他们认为通过强化机械类专业人才培养的特色,推动产教融合机制的进一步完善,提升应用型本科机械类专业教学水平,可为社会输送更多高质量的综合性人才。张彦富等[9]针对本科专业应用型转型过程中存在的问题,提出以培养综合能力为目标的机械类专业应用型转型的理念,确定机械类专业应用型人才的知识、素质、能力要求,并在此基础上以产教融合为引领,进行了一系列教学改革与实践,对人才培养目标定位、培养模式、课程内容体系、教学方法等方面进行了一系列的研究。

高等职业教育方面:张国瑞等[10]认为高职教育是我国应用型、技能型、高素质人才培养的"摇篮",高职教育应当坚持"产教融合、校企合作、工学结合"的人才培养模式,积极探索创新,以期为新时代建设输送更多复合型人才。高峰[11]剖析了"产教融合"与"创客教育"的内涵,提出两者在职业需求和职业发展的理念、实践本位价值、职业素养教育三个方面存在关联耦合。同时,他以高职院校机械设计与制造专业为例,在"产教融合"与"创客教育"相结合的创客空间的组建、产教融合型创客培养方案的制订以及组织实施等方面开展了探索与实践。

4. 专业建设

随着教学改革工作的持续深入推进,如何在实现产教融合协同育人的基础上开展地方应用型本科机械专业建设,成为当前教育工作者需要关注的重点问题之一。

专业群建设方面:邓秋香等[12]提出校企"九链对接"的专业群建设模式,并通过定向培养的现代学徒制人才培养、四层次五平台的实践能力培养及校企文化融合的素质能力培养方式在实践中进行了检验与完善,加深了现代职业教育与产业的对接深度,强化了专业群建设。彭琪波[13]认为产教融合是专业建设的重要途径,通过创新产教融合下的"机械设计与制造专业+智能制造"专业群建设模式,可成就新型专业特色。

品牌专业建设方面:王新年等[14]以对接"中国制造 2025",深化产教融合,推动制造业技术技能人才培养研究这一视角为出发点,在分析机械制造专业现行情况的基础上,探讨了品牌专业建设的重要性和路径,为专业的内涵发展、特色发展,以及全面提升专业人才培养质量和服务产业发展能力提供了思路。

教学团队建设方面:谢江怀[15]以机械电子专业为研究切入点,从产教融合对于地方应用型本科机械电子专业教学团队建设工作的必要性出发,论述了当前我国地方应用型本科机械电子专业教学团队在建设过程中存在的问题,并结合产教融合元素全面地阐述了地方应用型本科机械电子专业教学团队建设策略。

5. 教学改革

徐文庆、宋玲分别以机械设计与制造专业和机械制造及自动化专业为例,探讨了当前产教融合协同育人背景下的高等教育教学改革。徐文庆[16]认为以"产教融合"的方式进行人才培养,不仅可以提高学生的综合素质,提高他们的专业技能,还可以提高学校的教育教学质量,从而满足社会和企业的人才需求。宋玲[17]认为在目前的教学条件下,虽然产学研条件有所改善,但人才培育机制需要根据学校的自身条件进行有效改革,以实现更好的发展。

沈剑英等[18]调研并分析了学生在企业进行毕业设计和实习的现状,结果显示,参与调研的学生均认为在企业学习到了更多的专业知识,表明学生到企业以后能够接触生产实际情况,巩固了在学校所学到的理论知识。李作专[19]认为为了提升机械专业人才的培养质量,可将参加世界技能大赛作为重要手段,着力培养具有国际视野的高技能人才,探索一种具有中国技工教育特色的德国西门子双元制技能人才培养模式。

6. 课程建设

课程建设、开发和改革是人才培育的基础。众多研究者在产教融合协同育人背景下分析了机械专业的公共课程、专业课程和实践课程体系构建与改革研究。

公共课程方面：刘彩虹[20]认为当前机械类公共基础课程"高等数学"存在定位不准确，脱离专业需求，现有教学模式理论性强、实践性差，课程改革需求主体缺位等教学困境。需要确定改革目标，厘清改革定位，构建改革双主体，创新改革思路，以职业能力为导向，以专业课程群为基础，逆向寻求创新改革模式，为人才培养发展提供支撑。曾翔[21]认为课程创新是发展的必然趋势，专业课与公共基础课交叉设立的"机械数学"课程应当一方面通过理论使学生夯实基础知识，另一方面配合全新知识内容让学生对实践有概念性认识。

专业课程方面：王强[22]从产业人才需求方面的剖析入手，分析了人才培养定位与课程体系建设要求，对机械专业课程体系的开发与设计提出了建议，同时也指出要实现课程体系运行要素的保障，即完善的教学管理机制、具有代表性的实训基地、优势互补的"双师型"队伍及优质的课程资源。罗道坚[23]认为人才培养是校企深度合作开展产教融合的重要一环，校企合作产教融合下的机械制造与自动化专业人才培养最终将落实于课程改革，他针对校企共同开展的CAM（计算机辅助制造）课程在教学过程设计、课程实施、教学评价等方面的改革提出了一些看法。王娜等[24]认为应当实现专业与产业对接、课程内容与职业标准对接、教学过程与工作过程对接，以产教融合为引领，以校企协作为手段，在优化专业、重构课程体系和教学内容、完善教学实践环节、推进"双师型"教师队伍建设等方面进行改革，从而适应地方行业转型发展对高质量应用型人才的需求。

实践课程方面：雷进等[25]认为以产教融合为主线改革现有的人才培养模式和课程体系，适应新时期社会对创新型实用人才的需求，是高校人才培养改革的首要任务。离开了生产实践，教学计划上的理实一体教学是无法贯彻的。刘树青等[26]认为产教融合的教学改革需要落实在应用型课程建设与实施上，以机械制造类专业为例，提出基于产教融合的应用型本科项目化课程改革思路，以产业人才需求为导向，构建基于产教融合的系列化项目课程体系，培养学生的知识整合能力、工程实践能力与应用创新能力。

7. 实习实训体系

深化产教融合协同育人，探索合理的校企合作模式，构建集教学和科研创新能力培养于一体的实习实训体系，有利于提高学生的学习能力和就业能力。

实践平台建设方面：倪成员等[27]针对产教融合背景下应用型人才培养过程中存在的主要教学问题，认为校企共建校内外工程实践基地，校企协同育人，可推进应用型人才培养综合改革，能够形成"全程参与、深度融合、共同育人"的工程教育模式，有助于提高人才培养质量。刘辉[28]以产教融合为前提，分析了目前我国产教融合下机械类加工制造实训基地的发展现状以及发展措施，指出应该以加强实习实训基地的建设来促进学生的发展，使学生在毕业后能更切合市场的需求、学有所为。江贵生等[29]针对推进"新工科"建设，以省实验教学示范中心为载体，以培养机械设计制造及其自动化专业实践能力强、创新务实的高素质应用型人才为目标，通过推进校内外实践教学基地建设、深化产教融合，探索合理的校企合作模式，构建了集教学和科研创新能力培养于一体的实习实训体系，形成了客观公正、实用性强的人才评价体系，提高了学生的学习能力和就业能力，得到了校内外师生的好评和用人单位的充分认可，成效显著。

实践竞赛方面：温宇[30]针对"中国制造2025"对产教融合提出的新要求，认为机械行业技能竞赛对人才培养起到了极大的促进作用，提出以技能竞赛为契机，构建高端装备制造产业产教融合平台，并从平台的组织架构、高端装备制造产业人才培养的目标定位、人才培养模式改革、与高端装备制造产业相适应的产教融合平台功能建设、高端装备制造产业产教融合平台机制建设等方面提出了相关对策。

8. 结束语

现代制造业的发展需要大量既掌握专业理论知识、又具有工程应用背景的人才,特别是随着我国产业转型升级的深入展开,对高层次技术人才的需求与日俱增,机械专业为适应社会的需求,以技术应用能力培养为主线,采用产教融合、协同育人的人才培养模式,可推动教学改革深入进行,探索高层次应用型人才培养的有效途径。

参 考 文 献

[1] 许崇海,衣明东,邱书波.机械类专业工程实践研究[J].高教学刊,2016(24):84-87.

[2] 袁三强.高职院校机械类专业产教融合实践分析与建议[J].辽宁高职学报,2015,1709:49-52.

[3] 杨林,陈飚,庄凯,等.基于产教融合的校企合作长效机制研究——以高职院校机械设计与制造专业为例[J].教育科学论坛,2019,12:35-40.

[4] 伏彩建.高职数控机械专业产教融合发展的思路与对策[J].内燃机与配件,2020,16:223-224.

[5] 谭晶莹,安伟科,周勇.工程应用型本科产教融合机制的研究与实践——以湖南理工学院机械类专业为例[J].高教学刊,2016,19:28-29.

[6] 王相友,朱继英,许英超,等.基于产教融合的欠发达地区中小企业研究生联合培养基地建设——以山东希成农业机械科技有限公司研究生工作站为例[J].创新创业理论研究与实践,2020,321:163-165.

[7] 郑忠才,陈继文,杨红娟,等.彰显特色产教融合的机械类研究生培养模式探索[J].教育教学论坛,2018,37:128-129.

[8] 梅华平,李玉梅,盛继群.产教融合背景下应用型本科机械类专业人才培养模式研究[J].决策探索(中),2018,9:54-55.

[9] 张彦富,王志坚,许良,等.产教融合引领机械类专业应用型转型培养模式改革与实践[J].价值工程,2017,3625:174-176.

[10] 张国瑞,马永丰,韩冰.高职机械制造专业"产教融合、工学结合"人才培养模式研究[J].国际公关,2020,1:128.

[11] 高峰.创客教育与产教融合在创新型技术技能人才培养的耦合性研究——以高职院校机械设计与制造专业为例[J].前沿,2019,4:105-111.

[12] 邓秋香,张辉.基于产教融合的高职工程机械智能制造专业群建设研究与实践[J].教育现代化,2019,664:93-94.

[13] 彭琪波.基于产教融合的高职品牌专业建设探索——以湖北科技职业学院机械设计与制造专业为例[J].湖北广播电视大学学报,2019,3901:12-16.

[14] 王新年,姜涛.基于产教融合的高职《机械制造与自动化》品牌专业建设研究——结合黑龙江农业工程职业学院高水平骨干专业建设[J].职业技术,2017,1605:26-28.

[15] 谢江怀.基于产教融合的地方应用型本科机械电子专业教学团队建设[J].内燃机与配件,2019,11:260-261.

[16] 徐文庆."产教融合"背景下高职教育教学研究——以机械设计与制造专业为例[J].科技资讯,2020,1820:155-157.

[17] 宋玲.产教融合背景下高职教育教学改革研究——以机械制造及自动化专业为例[J].

智库时代,2019,46:138-139.

[18] 沈剑英,李积武,朱荣华,等.基于产教融合的机械专业本科毕业设计的教学质量调查和分析[J].教育现代化,2018,527:332-334.

[19] 李作专.世赛高端引领推进产教融合——广东省机械技师学院近年办学情况介绍[J].职业,2018,32:9-10.

[20] 刘彩虹.深化产教融合背景下公共基础课程创新改革发展研究——以机械类公共基础课程"高等数学"改革为例[J].湖北广播电视大学学报,2020,4002:32-36.

[21] 曾翔.浅析机械类公共基础课程概率论与数理统计产教融合创新——评《机械数学》[J].机械设计,2020,3707:156.

[22] 王强.产教融合背景下机械专业课程体系构建研究[J].西部素质教育,2018,411:170,172.

[23] 罗道坚.产教融合背景下机械制造与自动化专业CAM课程教学实施[J].无线互联科技,2020,1704:123-124.

[24] 王娜,商丽,王玉玲.基于产教融合、协同育人机制的机械类应用型人才培养模式研究[J].高教学刊,2020,27:180-182,185.

[25] 雷进,王黎明.基于产教融合的农业装备应用技术专业的课程改革——以农业作业机械为例[J].南方农机,2020,5101:151,155.

[26] 刘树青,贾茜,宗亚妹.基于产教融合的应用型本科项目化课程改革探究——以机械制造类专业为例[J].黑龙江教育(高教研究与评估),2020,4:32-34.

[27] 倪成员,周兆忠,张元祥,等.构筑产教融合平台,推进地方高校机械类应用型人才培养综合改革[J].高教学刊,2020,6:144-146,149.

[28] 刘辉.中职学校产教融合机械类加工制造实训基地建设研究[J].内燃机与配件,2020,10:275-276.

[29] 江贵生,张杰,查长礼.机械专业产教融合实习实训体系的建设[J].安庆师范大学学报(自然科学版),2018,2402:108-111.

[30] 温宇.机械行业技能大赛背景下高端装备制造业产教融合平台构建研究[J].机械职业教育,2018,2:36-38.

第9章 一流专业建设与工程教育认证

基于科教产融合的机器人工程专业协同育人创新培养模式研究

刘鹏博

齐鲁工业大学(山东省科学院)机械工程学部

摘　要　在当前经济全球化和科技快速发展的背景下,各国高等教育越来越关注人才培养质量,尤其是在新兴领域,如机器人工程。校企协同育人机制通过结合理论课程与企业实践,可使学生获得丰富的实践机会和更强的应用能力。随着科技的进步和产业结构的变化,进一步深化校企合作、优化资源配置、创新人才培养模式,是应对市场变化、提升人才竞争力的关键举措。文章介绍并探讨了齐鲁工业大学(山东省科学院)机器人工程专业尝试通过创新教学模式,紧密结合理论课程与企业实践的协同育人创新培养模式。

关键词　机器人工程;校企合作;协同育人;创新培养模式

在当前经济全球化和科技快速发展的背景下,人才培养质量成为各国高等教育关注的重点之一。特别是在机器人工程等新兴领域,校企协同育人机制的实施显得尤为迫切和重要[1]。

齐鲁工业大学(山东省科学院)机器人工程专业通过创新教学模式,成功地将理论课程与企业实践紧密结合,如建立机器人信息融合实验室等,为学生提供了丰富的实践学习机会。同时,学校通过与企业共建共享资源平台,推动教师的实地学习和工作实践,培养了一批既具有学术背景又具有实际经验的"双师型"教师,提升了教学质量和学生的就业竞争力。毕业设计和机器人竞赛的开展进一步强化了学生的实践能力和创新意识,为其未来在工业界的顺利就业打下了坚实的基础。

机器人工程专业在校企协同育人模式下取得了显著的成效,为新工科专业的发展提供了有力支持[2,3]。然而,随着科技的不断进步和产业结构的快速变化,我们仍然需要进一步深化校企合作,优化教育资源配置,不断创新人才培养模式,以适应社会经济的发展需求和市场的变化[4]。相信通过持续地努力和改进,我们将培养出更多适应时代要求、具有国际竞争力的优秀人才,为我国高质量发展做出更大的贡献。

1. 机器人工程专业协同育人面临的问题

当前,我国机器人工程专业人才培养仍以校内教学为主,缺乏充足的企业实践机会和学习场所,导致学生在实践学习中参与度不高[5]。即使有实践机会,学生的实际参与度和体验程度也有限,学生缺乏与真实工作环境的深度融合,限制了他们在毕业后迅速适应工作需求的能力,延长了学生到员工的转变周期。这种现象使得毕业生在进入工作岗位后难以快速获得企业的认可,其需花费较长时间适应工作环境和满足工作要求。目前校企协同育人的主要问题体现在以下几个方面。

(1) 校企协同育人基础薄弱

目前,机器人工程专业本科人才的校企协同育人面临多方面挑战。首先,协同办学机制存在不健全的问题,导致资源利用不足,容易造成合作中的共同利益盲区。其次,缺乏创新意识使得教育模式难以与快速发展的技术需求保持同步,从而造成人才培养与市场需求的错位。最后,学生在服务能力和发展潜力上的培养亟待加强,以应对未来工作环境的挑战和变化[6]。

(2) 校企合作不够深入

目前,我国大部分学校都与企业签订了合作协议,但是现有的合作方式存在着较大的不足。机器人工程专业合作的企业以高新技术产业为主,管理方式相对灵活,企业运行机制迭代快,改革频繁,与高校的行政管理和发展模式不匹配,导致校企合作效率偏低,节奏较慢。

(3) 人才储备不足

机器人工程专业是一个新兴专业,截至 2019 年全国有 185 所本科院校开设机器人工程专业。虽然人才总体规模庞大,但学生存在知识综合能力不足、工程实践能力不足、技术创新能力不足的问题。

产学研协同育人与机器人产业经济发展紧密联系,可相互支撑。产业经济发展要依靠产学研协同育人提供人才支持。亟须培养大量具有机器人研发、制造、应用、维护及管理等知识的复合型人才。如何培养既具有知识综合能力又掌握工程实践能力的机器人专业人才,是机器人专业协同育人机制所要面临的首要问题[7-9]。

2. 协同育人机制改革措施

新工科专业面向前沿技术领域建设和发展,需要有先进的理念指引和快速健康发展的基础[10,11]。齐鲁工业大学(山东省科学院)在产业需求背景下,于 2018 年成立机器人工程专业,学校深入推进体制机制改革,将学科领域相同或相近的学院和研究所进行整合,打造教学、产业双轮驱动的新平台,汇聚优质产教资源,实行"2+2"或"3+1"分段式培养,前一阶段以"公共基础+专业基础"为主,后一阶段以"专业方向+创新训练"为主,探索实施"产学研用创"一体化人才培养模式。企业教育促进实践育人。将企业教育贯穿于人才培养全过程,着力打造教学、培训、竞赛、实践、研究"五位一体"的教育工作体系。齐鲁工业大学(山东省科学院)机械类专业协同育人联盟是"产、学、研、用"相结合的人才培养体系。自 2019 年成立以来,联盟规模不断扩大,各联盟成员共同努力,在建立"资源共享、人才共育、过程共管、成果共享"合作机制等方面做了许多有益的探索实践,如实行校企双导师制、毕业设计课题 100% 来自企业等举措,如图 1 所示。同时,学校和企业联合举办机器人大赛等相关比赛来增强机器人工程专业学生的创新实践能力,深受企业认可。

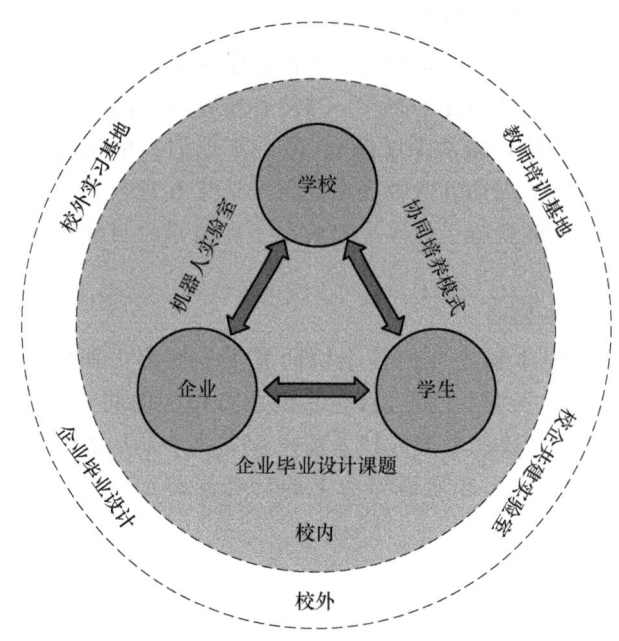

图 1　齐鲁工业大学（山东省科学院）校企协同育人模式

(1) 完善人才培养体系

在"新工科＋智能制造"背景下,我校机器人工程专业采用了新型教学模式。该模式注重将教学理论与生产实践紧密结合,同时考虑合作企业的实际应用需求。机器人工程专业的课程体系引入工业机器人和智能机器人的最新课程,确保学生所学知识与生产实践及科学前沿保持紧密联系,避免理论与实践脱节。教学大纲不仅满足必要的知识传授,还重视创新意识的培养,逐步建立并完善复合型人才培养机制及相关流程。机器人工程相关专业大四上学期安排了针对毕业设计的生产实习,学生可在校企合作基地进行实习,积累实习经验。毕业设计与企业实习联系紧密,使学生的课题更具实际意义,有助于其掌握工作技能。学生在企业接受新技术应用能力训练,为择业就业做好准备。学校与企业择优选择技术人才,同时提升了学校的人才培养条件和训练内涵。

学院与多家企业合作建立协同育人基地,如济南森峰激光科技股份有限公司等。部分学生前往海信集团有限公司、青岛乾程控股集团有限公司等进行生产实习。学生在实习期间将在学校学习的专业技术知识应用到实际场景中,并在企业员工的帮助下很快地掌握了企业所需的实用技能。部分学生与企业签订就业协议,毕业后直接就职于企业。这种模式增强了毕业设计的实际意义,增强了学生的实践能力,增加了学生的就业机会。

(2) 建设校企师资队伍

机器人工程作为新兴的新工科专业,面临着教师专业转型与发展的挑战。为了解决这一问题,该专业积极组织教师参与各类培训、讲座,并与企业展开师资培训合作。目前已有多位教师利用寒暑假进入企业一线场地,开展实地学习和工作实践,取得了显著的成效,部分教师获得了"双师型"教师资格。这种合作不仅有利于学生的全面发展,还能够提升教师的专业水平和教学能力。同时,企业和学校的紧密合作也为解决实际技术难题提供了有效途径,推动了产学研合作的深度发展。当企业面临理论技术问题时,与学校教师的合作更是弥补了双方的短板。这种互补合作不仅提高了企业的技术水平,还锤炼了教师的能力,培养了学生的实践能力,实现了各方共赢的局面。因此,协同育人模式下的校企师资队伍建设是教育发展的重要保障,为培养适应社会需求的高素质人才提供了有力支撑。

(3) 校企共建共享资源平台

在协同育人模式中,企业扮演着不可或缺的角色。通过提供技术设备和平台资源,企业与学校共同指导教师、培养学生。学校和企业共同建设了多方协同育人的实践平台和实验室,提供了多维学习空间。近年来,机器人工程专业设立了机器人信息融合实验室和机器人运动学与动力学教学平台,目前,我们正计划建设移动机器人定位与导航教学平台,以进一步完善校内的实践教学环境。

(4) 毕业设计

企业与高校合作进行课题研究,将企业生产制造中的问题转化为学生的毕业设计研究课题,为学生提供了贴近实际的研究内容,促进了理论与实践的紧密结合。近年来,校企协同育人的政策得到了大力支持,机器人工程专业随之实施协同育人新模式,其中包括机器人工程专业的毕业设计题目100%来自企业、学生进入企业开展毕业设计(如图2所示)等举措,该培养模式下毕业生的就业率达到了90%,部分优秀毕业生进入海尔集团、中国重型汽车集团有限公司等知名企业就业。大批优秀毕业生在生产研发一线就业,有效克服了"学生不愿去,去了不愿留"的择业难题。同时,在校企协同育人培养模式下,学生在考研方面也硕果满满,部分优秀学生被同济大学、山东大学、东北大学、东南大学等国内知名大学录取。

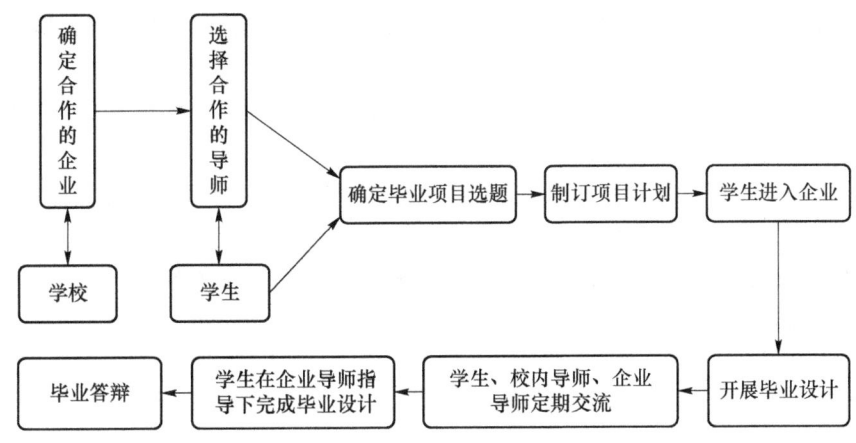

图 2 齐鲁工业大学(山东省科学院)校企协同育人培养模式下的本科毕业设计流程

(5) 以赛促学,以赛促教

机器人工程专业有计划地组织本科生参与山东省创新大赛,国家级机器人大赛和国际各类机器人、机械手的相关竞赛。学生通过竞赛巩固知识,能得到更多实操技能的培训,有助于锻炼创新思维、提升创新能力。以竞赛带动教学实践,以竞赛替代部分实验操作,使得学生可以经常接触、使用新技术。同时,教师的指导过程也是快速把握行业前沿、更新行业认知的过程,能够提升教师对教学的掌控能力及其对行业发展的敏感度。

3. 结束语

齐鲁工业大学(山东省科学院)机器人工程专业通过创新教学模式,成功地将理论课程与企业实践紧密结合,机器人工程专业在校企协同育人模式下取得了显著的成效,为新工科专业的发展提供了有力支持。然而,随着科技的不断进步和产业结构的快速变化,我们仍然需要进一步深化校企合作,优化教育资源配置,不断创新人才培养模式,以适应社会经济的发展需求和市场的变化。

参 考 文 献

[1] 张金环,汪艳丽,汪雪莉.职业教育校企协同育人的现实壁垒、优化思路及实现路径[J].教育科学论坛,2024(15):14-18.

[2] 李健,杜彦斌,陈鹏."新工科+智能制造"背景下地方高校机械类人才培养模式探讨[J].中国现代教育装备,2024(7):79-81.

[3] 商新娜,季红益,邬洪迈,等.专业群背景下新工科专业产教融合协同育人模式的探索——以北京联合大学机器人工程专业为例[J].科技与创新,2022(11):49-51.

[4] 王卓,王亚平,李志娟,等.基于产学研结合的机器人工程专业协同育人创新培养模式研究[J].科教文汇(上旬刊),2021(31):115-117.

[5] 杨嘉鹏,黄卉,徐媛媛,等.产教融合视域下应用型本科校企协同育人机制改革与实践[J].高教学刊,2024,10(11):147-150,155.

[6] 李宁,郭晓聪.机械设计制造及其自动化专业校企协同育人模式探索[J].中国机械,2024(2):111-115.

[7] 吴瑞芳,孙兆丹.京津冀协同发展下机械制造专业人才培养发展路径研究——走产教融合校企合作之路[J].产业创新研究,2023(6):178-180.

[8] 秦玮苡,高兴宇,陈雪.成果展示四产教融合视角下机械类专业协同育人培养模式探索[J].装备制造技术,2023(5):14-17.

[9] 沙瑾.基于智能制造视角的校企协同育人模式研究——以工业机器人专业为例[J].产业与科技论坛,2024,23(8):118-120.

[10] 马宏斌,王英丽.交叉学科背景下机器人校企协同育人平台建设[J].黑龙江教育(理论与实践),2024(2):51-53.

[11] 王保建,段玉岗,王永泉,等.产教融合促进机器人双创教育改革[J].实验室科学,2023,26(5):236-240.

协同育人体系下的工业设计专业课程融合教学改革

闫 鹏 陈彦钊 王 莹 郑 枫 杨 芳

齐鲁工业大学(山东省科学院)机械工程学部

摘 要 大学课程改革是当前高等教育领域的一个重要话题。随着社会的发展和科技的进步,大学课程需要不断地进行改革和创新,以适应时代的需求和学生的发展。协同育人是一种教育理念,强调学校、家庭和社会之间的协作,以促进学生的全面发展。本文探讨了协同育人的重要性和实践方法,其中以课程改革作为一个突破口,将与产品设计相关的三门课程进行融合,引入企业实际设计题目,按照产品的设计流程,进行课堂讲解和指导,项目完成后,进行集中考核,对项目完成情况给出建设性的意见,并对有潜力的项目进行项目孵化、专利申请等进一步的市场操作。这一举措旨在打破学校、用人企业和社会之间的壁垒,让学生从实践中获得知识,做到理论联系实际,为更好地服务社会打下坚实的基础。

关键词 协同育人;课程融合;实际题目;集中考核;项目孵化

总监:你好,请简要介绍一下你自己和你的设计作品。

学生:您好,我叫[姓名],是一名工业设计专业的学生。我对设计充满热情,尤其是在产品设计方面。我喜欢创造新颖、实用且美观的产品,以满足人们的需求和期望。这是我最近的一些设计作品。

总监:非常不错,我可以看到你有很好的设计能力和审美水平。你对产品设计的理解是什么?

学生:我认为产品设计不仅仅是外观的设计,更重要的是要考虑产品的功能、用户体验和制造工艺等方面。一个好的产品设计应该是美观的、实用的、易用的和可持续的。

总监:你说得非常对,一个好的产品设计需要考虑很多方面。你在设计过程中是如何考虑这些因素的?

学生:在设计过程中,我首先会进行市场调研和用户需求分析,以了解用户的需求和期望。然后,我会根据这些信息进行设计概念的生成和筛选,以确定最佳的设计方案。在设计过程中,我会不断地进行评估和改进,以确保设计的产品符合用户的需求和期望。

总监:非常不错,你的设计流程非常完整和科学。你在设计过程中遇到过哪些问题?你是如何解决这些问题的?

学生:在设计过程中,我遇到过很多问题,比如如何满足用户的需求、如何提高产品的竞争力、如何解决制造工艺上的问题等。我通常会通过不断地调研、分析和试验来解决这些问题。

我也会寻求他人的意见和建议,以获取更多的灵感和解决方案。

总监:非常不错,你的解决问题的能力非常强。你对未来的产品设计有什么展望?

学生:我认为未来的产品设计将会更加注重用户体验和可持续性。随着科技的不断发展,产品设计也将会更加智能化和个性化。

总监:非常不错,你的想法非常有前瞻性。你对自己的未来有什么规划?

学生:我希望能够在工业设计领域不断地学习和成长,成为一名优秀的产品设计师。我也希望能够在未来的设计中,不断地探索和创新,为人们创造更加美好的生活。

总监:非常不错,我相信你一定能够实现自己的目标。如果你有任何其他问题,请随时问我。

这是一段真实的工业设计专业学生的面试对话,从这段对话中,我们可以感受到设计公司对毕业生的要求和期望,了解到学生应该具备的本领和素质。

1. 设计公司对工业设计专业毕业生的要求

工业设计师的主要工作是设计和开发各种产品,以满足消费者的需求和市场的需求。他们的工作范围非常广泛,包括从产品的概念设计到生产制造的整个过程,因此他们需要具备多方面的知识和技能。他们的工作不仅涉及产品的设计和开发,还涉及市场调研、用户研究、人机工程学、设计评估和设计管理等方面,所以设计公司对工业设计专业毕业生的要求如下。

① 设计技能:公司通常要求工业设计专业毕业生具备扎实的设计技能,包括手绘、计算机辅助设计、三维建模、渲染等。这些技能是工业设计的基础,也是毕业生进入公司后需要不断提高的方面。手绘技能可以帮助毕业生更好地表达自己的设计思想,计算机辅助设计和三维建模技能可以提高设计效率和精度,渲染技能可以让设计方案更加直观和生动[1]。

② 创新能力:工业设计是一个创新性很强的领域,公司通常希望毕业生具备创新能力,能够提出新颖的设计方案。创新能力包括对市场需求和用户需求的理解,对新材料、新技术的应用,以及对设计趋势的把握等。毕业生需要具备敏锐的观察力和分析能力,能够从生活中、市场上、技术中发现创新点,并将其应用到设计中。

③ 产品知识:工业设计专业毕业生需要了解产品的功能、结构、材料等方面的知识,以便能够更好地进行设计。产品知识包括对产品的使用场景、用户群体、市场需求等方面的了解,以及对材料的特性、加工工艺、成本等方面的掌握。毕业生需要具备一定的产品知识,才能更好地进行设计。

④ 团队合作能力:工业设计是一个团队合作的过程,公司通常要求毕业生具备良好的团队合作能力,能够与其他部门协作完成设计任务。团队合作能力包括沟通能力、协作能力、团队意识等。毕业生需要具备良好的团队合作能力,以便与其他部门进行有效的沟通和协作。

⑤ 沟通能力:工业设计专业毕业生需要与客户、工程师、市场人员等多方进行沟通,因此需要具备良好的沟通能力,能够清晰地表达自己的设计思想和方案。沟通能力包括口头沟通能力和书面沟通能力,毕业生需要具备良好的口头沟通能力,能够与客户、工程师等进行面对面的交流,也需要具备良好的书面沟通能力,能够撰写清晰、准确的设计文档和报告[2]。

⑥ 市场意识:工业设计需要考虑市场需求和用户需求,公司通常希望毕业生具备一定的市场意识,能够根据市场需求进行设计。市场意识包括对市场趋势的把握、对用户需求的理解、对竞争对手的分析等。毕业生需要具备一定的市场意识,才能更好地进行设计。

⑦ 学习能力:工业设计领域的技术和知识不断更新,公司通常要求毕业生具备较强的学习能力,能够不断学习与掌握新的设计技术和知识。学习能力包括自主学习能力、持续学习能力、快速学习能力等。毕业生需要具备较强的学习能力,才能不断提高自己的设计水平和竞争力。

总之,工业设计专业的毕业生需要具备扎实的设计技能、创新能力、产品知识、团队合作能力、沟通能力、市场意识和学习能力等多方面的素质,以满足公司的业务需求。这些素质是相互关联、相互促进的,毕业生需要在学习和实践中不断提高自己的综合素质,才能更好地适应工业设计领域的发展和变化。

2. 协同育人的教学理念

协同育人教学模式是一种将学校、家庭和社会等多方力量整合在一起,共同促进学生成长和发展的教学模式。协同育人教学模式的核心在于"协同",即各方共同合作、互相配合,为学生提供全方位的教育服务。在这个过程中,学校扮演着重要的角色,其不仅要承担教育教学的任务,还要积极引导用人企业、社会参与到学生的教育中来。家长则是学生成长的第一责任人,他们需要了解自己孩子的学习情况和成长需求,并与学校和教师保持密切的沟通和合作。社会力量则包括各种社会组织、企业和志愿者等,他们可以为学生提供学业指导、实践机会、职业指导和社会支持等。协同育人教学模式的实施需要各方共同努力,建立起有效的沟通机制和合作平台[3]。同时,还需要制订科学合理的教育计划和评价标准,确保教育质量和效果。协同育人教学模式的实施可以提高学生的综合素质和社会适应能力,促进教育公平和社会和谐发展。

齐鲁工业大学(山东省科学院)机械与汽车工程学院已经实施了多年的机械类专业协同育人的教育模式。学院注重实践教学,与多家企业合作,建立了实习基地和产学研合作基地,为学生提供了丰富的实践机会。学院积极开展创新创业教育,鼓励学生参加各种创新创业活动和比赛,提高了学生的创新能力和创业意识。学院注重跨学科教育,与其他学院合作,开展了跨学科课程和项目,培养了学生的跨学科思维和能力。学院注重与社会的联系,与政府、企业和社会组织合作,开展了各种社会实践和公益活动,增强了学生的社会责任感和公民意识[4]。

学院的工业设计专业于2000年开始招生,是山东省省级特色专业、山东省特色名校工程建设专业、山东省省级一流专业,设有山东省省级工业设计中心。该专业坚持以服务为宗旨,以就业为导向,走"产、学、研、用"相结合的发展道路,把协同育人人才培养体系作为一项重要的工作,在学院领导的高度重视及各指导老师的积极配合下,协同育人模式按照服务学生、沟通服务企业、搭建平台、协同共赢的定位,采取学校指导老师与企业设计师共同指导学生的工作方式,充分利用现有资源,配合工业设计专业人才培养的要求,取得了显著的成绩,全面提升了实践教学质量,为工业设计专业人才培养和专业建设做出了较大的贡献,同时积极开创了协同育人人才培养工作的新局面,优质高效地完成了各项任务。

协同育人需要学院、专业系部、家庭、用人单位等各方共同努力,建立起有效的沟通机制和合作平台,通过家长参与、学校教育、社会教育、网络教育、社区教育、课程改革和考核等方式,共同促进学生的成长和发展。

3. 工业设计专业学生培养现状

随着工业设计领域的发展和变化,就业市场竞争也越来越激烈。一些企业对工业设计人才的要求越来越高,导致一些学生在就业市场上缺乏竞争力。工业设计是一个相对较小的领域,市场需求相对较少,导致竞争激烈,就业难度大。另外,工业设计要求学生掌握多种专业技能,如手绘、计算机辅助设计、三维建模、渲染等,这些技能需要较长时间的学习和实践才能掌握,导致一些学生在就业市场上缺乏竞争力。工业设计是一个创新性很强的领域,需要学生具备较强的创新能力和设计思维。然而,一些学生在学习过程中缺乏创新意识和实践能力,导致在就业市场上缺乏竞争力。此外,一些学校的工业设计教育与市场需求脱节,导致学生在就业市场上缺乏竞争力。学校需要加强与企业的合作,了解市场需求和趋势,调整教学内容和方法,提高学生的就业竞争力[5]。

总之,工业设计专业学生就业难的原因是多方面的,需要学校、学生和企业共同努力,提高学生的专业技能、创新能力和就业竞争力,以满足市场需求。

4. 产品设计过程角度的课程改革

工业设计专业是一门实践性很强的专业,需要学生具备较强的实践能力。因此,学校应该加强实践教学,增加实践课程的比例,让学生在实践中提高自己的设计能力和创新能力。学校应该加强与企业的合作,了解企业的需求和市场动态,为学生提供更多的实践机会和就业机会。教师是学生学习的引导者和指导者,因此学校应该提高教师的素质,让教师具备较强的实践能力和教学能力,为学生提供更好的教学服务。另外,工业设计专业需要学生具备跨学科的知识和能力,因此学校应该注重跨学科教育,让学生学习到更多的相关专业知识,提高自己的综合素质。

总之,要培养适合社会需求的工业设计人才,需要学校、教师和学生共同努力,注重实践教学、跨学科教育、创新思维培养、与企业合作和教师素质提高等方面的工作。

针对工业设计专业的特点和培养要求,课程改革主要在课程设置、教学方法、师资队伍、实践教学、考核方式等方面进行创新性的探索和实践。

(1) 以家电产品设计为例的产品设计过程

家电产品的设计过程通常包括以下几个阶段。

① 市场调研:了解消费者的需求和市场趋势,确定产品的定位和目标用户群体。

② 概念设计:根据市场调研的结果,设计出产品的概念和外观,包括形状、颜色、材质等。

③ 详细设计:在概念设计的基础上进行详细的设计,包括结构设计、电路设计、软件设计等。

④ 原型制作:制作产品的原型,进行测试和验证,发现问题并进行改进。

⑤ 生产准备:确定生产工艺和流程,准备生产所需的设备和材料。

⑥ 生产制造:按照生产工艺和流程进行生产制造,确保产品的质量和性能。

⑦ 质量控制:对生产出来的产品进行质量检测和控制,确保产品符合相关标准和要求。

⑧ 市场营销:制定市场营销策略,进行产品推广和销售,提高产品的市场占有率。

以上是家电产品设计过程的一般步骤。不同的产品和企业产品设计过程可能会有所不同,如图1所示。

(2) 课程的主要教学目标

产品形态设计与方法主要培养学生的设计思维和创新能力,使学生能够掌握产品形态设计的基本理论和方法,具备独立进行产品形态设计的能力。产品形态设计的基本理论和方法包括形态构成、形态语意、形态创新等,同时,设计思维和创新能力是教学的重点。另外,学生的手绘能力、计算机辅助设计能力、审美能力和艺术素养也是教学的重点。

产品结构设计主要培养学生的结构设计能力和创新思维,使学生能够掌握产品结构设计的基本理论和方法,具备独立进行产品结构设计的能力。学生需要掌握产品结构设计的基本理论和方法,包括结构分析、结构设计、结构优化等,根据产品的功能、性能、材料等要求,进行合理的结构设计。

设计材料与样机制作主要培养学生的实践能力和创新精神,使学生能够掌握设计材料的

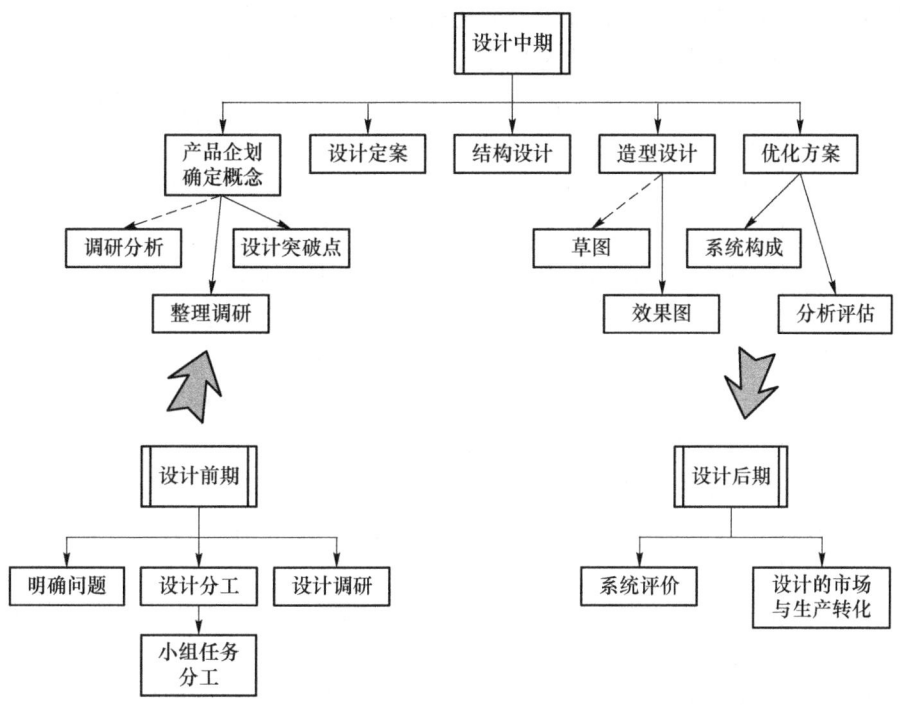

图 1 产品设计过程示意图

特性和应用,以及样机制作的基本技能和方法。学生需要掌握设计材料的特性和应用,包括材料的物理、化学、力学等特性,以及材料的选择、加工和表面处理等方法。培养学生的创新思维和实践能力,使学生能够根据设计要求,选择合适的材料,并进行创新设计和样机制作。提高学生的动手能力和团队合作精神,使学生能够熟练掌握各种加工工具和设备的使用方法,并在团队中协作完成样机制作任务[6]。

(3) 教学课程和产品设计过程的融合

教学课程和产品设计过程的融合(如图 2 所示)是指将教学方法和理念应用于产品设计,以创造出更具教育价值和吸引力的产品。将教学内容与产品设计过程相结合,可以确保所设计的产品符合公司对毕业生能力的需求。

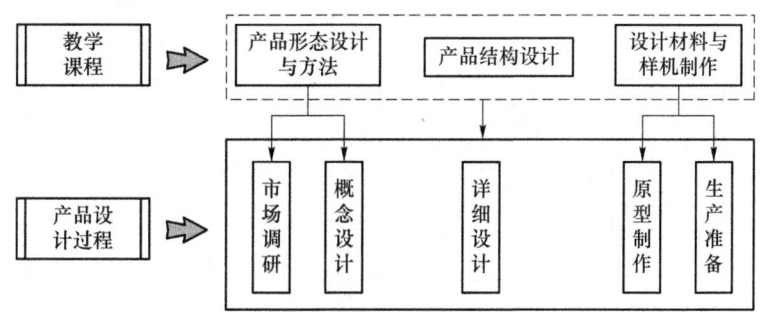

图 2 教学课程和产品设计过程的融合

(4) 课程融合教学改革

本项课程任务教学改革主要引入企业实际设计项目,实现三门与产品设计相关的教学课程的融合,以满足社会的需求。

① 确定企业对毕业生能力的具体要求:与企业的人力资源部门或相关负责人进行沟通,

了解企业对毕业生在特定领域或技能方面的期望。这将为教学内容的设计提供明确的方向。

② 分析教学内容：对现有的教学内容进行详细分析，确定其中与企业需求相关的关键知识点、技能和能力。将这些内容与企业对毕业生的要求进行对比，找出差距和重叠之处。

③ 调整教学内容：根据企业的需求，对教学内容进行调整和补充。可以增加与企业业务相关的案例研究、项目实践或实际应用场景，以更好地培养学生的实际能力[7]。

④ 设计实践项目：在教学过程中，设计与企业实际项目相似的实践任务或案例，让学生通过实际操作和解决问题的过程锻炼自身的能力，并使他们更好地理解企业的工作流程和要求。

⑤ 引入行业专家：邀请行业专家参与教学过程，提供实际经验和指导。他们可以分享公司的最新需求、技术趋势和最佳实践，使学生更好地了解行业动态和企业的期望。

⑥ 强化软技能培养：除了专业技能，还要注重培养学生的沟通能力、团队合作能力、问题解决能力和创新能力等软技能。这些能力在企业中同样重要，并且与产品设计过程密切相关。

⑦ 建立评估机制：建立有效的评估机制，以衡量学生在教学过程中对企业需求的掌握程度。可以通过考试、项目评估、实习或实际作品展示等方式进行评估，并根据评估结果进行调整和改进。

⑧ 项目跟进：对于有市场前景和潜力的设计项目，教师、学生和设计企业要持续跟进，进一步孵化项目、申请专利、参加竞赛等，让学生有更高的提升。

以上步骤可以使教学内容与企业对毕业生能力的需求相符合，提高学生的就业竞争力，并培养出符合企业要求的人才。同时，持续与企业保持沟通，了解其需求的变化，以便及时调整教学内容和设计过程。课程改革过程示意图如图3所示。

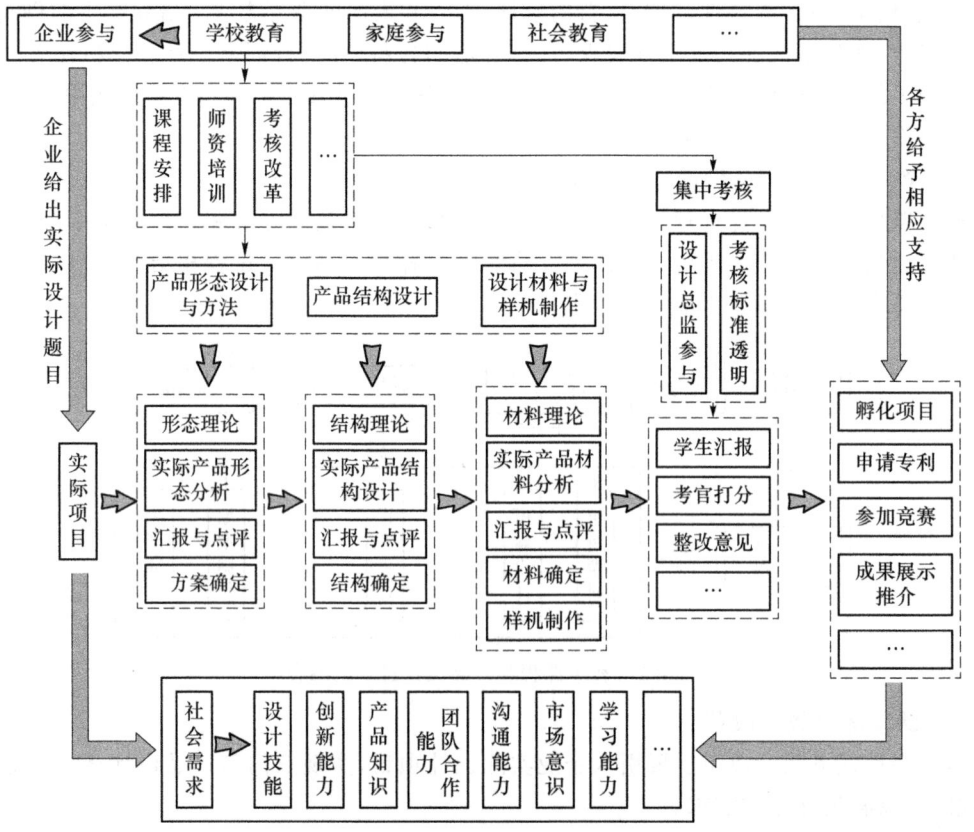

图3　课程改革过程示意图

(5) 考核方式

期末考试均采用集中考核的方式进行。在进行期末考核时,授课教师向考核小组说明课程授课目标、考核重点等相关内容,学生准备3分钟的PPT进行汇报和作品展示,考官(包含一名公司的设计总监)根据考核标准进行打分。考核过程示意图如图4所示。

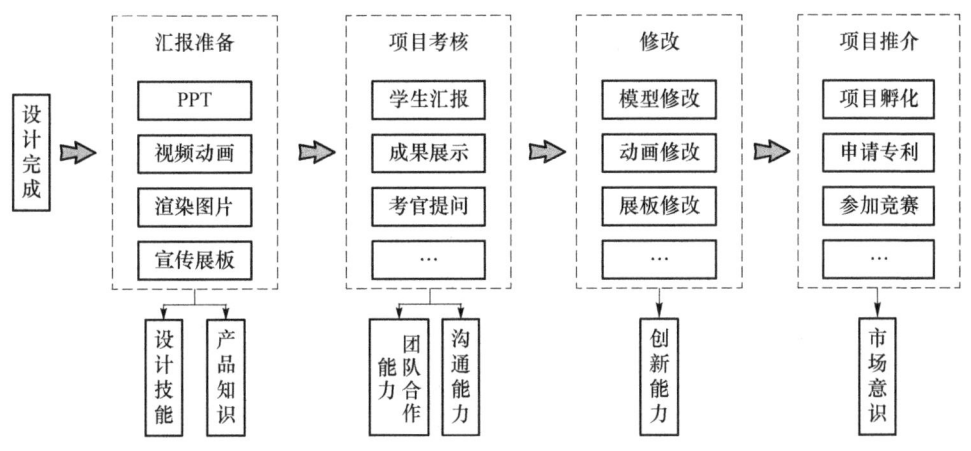

图 4 考核过程示意图

在项目考核的过程中,学生通过准备PPT、制作视频动画、渲染图片、制作宣传展板,以及上台汇报并回答相关的提问,能够提升设计技能,增加对产品设计的认识,并增强团队合作能力和沟通能力。考官提出对产品的修改意见,又能提高学生的创新能力。设计修改完成后,有潜力的设计可以孵化项目、申请专利和参加相关竞赛,这又能进一步增强学生的市场意识。

5. 结束语

工业设计专业的课程要注重实践性,通过实践教学来培养学生的实践能力和创新能力。加强与企业的联系,让学生了解工业设计的行业动态、趋势和最佳实践。邀请行业专家开展讲座或组织实地考察,帮助学生建立与行业的联系。提供实践机会,让学生通过实际项目来应用所学知识和技能,具体可以包括课程项目、实习、合作项目或设计竞赛等。工业设计通常涉及团队合作,因此培养学生的团队合作能力和沟通能力至关重要,应鼓励学生在团队中协作完成任务,有效地表达自己的想法和观点。综上,通过各方努力,培养出具备扎实的设计知识、创新能力、实践经验和综合素质的工业设计专业的优秀学生,为他们的未来职业发展打下坚实的基础。

参 考 文 献

[1] 卜立言,李鹤森,高宏博. 工业设计专业"设计表现"课程教学改革与实践[J]. 高等美术教育. 2003,7:84-87.

[2] 岳涵,刘永翔,边鹏. 引入竞赛机制的工业设计专业教学[J]. 中国冶金教育. 2017,1:9-12.

[3] 杨静. 工业设计专业交互设计课程思政教学改革[J]. 上海包装. 2024,10:205-207.

[4] 张帆. 基于工作坊的工业设计专业课程教学改革研究[J]. 湖南包装. 2022,1:190-192.

[5] 尹程. 产教融合背景下工业设计专业"产品CMF设计"课程教改初探[J]. 农机化综合研究. 2021,12:182-184.

[6] 芮晓光,刘鑫培,王传洋.工业设计专业机械基础课程教学改革理论与实践[J].机械制造.2022,6:40-44.

[7] 杨毅,矫宜霖.基于计算机辅助设计的工业设计专业课程教学改革探索[J].装备制造技术.2024,8:80-82.

基于工程教育专业认证的材控专业教学改革与实践

曹 芳　肖光春　许崇海

齐鲁工业大学(山东省科学院)机械工程学部

摘　要　工程教育专业认证对高质量工程教育人才培养体系的建设具有重要意义。在工程教育专业认证先进的教育教学理念的指导下,结合材料成型与控制工程专业的特点,对其课程教学内容和教学方法、实验教学、评价体系、虚拟教学环境和教学资源建设等方面进行探讨与改进,真正做到以学生为中心,以成果导向教育理念为指导,激发学生学习的主动性和创造性,提高学生解决复杂工程问题的实践能力,从而达到进一步提高工程教育质量的目的。

关键词　工程教育专业认证;材控专业;教学改革

工程教育专业认证是指专业认证机构针对高等教育机构开设的工程类专业教育实施的专门性认证[1]。针对目前高校教师教学、学生学习的现状及材料成型与控制工程专业(简称"材控专业")课程的特点,应充分认识到工程教育专业认证对材控专业的重要意义,在其先进的教育教学理念的指导下,有力地推动材控专业课程的教学改革,明确教师在教学质量提升过程中的责任,不断提高教学能力,采用现代化的教学方法,把传统学习方式的优势和数字化学习方式的优势相结合[2],构建能够充分体现学生作为学习过程主体的主动性和创造性的学习平台,保证和提高工程教育人才培养质量,最终使材控专业学生的工程实践能力和创新水平得到提升。

1. 材控专业传统教学模式

(1) 理论课程以教师讲解为主,教学的主体是教师

材控专业传统的教学模式是:教师的讲授是理论课程的主要教学形式,教学手段仍以静态、二维的教学资源为主,教师作为课堂教学的主体,在授课过程中,较为注重理论知识的输出,而忽视了学生的接受程度,使学生学习的"质"和"量"都受到影响,因此,这种传统的教学模式不能从根本上体现"学生为本"的基本理念,导致学生无法提高学习兴趣,陷入被动学习、为考试达标而学的境况[3]。

工程教育专业认证强调的是一种以学生为中心、以结果为导向的教育理念,其根本目的是考核"教育产出"(学生能学到什么、能提升哪种能力),而非"教育输入"(看教师教什么)。为提高教学质量,教师在教学过程中需要不断提高自身的教学能力,把传统教学模式中的教师作为主体,转变为学生作为主体,从而能够更好地服务于材控专业人才的培养。

（2）实验项目受条件限制，成果导向效果不明显

材控专业课程的理论性和实践性都很强，有实验课、实践训练依附理论课，或单独开设的综合实验课程。实验教学是高等教育教学过程中实践性教学的一个重要环节，在传统教学过程中，教师较为注重理论知识，往往认为实验教学是理论教学的辅助环节，而对于实验课程未能引起足够的重视，使教学体系缺乏完整性，同时也缺乏对学生素质、能力及创新精神培养的整体构思。因此，学生对于所学的理论知识，不能较好地通过实验环节进行感性认识，无法更好地理解所学知识，从而造成理论知识和实践活动脱节[4]。

另外，由于材控专业自身的特点，一部分实验项目高危险、高消耗、高成本以及实际操作难度较大，或者实验设备结构复杂、体积庞大并且价格昂贵，在进行实验操作时，学生如果出现失误，导致机器损坏，就会产生高额的维修费用以及较长的维护周期。在传统的实验教学中，基本上是"一对多"的实验教学模式，实验项目和内容会受到实验时间、实验场地或实验成本的限制，使得学生的动手机会相对较少，直接造成学生参与度低，每个学生的学习效果和操作技能训练难以保证[5-6]，无法较好地体现工程教育专业认证的以学习成果为导向的核心理念。

2. 以成果导向教育理念为指导，在教学中充分发挥学生的主体作用

用成果导向教育理念指导工程教育改革具有现实意义，其强调的是学生通过学习能获得的学习成果，确保每个学生都能够在学习上获得成功[7]。因此，在材控专业教学中要选择更加适合学生主体、强调"以学生为中心"的教学内容和教学方法，这样才能真正激发学生的创造思维，使学生在学习的过程中能够做到理论联系实际，得到实际工程能力的培养。

（1）利用学校完善的现代化教学设备，丰富教学情景，优化教学过程

鉴于学生缺乏实际工程经验的现实情况，在教学过程中，遵循工程教育专业认证所强调的以学生为中心的教育理念，根据对学生的期望设计教学内容。同时，依照材控专业课程的特点，针对不同的教学内容，充分利用学校完善的多媒体教学设备，发挥现代化教学手段的优势，借助动画、视频等进行全方位、多角度讲解和动态演示，突出真实情境，吸引学生的注意力，提高学生学习的积极性，使学生能直观地理解课程的内容，熟悉课程内容的实际应用，从而使教学过程得到优化。

以材控专业模具类课程为例，由于模具结构形式多样，成型设备结构复杂，授课时通过三维化展示资源，学生可以直观地看到模具以及成型设备的三维构造，通过对成型过程的动态仿真演示，学生可以观察零件的动态加工过程，掌握成型工艺过程，全方位地了解成型设备的内部结构及工作原理，从而激发学生学习相关知识的兴趣，显著提高教学效果。

（2）注重启发式、交互式教学，"教、学、练、做"有机融合

为了树立学生的主体地位，提高学生的学习兴趣，可开展以学生为主体的教学活动。教师在教学过程中，适时地加入讨论式、启发式、案例式、场景式等多种课堂教学方法，师生做到随时交流、互动，采用"项目导向，任务驱动"的教学模式，做到"教、学、练、做"有机融合，实现理论和实践一体化，引导学生进行多向思维，创造出学生能够从启发式思维到创造性思维的教学规律。在进行知识讲解时，教师要做到循循善诱，举一反三，这样既让学生对已经学过的知识点进行回顾和复习，又能让学生学到新的知识点，使学生自主创新、综合运用课程知识的能力能够得到锻炼。

讨论式课堂教学开展双向交互式教学，可以培养与训练学生独立分析和思考问题的能力，从而发挥学生的主体作用。以"工程材料"课程为例，在讲解"机械制造中零件材料的选择"这

一章节的内容时,教师可以引出问题:"汽车是日常生活中较常见到的机械,你能否区分汽车各部件所用的材料?"让学生针对汽车材料的选择和使用、热处理工艺以及如何编写加工工艺路线分成小组展开讨论,通过组内成员以及小组之间的探讨,最终得到最佳的选材及工艺方案。这种教学方法能够确定学生的主体地位,提高学生的学习热情,加深学生对相关知识点的理解。

实施案例式教学,可把企业生产一线现有技术及存在的问题引入教学。例如在讲解"失效分析"课程时,教师可引入实例:某工厂生产的继电器,春天存放在仓库里,到秋天就发现大批继电器的弹簧片发生沿晶界断裂,经失效分析判定是氨引起的应力腐蚀开裂。但仓库里从来没有存放过能释放氨气的化学物质,因此,分析结论中的腐蚀介质还得不到证实。问题就出在把系统局限于仓库这个小环境。后来查明,在仓库大门南面附近的田野里有一个较大的鸡粪堆,鸡粪放出的氨气经春、夏的南风送进仓库,提供了应力腐蚀必要的介质,引起了继电器弹簧片的损坏。通过此案例,学生认识到在进行失效分析时要充分联系周围的环境,否则就得不到正确的结论。通过相关的工程实例,学生能够做到融会贯通,从而能够提升解决实际工程问题的能力。

(3)依托网络平台,共享教学资源

工程教育专业认证要求专业任课教师应在学生的学习指导工作中发挥主力作用,结合课程教学开展学习指导工作,建立良好的师生沟通渠道,使学生在学习过程中遇到问题时能够方便地寻求帮助。因此,通过学校的网络学习平台、在线开放课堂MOOC(慕课)等,教师上传学习资源,学生可以随时随地获取课程资源,进行知识点的学习和复习。QQ群、微信群等也是目前师生交流的平台。这些平台有效地扩大了教学空间,实现了资源共享,也成为教师课下指导学生学习问题的一种有效手段,使更多的学生能够通过平台更好地进行个性化的学习,更好地掌握课程的相关知识。

(4)科研成果反哺教学,提高学生的工程应用能力

工程教育专业认证通用标准指出,专业必须有明确、公开、可衡量的毕业要求,毕业要求应能支撑培养目标的达成。专业制定的毕业要求包括12项基本要求,其中多条内容强调要能够将数学、自然科学、工程基础与专业知识应用于分析和解决复杂的工程问题,可以使用现代工具对复杂工程问题进行预测和模拟,以获得有效的结论。基于此,教师在教学过程中要将"素质"和"能力"作为培养目标,强调"问题分析"的方法论,将教学与科研成果相结合,使个人和团队的科研成果、工程项目转化,充分应用到理论教学的案例或者实验教学项目中,使教学内容具备良好的科学性、前沿性和实用性,达到培养学生的科学思维能力的目的。将科研成果反哺教学,可以开阔学生的视野,提高学生的工程应用能力,锻炼学生参与科研的能力,为培养具有特色的应用型专业人才奠定坚实的基础。

(5)评价体系改革,提高学生的综合素质

工程教育专业认证教育理念认为评价的焦点是对学生学习效果的评价。而传统的材控专业课程考试由于学时、学习内容等因素的影响,基本安排在一个学期期末或一门课程结束时进行,缺乏对学生学习全过程的考核,也就是说,课程考试是一种总结性评价,而不是诊断性评价,这既不利于教师根据考核结果及时调整教学内容和教学方法,也不利于发挥考试对学生的引导作用。这种评价方式增加了学生学习的功利性和目的性,普遍存在平时松懈、考前紧张、考后忘记的现象,不利于引导学生掌握良好的学习方法。因此,针对传统考试方式存在的问题,基于工程教育专业认证教育理念,以注重学生学习效果的评价为目标,以培养和强化学生的综合素质为目的,对考试内容及方法进行改革研究与探索,采取多元化的考核方式,真正使

考试评价成为实现教育目标的一种有效手段。

在考核时增加课程小论文环节,在某些章节学习结束后,安排学生到相关的实习工厂进行观摩调研,让学生对出现的实际问题进行讨论和分析,并找出行之有效的解决方法,然后以论文形式写出调查报告。学习过程中进行的讨论式、案例式等课堂教学,根据学生的表现量化成不同等级,给予学生不同的评价成绩。这种贯穿课堂始终的评价方式将极大地提升学生学习的兴趣,提高学生自主创新、综合运用专业知识的能力。

3. 依托信息化技术,构建系统化的虚拟教学环境及教学资源

《教育部关于中央部门所属高校深化教育教学改革的指导意见》明确指出,具有学科专业优势和现代教育技术优势的高校,应着力推进信息技术与教育教学深度融合,推动线上线下混合式教学,推进以学生为中心的教与学方式方法变革。而对于理论性和实践性都很强的材控专业,系统化的虚拟教学环境及教学资源建设,也同时满足了工程教育专业认证通用标准提出的学校要能够提供毕业所必需的基础设施的要求,包括为学生的实践活动、创新活动提供有效支持,为学生良好地开展课外活动、创新实践提供平台条件等内容。

(1) 信息化教学平台建设

针对材控专业课程抽象、概念多、信息量大的特点,依托虚拟现实、网络和多媒体交互等现代技术,推进信息化教学平台建设,构建高度仿真和系统化的虚拟教学环境以及教学资源,将课程中比较抽象、复杂的理论知识用生动的三维动画和图像表现出来,学生可以更直观地理解和学习教学内容,激发学习兴趣。同时,将其应用到课程的评价考核方式中,建设包含多种题型的试题库以及在线考试系统,实现虚拟考试功能,方便学生对学习效果进行自我检验和测试。

(2) 虚拟仿真实验教学项目建设

建设虚拟仿真实验教学项目,可以有效克服真实实验教学中的诸多局限因素,使具有高危、高成本、高消耗特点并且实际操作难度较大的实验项目能够顺利开展。虚拟仿真实验作为真实实验的有益补充,二者相结合的实验教学模式可以弥补并提升实验教学效果,同时延伸课堂理论教学的功能,是实验教学模式的探索和改革。通过虚拟仿真实验,学生可以接受更加系统的创新训练,提高自身的独立工作能力和创新能力。

(3) "第二课堂"建设

结合材控专业课程的特点,利用相关的设计软件开辟富有成效的"第二课堂",引导学生进行多向思维,充分讨论各种工艺、方案,创造出从启发式思维到创造性思维的教学规律。利用材控专业的优势,强化技能训练,组织学生积极参加各种相关竞赛,实现以赛促学、以赛促教,提高学生的动手能力。

4. 基于工程教育专业认证的教学改革实践

齐鲁工业大学(山东省科学院)是山东省人民政府于2017年整合原齐鲁工业大学、山东省科学院等优质教育科研资源组建而成的省属重点高校,是首批山东特色名校工程学校,被主流媒体评为山东省"最具就业竞争力本科院校"、山东省十大"最具社会口碑学校"。学校的机械与汽车工程学院下设机械设计制造及其自动化专业、材料成型及控制工程专业、工业设计专业等六大专业。机械设计制造及其自动化专业是山东省特色专业、山东省名校工程重点建设专业、山东省卓越工程师培养计划试点专业、山东省省级一流本科专业建设点,并获得山东省普通本科高校应用型人才培养专业发展支持计划资助,于2019年6月正式通过工程教育专业认

证,在高质量工程教育人才培养的道路上前进了一大步。以这次机械设计制造及其自动化专业工程教育专业认证为契机,材控专业提出工程教育专业认证申请,并围绕材控专业的课程进行了教学内容及教学方法、评价体系等方面的改革,建设了部分课程的虚拟仿真教学平台,取得了较好的教学效果。

5. 结束语

本文结合齐鲁工业大学(山东省科学院)实际情况,基于工程教育专业认证的先进教育理念,对材控专业课程教学模式和方法进行了探讨。在教学过程中,始终贯彻成果导向教育理念,真正做到以学生为中心、以学生为主体,重视对全体学生学习成效的评价。通过采用多种先进的课堂教学方法,坚持科研成果反哺教学,改革评价体系,建设系统化的虚拟教学环境及教学资源,不断优化教学过程和教学内容,提高学生学习的主动性和创造性,培养学生自主学习和自主服务的能力,使学生在学习的过程中能够做到理论联系实际,得到实际工程能力的培养,从而达到进一步提高工程教育质量的目的。

参 考 文 献

[1] 李志义.解析工程教育专业认证的持续改进理念[J].中国高等教育,2015(Z3):33-35.
[2] 余胜泉,路秋丽.网络环境下的混合式教学——一种新的教学模式[J].中国大学教学,2005(10):50-56.
[3] 王晓萍,刘玉玲,梁宜勇,等."以学生为中心"的教法、学法、考法改革与实践[J].中国大学教学,2017(6):73-76.
[4] 张静婕,杜劲,郝甜妹.面向工程教育专业认证的机械专业实践教学模式改革[J].高教学刊,2018,6:114-116,119.
[5] 黄玉霞,李艳荣,郭进伟.构建模具创新实验教学体系与实践[J].当代教育理论与实践,2017,9(3):48-50.
[6] 柳秉毅.应用型本科材料成型及控制工程专业人才培养的探索与实践[J].中国现代教育装备,2010,7:93-95.
[7] 李志义.解析工程教育专业认证的成果导向理念[J].中国高等教育,2014(17):7-10.

基于专业认证的机械设计制造及其自动化专业持续改进探索

张 明 李梦丽

齐鲁工业大学(山东省科学院)机械工程学部

摘 要 "专业认证"对机械设计制造及其自动化专业的影响主要体现在"指明教学方向""提高教学要求""激励学生学习"。基于专业认证,分析机械设计制造及其自动化专业持续改进问题,将带给相关教师更多启示。本文主要围绕"专业认证对机械设计制造及其自动化专业的影响""机械设计制造及其自动化专业存在的典型问题""基于专业认证的机械设计制造及其自动化专业持续改进的策略""基于专业认证的机械设计制造及其自动化专业持续改进的注意事项"这几个方面展开论述,重点从专业认证出发,探究机械设计制造及其自动化专业持续改进问题,希望通过"延伸教学内容""突出实践教学""培育综合型教师"等一系列措施,进一步加强专业建设。

关键词 专业认证;机械设计;机械制造;机械自动化;改进策略

高校的机械设计制造及其自动化专业承担着育人重任,每年都在向社会输出大批专业人才。在传统的机械设计制造及其自动化专业中,暴露出来的问题主要有"教学内容带有局限性""实践教学环节不够突出""缺乏一支综合型教师队伍"等。随着专业认证的普及,全国各高校开始提高标准,不断加强机械设计制造及其自动化专业建设。在这个过程中,如何延伸教学内容?如何突出实践教学环节?如何打造一支综合型教师队伍?这些问题都纳入高校发展规划,成为迫切需要解决的问题。

1. 专业认证对机械设计制造及其自动化专业的影响

在高校机械设计制造及其自动化专业建设中,基于专业认证背景,相关教师进行了多方面调整,如"调整教学方向""调整教学要求""调整激励措施"等,具体分析如下。

(1) 指明教学方向

专业认证对高校机械设计制造及其自动化专业的影响可以体现在"教学方向"上。具体来说,以专业认证为指导,高校教师不仅要按进度完成机械设计制造及其自动化专业的教学任务,还要保证一定的教学质量。以教学质量为导向,是教学的新方向,指引着相关教师虚心进取、突破自我,寻求更大的进步[1]。除此之外,在专业认证理念中,要求学生掌握全面的本专业

基金项目:工程教育认证背景下机械设计制造及其自动化专业面向核电装备行业的知识图谱构建(编号:2021036001)。

内容,并依据个人职业规划,汲取一些必备的跨专业内容。积极整合以跨专业为导向的教学内容,这是新的教学方向,有利于督促相关教师逐步建立更完整的机械设计制造及其自动化专业教学内容库。

(2) 提高教学要求

专业认证带给高校教师诸多启发,教师开始关注一些被忽视的细节,具体如下。一方面,提高实践教学要求。在传统的机械设计制造及其自动化专业中,教师对学生的要求主要体现在理论学习版块,关于学生的实践学习表现,教师很少衡量、很少提要求。专业认证的普及改变了高校教师的教学要求,越来越多的教师开始抓实践,重点突出实践教学工作[2]。另一方面,提高各个环节的教学要求。在开展机械设计制造及其自动化专业的教学工作时,有些高校教师过度关注结果、成绩,并没有将教学要求细化到各个环节。基于专业认证,高校教师开始留心各个环节的教学质量,强调各个环节协同进步,希望通过协同进步来改变教学结果,带动结果进步。

(3) 激励学生学习

专业认证的持续推进,引导着高校教师,同时激励着学生。具体来说,考虑专业认证背景,学生不再被动地对待学习,而是主动制订"本专业学习计划",分阶段攻克各个难题,严格按照要求完成机械设计制造及其自动化专业学习任务,在知识、能力以及综合素质层面,均达到专业要求。除此之外,为了更好地适应专业认证要求,学生不再满足于本专业内的知识体系和研究课题,而是走出本专业的范围,主动了解跨专业知识,主动调研跨领域信息。尤其是在机械设计制造及其自动化专业实习实训中,学生不再抱着敷衍、消极的心态,而是积极配合学校安排,抓住每一次请教问题的机会[3],珍惜每一次实践应用的机会,广泛积累实习实训经验,朝着专业认证的方向努力。

2. 机械设计制造及其自动化专业存在的典型问题

高校机械设计制造及其自动化专业的发展进程既取得了成绩,也暴露了不足,如"教学内容比较局限""实践教学环节比较薄弱""教师综合能力不强"等。唯有认识这些不足,才能制订后续改进方案,具体分析如下。

(1) 教学内容带有局限性

高校机械设计制造及其自动化专业教学内容局限、单一,既困扰教师,也影响学生的学习体验。具体来说,部分高校在设置机械设计制造及其自动化专业教学内容时,缺乏"本专业+"思维,剥离了本专业与跨专业之间的联系,导致整体教学内容不够丰富,学生明显感觉"学不够""学不深"[4]。除此之外,在整合机械设计制造及其自动化专业教学内容时,部分高校主要依托于校内教学团队,倡导的是单一主体育人,没有邀请合适的校外主体。其实,"校外企业""校外社会组织"等均可以提供优质教学内容,如果高校不主动联合校外主体,那么机械设计制造及其自动化专业的教学内容很难充实起来。

(2) 实践教学环节不够突出

在机械设计制造及其自动化专业中,有些高校教师设计的实践教学环节没有真正起到"实践育人"的效果。具体如下。一方面,实践教学次数不足。关于机械设计制造及其自动化专业实践教学设计,有些高校教师强调"理论为主、实践为辅",也就是说,理论版块是重点,占据较多课时,而实践版块只是辅助,不需要安排太多课时。由于实践学习活动次数不足,因此学生往往处于尝试阶段,很难真正进入实践学习状态[5]。另一方面,实践教学形式单一。在设计机械设计制造及其自动化专业实践教学形式时,有些高校教师并没有用心去"设计",而是机械地

"复制",长此以往,实践教学的形式会趋于"固定化",学生还没有参与,就已经知道体验和结果,根本没有继续实践的意愿。

(3) 缺乏一支综合型教师队伍

所谓综合型教师队伍,指的是比较全面的教师队伍,其既要专注于教学工作,又要体现出良好的创新能力、管理能力。有些高校教师心里想的是个人发展问题,很少从创新视角深入思考机械设计制造及其自动化专业建设与发展问题。时代在发展,社会在变化,机械设计制造及其自动化专业必然要经历不同阶段的改革,创新各项教学工作的能力,是该专业教师必备的一种基本能力。除此之外,在高校机械设计制造及其自动化专业中,有些教师侧重于教学环节,对待管理工作比较随意、不够用心[6]。对学生实施科学化管理,可以从多个角度辅助学生学习,并帮助学生树立正确的价值观、人生观。未来如何协调"教学工作"与"管理工作",是高校机械设计制造及其自动化专业教师队伍需要认真面对的问题。

3. 基于专业认证的机械设计制造及其自动化专业持续改进的策略

近年来,专业认证的普及为高校机械设计制造及其自动化专业带来了发展动力,督促相关领导和教师不断改进专业设置。在这个过程中,"延伸教学内容""突出实践教学""打造综合型教师队伍"等均属于重点工作,具体分析如下。

(1) 加强教学内容的延伸性

从专业认证出发,高校机械设计制造及其自动化专业要加强教学内容的"延伸性"。具体来说,在规划机械设计制造及其自动化专业的教学内容时,相关教师可以围绕专业认证,摸索本专业与其他专业之间的联系,补充一些关联性比较强的跨专业内容,带领学生"多接触、多积累",增强学生在跨专业领域的能力。除此之外,在统筹机械设计制造及其自动化专业的教学内容时,高校领导可以结合专业认证理念,将校内教学团队与校外各主体联合起来,推行"多主体育人机制"[7]。随着"校企合作""产学研合作"的增多,高校机械设计制造及其自动化专业自然可以吸纳更多优质教学内容。

(2) 突出实践教学的有效性

基于专业认证,如何进一步突出高校机械设计制造及其自动化专业实践教学的有效性?具体如下。一方面,保证实践教学次数。在专业认证的指导下,高校教师不能继续保留"理论为主、实践为辅"的传统观念,而要将实践版块放在重要位置,明确各个阶段的实践教学次数[8]。例如,高校机械设计制造及其自动化专业教师可以与其他专业的教师合作,策划"跨专业实践学习活动",丰富实践学习活动的主题,朝着"实践育人"的目标迈进。另一方面,丰富实践教学形式。关于机械设计制造及其自动化专业实践教学形式,高校教师可以紧跟专业认证思想,彰显自己的"设计思维",认真设计、合理创新,告别机械化地复制。在这个过程中,高校教师还可以组建"学生策划团队",将学生的想法融入实践活动。此外,机械设计制造及其自动化专业在育人中,还可以深化校企合作,围绕专业硕士研究生、卓越计划本科生开展校企联合人才培养,通过联合指导研究生专业实践和本科生毕业设计、共建课程等形式进行校企深度合作。以实际应用为导向,以职业能力培养为目标,使学生进一步了解行业企业前沿和企业需求,明确学习目标。在育人过程中,企业和学校之间可以实现资源交互和共享,企业工程师围绕具体工程项目研发,将理论知识与生产实际相结合,深入浅出地讲解相关设计过程,加深学生对书本知识的理解,提升机械设计制造及其自动化专业学生的专业认知和职业认同感。这样学生就能够对专业理论和实践教学融会贯通,进而提升机械设计制造及其自动化专业育人成效。

(3) 竭力打造综合型教师队伍

立足专业认证,高校领导要抓紧培养教师队伍的创新能力,提升教师队伍的综合管理水平,竭力打造综合型教师队伍。具体来说,以专业认证为指导,高校教师要将更多的精力放在专业建设上,突出机械设计制造及其自动化专业的先进性,以适应不同阶段的教育改革要求。例如,高校可以定期组织"专业建设研讨会",分阶段总结问题、改善工作,鼓励相关教师大胆创新,在创新中建设专业、发展专业。除此之外,依据专业认证内涵,高校机械设计制造及其自动化专业的教师不能忽视管理工作,要通过有效的管理措施,帮助学生进入健康的学习状态、生活状态。例如,高校可以举办"学生管理评选活动",细化各项管理标准,总结教师的管理能力,表扬教师的管理工作,倡导"以管理促教学""以管理促育人",加强教师队伍的综合管理能力。

4. 基于专业认证的机械设计制造及其自动化专业持续改进的注意事项

在改进机械设计制造及其自动化专业的过程中,高校教师既要以专业认证为导向,又要注意"引导学生""鼓励学生",并根据学生的需求积极寻求"外部支持",充分尊重学生的个人发展,具体分析如下。

(1) 引导学生

基于专业认证背景,高校学生需要吸收、应用一些跨专业内容,这是一项挑战。机械设计制造及其自动化专业的教师要注意引导学生。具体来说,结合专业认证要求,教师既要鼓励跨专业学习,又要进行内容层面的引导,避免学生走入误区,在无用内容上消耗太多时间,帮助学生合理分配学习时间。除此之外,从专业认证视角出发,机械设计制造及其自动化专业的学生要具备一定的自主学习能力,将自己的想法和创造力体现在专业领域。基于此,教师要为学生创造大量的自主学习机会,分阶段、有计划地引导学生,提升学生的自主学习能力,让学生从能力上契合专业认证。

(2) 鼓励学生

面对专业认证的大环境,有些学生被压力笼罩,迫切需要教师的鼓励。教师的鼓励具体如下。一方面,对待暂时落后的学生。有些学生成绩暂时落后,担心自己无法适应专业认证,这时,教师可以从理性层面为学生分析成绩落后的"暂时性",鼓励学生找到适合自己的进步途径,而不是自怨自艾。另一方面,对待考试失利的学生。在机械设计制造及其自动化专业的重大考试中,有些学生发挥失常,内心久久不能平静,害怕自己下次也考不好,这时,教师可以结合学生的平时成绩,鼓励学生坦然面对偶尔的失利,让学生建立"重新再来"的勇气。

(3) 寻求外部支持

专业认证带来了种种挑战,高校机械设计制造及其自动化专业的教师要善于寻求外部支持,共同迎接挑战。具体来说,高校领导可以打开校门,邀请社会上的企业家、学者等参与专业建设,将源源不断的新建议带到专业建设中,优化机械设计制造及其自动化专业设置。除此之外,高校机械设计制造及其自动化专业的教师可以到企业学习,观察现代化企业的内部管理、内部运作,搜集大量市场数据,并将有效数据纳入专业建设。在对外学习过程中,教师还可以与企业员工对话,在企业员工的支持下,调整传统的专业设置,突出专业的"职业性",将专业建设与学生求职联系起来。

5. 结束语

综上所述,"专业认证"相当于一种激励,可以优化高校机械设计制造及其自动化专业设置,进一步提升专业水准。为了更好地适应专业认证趋势,高校要重视:①加强教学内容的延伸性;②突出实践教学的有效性;③竭力打造综合型教师队伍。除此之外,高校教师要结合专业认证需求,在必要的时候引导学生、鼓励学生,增强学生的自信心。而且,高校教师要以开放的姿态积极寻求外部支持,共同改进机械设计制造及其自动化专业设置,为学生群体提供高质量的课程、高质量的实践机会。

参 考 文 献

[1] 张自强,赵京.科研思维在《机械原理》课程教学中的应用[J].教育现代化,2019,6(56):197-198.

[2] 刘艳艳,梁医,赵建平.基于应用能力培养的机械原理课程设计教学改革与实践[J].中国教育技术装备,2018(2):90-92,95.

[3] 宋长明,高冉.面向专业认证的工科专业数学课程体系的构建与探索[J].教育理论与实践,2020,40(6):47-49.

[4] 吴巧云,李仁治.以工程教育认证理念为导向的土木工程实验课程体系改革探讨[J].高等建筑教育,2020,29(3):159-167.

[5] 唐雪娇,卢会霞,张贺,等.基于PBL模式的工程实验课程教学体系改革[J].实验室科学,2020,23(1):106-110.

[6] 王雪萍,高新勤.复杂层次模型中知识表达与推理方法研究[J].系统工程理论与实践,2019,39(11):2918-2927.

[7] 仝月荣,陈江平,姜艳霞."新工科"背景下以智能技术为牵引重构工程实践课程体系[J].实验技术与管理,2020,37(12):33-38.

[8] 吴昌东,陈永强,江桦.基于工程教育专业认证的电子技术实验教学改革实践[J].实验技术与管理,2018,35(2):169-173.

第 10 章 课程建设与改革

基于产教融合和科教融汇的机械类专业课程教学改革研究

吕月霞

齐鲁工业大学(山东省科学院)机械工程学部

摘 要 产教融合和科教融汇是世界各国高水平大学长期坚持和遵循的一个重要核心理念,也是我国高等教育在新发展阶段实现高质量发展的必然选择。本文以机械类专业核心必修课程"热工与流体力学"为例,分析了目前课程教学所面临的主要问题。本文从师资队伍、教学资源、教学内容、教学方法、科技创新和考核评价六个维度,探讨齐鲁工业大学(山东省科学院)产教融合和科教融汇背景下机械类专业课程教学改革的实施路径。

关键词 产教融合;科教融汇;机械专业课程;教学改革

1. 引言

习近平总书记在党的二十大报告中明确提出"产教融合、科教融汇"的战略部署,形成了教育、科技与产业深度互动的新格局和新生态。深入实施产教融合与科教融汇策略,促进人才培养链、产业发展链及科技创新链之间的有机衔接,对促进人才培养供给侧结构性改革和全面提升高等教育教学质量具有重要意义。2017 年,山东省政府将原齐鲁工业大学和山东省科学院整合,组建成立了齐鲁工业大学(山东省科学院),旨在加快山东省科教产融合发展和推进山东省新旧动能转换。作为国家"产教融合"项目首批建设高校和山东省首家"科教融汇"改革院校,齐鲁工业大学(山东省科学院)充分利用现有的优质教育资源、优质科研资源和产业创新资源,近年来围绕协同育人实践[1,2]、科教融合路径[3]、教学方法研究[4]、科教融合培养模式[5]和产教融合课程体系[6]等方面开展了一系列教学改革探索及实践。

机械类专业课程具有实践性强、知识面广、理论知识难度大、跨学科性强等特点,因此教学

基金项目:山东省本科教学改革研究项目(编号:M2023246,M2022105,SZ2023050)、齐鲁工业大学教学改革研究项目(编号:2022zd03,YJG23YB005)。

普遍存在理论知识与实践应用脱节严重、教学方法和考核体系落后、课程内容更新缓慢、跨学科资源整合缺乏、学生创新能力不足等问题。为解决上述问题,许多学者近年来围绕机械类专业课程三维数字信息化教学[7]、翻转课堂教学[8]、线上线下混合式教学[9]、虚拟仿真资源利用[10]等开展了教学改革研究探索和实践。但目前同时基于产教融合和科教融汇背景对机械类专业课程进行教学改革的研究较少,因此,本文以机械类专业核心必修课程"热工与流体力学"为例,探讨我校产教融合和科教融汇背景下机械类专业课程教学改革的实施路径,以期为我国培养适应未来技术挑战的创新型和应用型工程人才。

2. "热工与流体力学"课程简介及教学难点

"热工与流体力学"是一门研究热量传递和流体流动规律的学科,也是我校机械设计制造及其自动化专业的一门专业核心必修课程,共48理论学时。通过课程学习,学生应掌握工程热力学和流体力学的基本概念、基本定律和基本理论,课程着重培养学生运用理论知识分析机械领域典型热量传递和流体流动工程问题的能力。此外,课程还需要培养学生的科技创新能力,为国际工程教育专业认证提出的创新型人才培养目标提供有力支撑,满足国家一流本科专业提出的"两性一度"课程建设要求。

目前,"热工与流体力学"课程在教学过程中普遍存在一些问题。首先,课程涵盖了工程热力学和流体力学两门专业课程内容,属于高校工科类专业课中教师不容易讲授和学生难以理解的课程,传统教学方式无法在有限课时内帮助学生掌握在课堂上所学的理论知识。其次,课程具有较强的工程应用性特点,但目前课程教学内容偏重理论分析和公式推导,与实际工程案例的结合严重不足,导致学生普遍缺乏应用课堂理论知识解决实际工程问题的能力。再次,现有教材内容更新缓慢,与工程和学科前沿结合不足,无法与课程时代性和前沿性强的特点相匹配。最后,以卷面考试为主的单一考核方式因缺乏过程性考核,使学生成为被动的学习旁观者,学生的学习主观能动性和学习动力不足,师生在教学过程中缺乏沟通和反馈改进。

3. "热工与流体力学"课程教学改革措施

(1) 多学科交叉和跨领域融合师资队伍建设

在产教融合方面,机械工程学部按照培养机械类专业高素质应用型人才的要求,成立机械类专业协同育人联盟,以新松智能制造现代产业学院为协同育人实体,聘请具有资深机械行业背景的企业专家作为兼职教师,将行业需求、技术标准、真实工程案例等内容系统地融入课程教学体系,使学生能够直面行业现状和未来趋势。在科教融汇方面,机械工程学部充分发挥山东省科学院和山东省机械设计研究院的研究优势,吸引在科研领域具有深厚背景的科研专家加入师资队伍,将学科前沿和最新科研成果转化为教学内容,为学生提供接触热工与流体领域科研动态的机会。此外,机械工程学部邀请材料科学、环境科学、计算机科学等领域的专家学者对课程教学体系进行论证,建立多学科交叉和跨领域的课程知识体系,以培养学生运用多学科知识思考和解决综合问题的能力。最后,教学团队通过定期参加研讨会、工作坊和在线课程培训等方式,与同行交流最新的教学理念和科研成果,不断提高教学水平和科研能力。

(2) 课程教学资源库和思政教学案例库建设

针对市面上没有面向普通高等教育本科生的《热工与流体力学》教材问题,教学团队充分发挥主讲教师具有两年以上海外访学经历的优势,在借鉴国外优秀原版英文教材的基础上,结合实际授课课时、学生学情和教学目标,编写《热工与流体力学》双语教材。自编教材充分融合现代数字化信息技术，支持通过扫描二维码观看微课视频，提供思维导图梳理章节知识要点和结构脉络。此外，自编教材补充了国内外学科发展前沿、全球工程案例和学术研究成果，拓展了课程知识的国际视野与应用广度，确保了教学内容的高阶性、创新性和挑战度，满足工程教育专业认证提出的培养国际化视野和具有跨文化背景交流能力的人才要求，有助于实现国家一流专业建设提出的一流人才培养目标。

充分发挥学校科教融汇和学院产教融合的特色优势，围绕行业需求、工程实际、学科前沿和科研成果等内容建设工程实践案例库，使学生直面行业现状、科研动态和发展趋势，培养学生理论联系实际的能力和解决工程问题的能力。虚拟仿真教学资源能够弥补实验和实践环节缺失问题，培养学生的科技创新思维，提高其专业实践能力。定期收集与评估最新教学资料，实时更新课程教学工程案例和虚拟仿真资源库内容。此外，从思想政治理论资源、优秀历史文化资源、专业知识与实践资源、科技创新与素质拓展资源四个维度建设思政教学案例库。建成的教学资源库和思政教学案例库可推广至兄弟院校的机械类专业或相关专业，实现教学资源共建共享，提高课程的应用价值和示范效果。

（3）课程教学内容优化

在课程教学内容方面，针对课程学时少、内容多、概念多、公式多、理论与实践并重的特点，梳理课程目标、课程内容与毕业要求之间的对应关系，将内在逻辑联系紧密、学习方式要求和教学目标相近的教学内容整合成知识点单元。课程以热力学两大定律和伯努利方程为知识主线，以"社会主义核心价值观和科技创新能力培养"为思政主线，实现知识传授、能力培养和价值引领的有机融合。教学设计弱化课程重视公式推导过程的内容，通过引入日常生活实例或者工程应用案例，引导学生运用课程理论知识和方法来解决实际案例问题，加深学生对相关知识点的理解，激发他们学习课程的兴趣和热情。例如，以"在一间隔热性能很好的密封屋子里，把一台正常工作的冰箱的门打开，一个小时后屋子里温度是上升还是下降"这一生活实例，考查学生对闭口系统能量方程的理解和掌握程度。此外，将学科前沿知识系统地融入课程教学过程。例如，在讲解热力学两大定律时，通过图书馆中英文数据库搜索热力学两大定律近五年的最新科研进展，向学生展示热力学两大定律在燃料电池、新型换热器、人体呼吸系统、可再生能源、陶瓷发电机等高科技领域的工程应用，体现课程教学内容的高阶性、创新性和挑战度。

（4）课程教学模式及教学方法改革

为解决课程课时较少无法涵盖授课内容的弊端，课程采用"课前引入＋课堂讲授＋课后复习"的线上线下混合式教学模式，贯穿"课前—课中—课后"的整个教学过程。在课前引入环节，教学团队根据设计的教学知识点单元，通过雨课堂平台向学生推送哔哩哔哩和网易公开课等平台的国家精品课程线上教学资源，发布课前自主学习任务清单和测试习题，要求学生观看视频和查阅资料，提前熟悉课堂教学内容。教学团队通过雨课堂平台查看学生自主学习的进展，总结课前学习情况，并将该阶段的学习效果作为课前学习情况的评价基准。在课堂讲授环节，基于课前预习的线上反馈数据，综合运用项目驱动教学法、案例教学法、故事讲述法、课堂研讨法和理论演绎法等新型教学方法，设计并实施"引导型、鼓励型、启发型、互动型"多元一体的理论课程教学模式。课后复习环节主要通过线上辅导和线下辅导两种方式进行课程集中和分散答疑。在指定时间段通过雨课堂平台进行线上答疑，及时解答学生学习期间的各种问题，对课程重点、难点或具有普遍性、共同性的问题进行在线辅导。每周固定时间段在教研室进行线下答疑，解决部分学生通过线上答疑无法解决的问题。

（5）大学生工程实践与科技创新平台建设

课程教学团队基于课程搭建大学生工程实践与科技创新平台，利用课外时间开展基于课程的工程实践及科技创新能力培养系列讲座，鼓励和引导学有余力的学生将课堂所学知识和课外拓展知识应用到科技创新和科研活动中。平台主要依托大学生创新创业训练项目、大学生科技创新竞赛、合作企业和科研院所的工程项目开展工程实践和科技创新活动。近几年，学生依托该平台创作了太阳能光纤照明及发电一体化装置、光伏驱动智能垃圾箱、校园绿地光伏提水灌溉系统、太阳能发电花、极轴式全追踪光伏发电设备、基于涡激振动的弹性接头直管换热器等系列科技创新作品。

（6）课程考核评价方法改革

针对现行考核方式单一、缺乏考核后反馈等弊端，采用基于 OBE（成果导向教育）理念的过程性考核与终结性考核相结合、定量评价与定性评价相结合的综合性考核方式，加强学生线上线下、课堂内外的多元化课程考核模式，发挥课程考核的评价、导向和激励作用，提高学生的学习积极性和创造性。过程性考核评价主要由课前线上资源学习完成度、随堂测试、课堂互动、翻转课堂、分组讨论、课后作业和测试、资源库和案例库资源共享、科技创新素质拓展等部分组成，客观公正地评价学生的学习效果，实时监测并及时反馈教学效果，贯穿课前—课中—课后整个学习阶段。终结性考核中有 6% 的开放主观思考题不设置标准答案，鼓励学生深度思考分析。

4．"热工与流体力学"课程教学改革效果

通过上述教学改革措施，学生从被动式学习转变为主动式学习，2020—2022 级机械 1 班在 2021—2023 年的课程总评成绩逐年提升，平均分值分别为 60.25 分、73.38 分、82.23 分，优良比例逐年显著增加，课程目标达成度呈现持续改进和不断提高的趋势。课程结束后的调查问卷显示，学生认可课程的教学创新模式，对课程教学创新的整体满意度达到 96%。课程思政教育价值引领效果明显，挖掘的思政元素已经融入学生学习、生活的方方面面，实现了专业教育"知识传授"、素质教育"能力培养"、思政教育"价值引领"的有机融合和真正统一。自 2020 年以来学生依托课程获批 12 项国家级和省级大学生创新训练计划项目，获得国家级和省部级科技竞赛奖项 50 多项，参与发表科研论文 10 多篇，申请国家发明专利 15 项，学生的科技创新能力、工程实践能力、团队协作能力得到大幅提高。

教学团队成员依托该课程获批省级和校级教研项目 10 余项，发表教研论文 20 余篇，出版专著 3 部，课程建设成为齐鲁工业大学（山东省科学院）普通本科教育课程思政示范课程和山东省国家安全教育优质课程，教学团队的教研能力得到了大幅提高。课程创新模式、教学资源库和思政案例库已经推广到兄弟院校的相关专业，实现了教学资源的共建共享，提高了课程应用价值和示范效果。

5．结束语

充分发挥齐鲁工业大学（山东省科学院）产教融合和科教融汇特色优势，从师资队伍、教学资源、教学内容、教学方法、科技创新平台和考核评价六个维度出发，对"热工与流体力学"课程进行教学改革，以培养适应未来技术挑战的应用型和创新型工程人才。该课程教学改革有利于完善机械类专业应用型创新人才培养体系，满足机械类专业国际工程教育专业认证的持续改进要求和国家一流本科专业建设要求。此外，本文提出的机械类专业课程建设路径清晰、通用并可复制，可为普通本科院校专业课程的教学改革提供理论支撑。

参 考 文 献

[1] 许崇海,安蕾蕾,肖光春.基于协同学理论的科教融合协同育人研究与实践——以齐鲁工业大学(山东省科学院)为例[J].中国轻工教育,2021,24(4):45-50.

[2] 李梦丽,许崇海,安蕾蕾,等.机械设计制造及其自动化专业产教融合协同育人实践探索[J].现代制造技术与装备,2021,57(9):198-203.

[3] 许崇海,林江海,肖光春,等.机械工程学科科教融合路径探索与初步实践[J].现代制造技术与装备,2021,57(3):198-201.

[4] 任向河,刘丽红,贾中青.科教融合背景下项目式教学方法研究与实践——以齐鲁工业大学光电工程国际化学院为例[J].中国多媒体与网络教学学报(上旬刊),2020,8:94-96.

[5] 刘洋,牟华.科教融合两地培养学生二次入学面临问题的分析与解决——以齐鲁工业大学海洋技术科学学部培养模式为例[J].教育教学论坛,2023,36:175-179.

[6] 肖光春,张辉,赵伟,等.产教融合背景下专业学位研究生培养改革探索研究[J].教育教学论坛,2022,16:180-184.

[7] 倪春芳.数字化背景下机械类专业课教学教革[J].时代汽车,2023,20:58-60.

[8] 任国会.关于"翻转课堂"在机械专业教学中应用的思考[J].中国培训,2020,11:76-78.

[9] 司文慧,浦恩帅,管志光.新工科背景下机械类专业课程混合式教学模式探索[J].科技视界,2019,14:103-104,100.

[10] 苏春建,韩宝坤,王瑞.基于虚拟仿真实验的机械类教学理论与实践研究[J].教育教学论坛,2022,47:97-100.

基于工程认证背景的机械制图教学改革研究
——以齐鲁工业大学(山东省科学院)机械专业为例

张红霞　付秀琢　陈彦钊　冯衍霞

齐鲁工业大学(山东省科学院)机械工程学部

摘　要　工程教育专业认证遵循以成果为导向、以学生为中心、持续改进三个核心理念，对机械专业机械制图课程的教学提出了更高的要求。本文以工程教育专业认证的先进理念为依据，以机械制图课程的课堂教学为主线，基于成果导向理念重构课程教学内容，基于以学生为中心理念改革教学模式，基于持续改进理念组织图学类学科竞赛促学促教，构建以能力培养和工程素养培育为目标，学生线上与线下、课内与课外相结合主动学习的模式，并通过学科竞赛实现持续改进的教学目标，获得了较好的教学效果。

关键词　工程认证；机械制图；成果导向

1. 引言

工程教育专业认证是教育部为切实提升高等教育教学质量，推进工程教育国际互认和工程师资格国际互认的重要举措[1]。专业认证可以提高高校工程教育对业界需求的适应性，从而提升工程专业人才的国际竞争力。

齐鲁工业大学(山东省科学院)机械设计制造及其自动化专业是山东省名校工程重点建设专业，2019年正式通过工程教育专业认证，从而对机械专业学生的培养目标提出了更高的要求。要求学生除了具有扎实的工程基础知识和系统的专业知识，以及分析和解决复杂工程问题、开展工程研究的综合能力，还要具备良好的人文素养、沟通能力与协作精神，同时具备创新性潜质和国际视野，成为能够在机械制造及轻工机械等支柱产业中，从事技术开发和科学研究等方面工作的高素质应用型人才。机械制图课程对学生工程能力的培养具有非常重要的作用。齐鲁工业大学(山东省科学院)图学教研室以工程教育专业认证的先进理念为依据，对机械专业机械制图课程的目标、内容及教学模式进行了一系列改革。基于成果导向教育理念重构课程内容，实现课程内容与工程需求的融合，以培养学生的图学思维和工程应用能力；基于以学生为中心的理念，充分开发整合线上教学资源，形成学生线上与线下、课内与课外相结合主动学习的新模式，解决了课时缩减造成的学时不足、理论内容枯燥导致的学生学习

基金项目：齐鲁工业大学(山东省科学院)教学改革研究项目"工程图学全方位融合教学新体系课程建设"(编号：2021yb33)。

兴趣不高等问题,同时以制图类学科竞赛促进教学相长,持续改进,获得了较好的教学效果。

2. 基于成果导向教育理念重构课程教学内容

随着信息技术的发展,多元化计算机辅助技术的发展替代了原有的图纸设计模式,基于模型定义(Model Based Definition,MBD)技术已在航空业实现全过程数字化设计解决方案[2]。为适应现代设计工程的发展,工程技术人员除了要有扎实的制图知识和构型能力,还要有较强的计算机绘图能力,因此计算机设计软件已成为机械制图课程的重要教学内容,其对于工程应用尤为重要。

目前我国高校在机械制图课程融合计算机设计教学方面多采用分段式。由于机械制图课程安排在大学第一学期,学生因欠缺工程实践经验和空间思维能力,对机械制图课程的一些立体空间概念难以理解,容易失去兴趣,而学生对上机操作的环节却非常感兴趣,学习热情较高,掌握程度也较好,因此,基于成果导向的教育理念重构课程内容,实现课程内容与工程需求的融合,以培养学生的图学思维。

教学内容的重构从修改大纲、调整教学内容和教学重点入手,如表1所示,齐鲁工业大学(山东省科学院)机械制图课程共112学时,分为上、下两个学期。本课程在认证之前为制图知识和计算机软件分段教学:上学期56学时传统制图理论,下学期24学时理论+32学时上机。认证之后改革为融合教学模式:在总学时不变的前提下,调整为上、下两个学期都是40学时理论+16学时上机。同时,教学内容也有很大的调整,重点体现在压缩画法几何部分的学时,将更多学时安排到表达方法、零件图、装配图等核心章节,同时增加工程案例分析及分组大作业部分(10学时),以便让学生结合工程应用更好地掌握零件的表达及典型件的装配等内容。

表1 机械制图教学大纲及学时分配修改前后对比

修改前			修改后		
	内容	学时		内容	学时
机械制图(1) 上学期 56学时理论	绪论、制图基本知识	6	机械制图(1) 上学期 40学时理论+ 16学时上机	绪论、制图基本知识	4
	点线面的投影	8		点线面的投影 立体及表面交线	14
	立体及表面交线	14		组合体的视图	10
	组合体的视图	12		机件常用表达方法	12
	机件常用表达方法	16		AutoCAD绘图 三维建模软件	16
机械制图(2) 下学期 24学时理论+ 32学时上机	标准件与常用件	8	机械制图(2) 下学期 40学时理论+ 16学时上机	标准件与常用件	8
	零件图	8		零件图	10
	装配图	8		装配图	12
	AutoCAD绘图	16		AutoCAD绘图 三维建模软件	16
	SolidWorks三维建模	16		工程案例分析 分组大作业	10
合计		112	合计		112

在机械制图上学期教学内容中:结合几何作图和国标部分上机讲授用 AutoCAD 绘制平面图形,让学生通过正确设置"图幅、图框、线型、线宽、字体样式、尺寸样式"内容,巩固国标中的相关规定,通过尺规绘图和上机两种方式完成几何图形的绘制,学生通过任务驱动式结合制图基础知识去学软件,可以更好地巩固知识,能更有效地掌握软件的应用,二者相辅相成。在讲解立体的截交线及相贯线、组合体的绘图和读图以及图样的表达方法等环节时,结合软件的三维建模,学生可以全方位动态地观看立体,大大激发了学习兴趣,通过投影生成二维工程图,学生可以更好地体会三视图的投影关系和投影规律,这样使传统制图教学与二维、三维设计软件的教学互相促进,实现融入式一体化教学,使学生的学习过程更加鲜活有趣,大大提升了学生学习的积极性。

在机械制图下学期教学内容中:如图 1 所示,结合常用的各种装配体(千斤顶、滑动轴承、手压阀、球阀、虎钳、回油阀、齿轮减速器等),整合机械制图下学期的教学内容,完成标准件和常用件、各典型零件和装配体的学习。

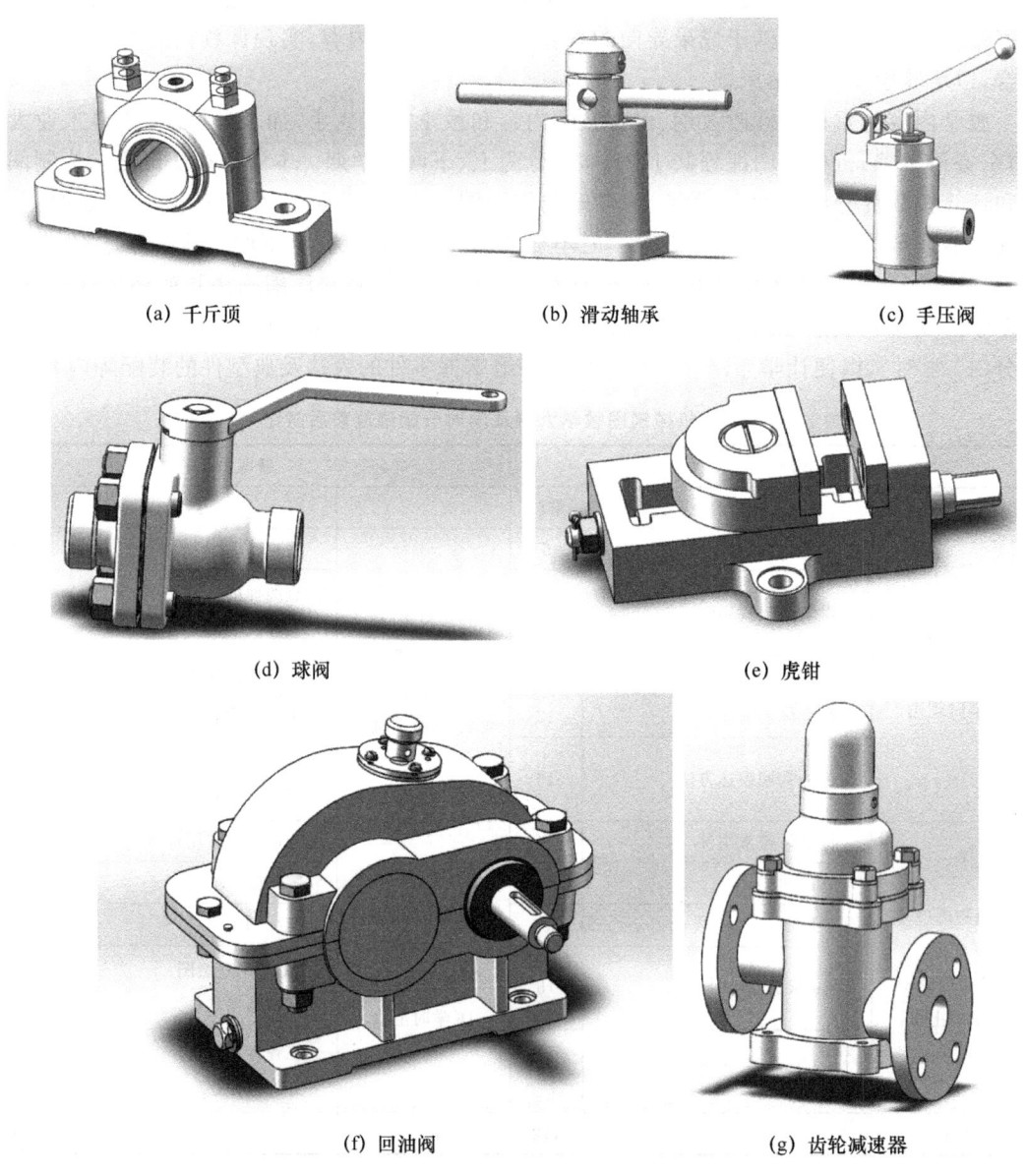

图 1　常用的各种装配体

在标准件和常用件部分，利用 SolidWorks 三维设计软件中的设计库对标准件进行调用，加深学生对标准件的代号、规格、结构、用途及装配关系的理解。在零件图部分，用 AutoCAD 绘制工程图，用 SolidWorks 对典型零件进行建模并生成工程图，巩固学生对零件图的内容、工艺、尺寸、技术要求的学习，在装配图部分，对学生进行分组，让学生用 SolidWorks 分别完成各典型装配体中的零件三维建模、装配体的虚拟装配和运动仿真。通过这个过程，学生能够加深理解装配体的工作原理及装配过程、零件在装配体中的作用，掌握工程图的绘制，提高工程认知能力。这种项目驱动式教学让学生有了非常具体的学习任务和学习目标，同时使原本抽象枯燥的学习内容变得生动且有趣，大大提高了学生学习的积极性和主动性，获得了较好的教学效果。

我国高校课程多采用期末考试卷面成绩加一定比例的平时成绩进行考核。随着课程教学目标、大纲及教学模式的改变，考核方式亦随之调整。基于工程教育专业认证先进理念的教学改革需要改变以往的考核模式，建立新的考核体系。在上学期，学生除了要完成每章对应的习题集作业、几何作图和组合体的尺规绘图大作业，还要完成几何作图和组合体的 AutoCAD 二维以及 SolidWorks 三维建模的电子作业。在下学期，学生除了要完成习题集作业，还要完成螺纹坚固件连接的尺规绘图，用 AutoCAD 完成典型轴类零件的零件图及千斤顶的装配图的绘制，用 SolidWorks 完成一整套装配体的项目作业，课程结束时进行小组成果汇报展示。期末总评成绩增加了过程性评价，将学生的平时作业、尺规绘图大作业、电子作业，以及平时上课上机表现、小测验和项目作业等都记录考核，同时在期末试卷中增加工程实际问题，从而建立多元化、过程化、能力化的考核体系。

3. 基于以学生为中心的理念改革教学模式

当代大学生思想活跃，求知欲强，但同时大一学生又普遍存在依赖性强、自主学习能力不够等情况[3]。结合本学院机械工程类专业的机械制图教学实际情况，理论课时大幅缩减，增加 32 学时的上机教学，无论是理论还是上机都存在学时不足的问题。要较好地解决这个问题，基于本课程重工程应用的特点以及课程所面向的低年级学生特点，线上教学与学习就体现了较强的优越性。除了现有的丰富的在线资源，我们也结合本校的学生特点和课程内容在超星学习通平台创建了班级并创建了腾讯 QQ 群，为学生制作了丰富的教学素材及微视频，使学生能够根据自己的时间安排灵活地学习，且在学习过程中学生可随时通过电话、QQ 截图等及时获得教师的在线指导。特别是在项目驱动式学习中，教师分组布置项目作业，各项目组组长分解任务，组员分工合作完成项目作业。这样整个教学过程由传统的以教师讲授为中心逐渐转变为以学生学习为中心，促进学生转变学习习惯，淡化对传统课堂教学的依赖，从而形成以学生自主学习为主的、注重能力培养的新的学习模式。

4. 基于持续改进教育理念组织学生参加图学类学科竞赛

积极组织学生参加山东省及国家图学类学科竞赛，激发学生的学习热情，同时提高教师的教学水平，可以有效检验教师教学及学生学习的成果，以赛促学促教，持续改进[4]。

齐鲁工业大学（山东省科学院）2021 年、2022 年连续两年组织学生参加山东省大学生智能制造大赛及"高教杯"全国大学生先进成图技术与产品信息建模创新大赛，多名学生获得诸多奖项，如图 2 所示。这些优秀的学生在后续的机电产品创新大赛及诸多学科竞赛中都成为骨干力量。同时以这些获奖学生为主体组建学习小组，对低年级的学生进行课外辅导和培训。学生们在教师及高年级学长的指导下利用课外时间深入学习三维设计软件，形成了良好的学习氛围，从而提升了自身的综合素质。

图 2 组织学生参赛并获奖

5. 结束语

本文结合齐鲁工业大学(山东省科学院)的实际情况,基于工程教育专业认证的三个基本教育理念("以成果为导向、以学生为中心、持续改进"),对机械专业基于工程认证背景的机械制图课程教学改革进行了探讨。

机械制图课程是机械类专业学生最先接触的技术基础课,对于培养学生的工程思维、工程实践能力具有重要作用,是学生认识工程、走进工程的桥梁。在课程的整个教与学的过程中,始终贯彻成果导向教育理念,将课程内容融入项目设计之中,通过精选典型工程实例由浅入深、由简到繁,使重要知识点始终贯通于工程实例中。通过布置工程实践作业,提升学生工程设计方面的综合素养。同时真正做到以学生为中心,不断优化教学内容,不断完善在线教学资源,组织学生参加图学类学科竞赛,从而培养学生自主学习和终身学习的习惯,达到专业认证提高工程教育质量的目的。

教学实践证明,基于工程认证的教学改革能有效提高机械制图课程的教学质量,使学生在毕业后能更加适应现代设计制造企业对高素质人才的需求。

参 考 文 献

[1] 杨莉,郝育新,刘令涛.工程教育专业认证背景下《工程制图》课程教学改革研究[J].图学学报,2018,39(4):786-790.

[2] 曹清园,王珉,张宗波,等.基于MBD技术的工程制图教学体系构建[J].大学教育,2019(5):63-65.

[3] 栾英艳,王迎,何蕊.新工科背景下工程图学课程改革研究[J].图学学报,2020,41(1):164-168.

[4] 张京英,杨薇,佟献英,等.构建基于OBE的立体化制图教学新体系[J].图学学报,2019,40(1):201-206.

基于 Composer 的机械基础虚拟实验的研究

薛云娜　许树辉　王宝林

齐鲁工业大学(山东省科学院)机械工程学部

摘　要　在计算机技术和信息技术飞速发展的今天,开展混合式教学势在必行,不但理论课程需要混合,实验课程同样需要混合。文中分析了机械基础实验内容重复且劳动强度大的特点,根据混合式教学的理念分析了虚拟实验的 3 个阶段,划分了虚拟实验的实验项目类别范畴。以减速器拆装实验为案例,基于 Composer 模块建立虚拟实验的展示文件,作为学生完成真实实验的有效辅助手段,措施简单可行,后台易于开发,占用资源少。实践结果说明,基于 Composer 模块建立虚拟实验展示文件,学生在进行真实的实验前下载预习,能提高实验效率,获得更好的实验体验和实验效果。

关键词　混合式教学;虚拟实验;机械基础;Composer;展示文件

1. 引言

机械设计、机械原理和机械设计基础等机械基础类课程,学习对象为机械或机器,具体学习对象为分散的机构和零件;学习内容为机构或零件的基础知识、特点特性和设计理论;实验内容为机构和零件认知类、验证类、设计类或综合类实验,其中认知类和验证类实验占一定的比例,在学生初步学习机械基础类课程时具有重要的辅助作用。

随着移动通信技术、信息技术、计算机技术的快速发展,传统的真实实验已不能满足实验的需求,且实验效率低,教师从事的是重复性工作,劳动强度大[1]。为解决这一问题,大量学者基于不同软件研究了虚拟实验,建设了虚拟实验平台或实验系统[2-7]。虚拟实验模拟真实实验过程,按模拟现实环境的真实程度,分为形象化、数字化和虚拟现实三个阶段[8]。其中,虚拟现实阶段,模拟现实效果强,但对计算机硬件要求高。

目前,机械基础课程的大部分实验场地以实地实验为主,以虚拟实验为辅。因此,我们考虑到前人的研究基础以及基础类课程的实验需求,提出本课题,即基于 Composer 模块建立课程的虚拟实验,作为真实实验的有效补充,可以降低实验教师的劳动强度,也可以让学生提前熟悉实验内容,节约实验时间,提高实验效率,改善实验效果,获得更好的实验体验。

2. 虚拟实验的应用场合

虚拟实验与真实实验相比,可以突破时间和空间的限制,学生不需要定时定点去实验室排队做实验,只需要登录网络实验系统,就可以观看实验具体内容,完成虚拟实验。一般情况下,虚拟实验在以下场合较常用。

(1) 重复及强度高

这类实验通常内容较为简单,重复性高,实验教师劳动强度大,占用教师较多时间讲解重复的基础理论和实验内容。例如,大部分专业基础课程实验均属于此类实验。

(2) 现实不易实现、耗时长、成本高

这类实验通常需要调试样机或使用大量耗材,实验内容不太复杂,易于理解。例如,力学类实验、材料类实验、机器人设计与仿真实验等。

(3) 真实实验危险度高

这类实验通常不在正常工况下进行,例如在有毒、高温、高压、腐蚀环境下开展的实验。真实情况下,需要借助于机器人完成,例如海洋类专业实验、化学专业实验、焊接类实验,等等。

以上三类实验是虚拟实验的主要应用场合。文中主要分析研究第(1)类实验。针对该类实验,目前的研究主要借助于开发工具和网络工具建立虚拟实验平台,其特点是:平台简单,易于操作,实验管理人员、实验指导教师和学生三者均可登录平台,但开发成本高,平台还需要专业实验管理人员进行后台维护,后期继续研发扩展功能有一定的困难,因此需要研究适用于现代混合教学模式、授课教师易于操作的虚拟实验。

3. 虚拟实验的开发思路

目前形势下,借助于第三方学习平台,高校教师开展混合式教学或网上教学成为未来发展方向。课堂理论教学要求混合,实验教学也可以混合进行,将重复讲解的实验过程、实验教具、实验设备等直观的实验内容提前以视频、动画、游戏互动的形式放置在网络教学平台上,保证学生能够完成实质性的实验预习。实验过程分为以下 3 个阶段,且均可以在网上实现。

(1) 课前预习

在真实的实验过程中,学生需要花费 1/3 的时间认识实验设备,了解实验过程。借助于虚拟实验,学生就可以通过教学平台提前查看实验内容,熟悉实验设备和实验过程。在这个阶段,教师可以借鉴课堂学习的经验,设置实验课前测试或实验操作游戏,督促学生完成实验预习,并以此完成实验预习评价。

(2) 实验操作

教师可以以简单的互动形式将实验过程上传到网上,让学生提前熟悉实验步骤,按操作指令完成实验过程,且该过程可以重复进行。学生在完成虚拟实验和实验课前测试后,就可以在规定的实验时间直接进入实验室完成真实实验内容。这样,既能节约至少 1/3 的时间,更有利于教师回答学生提出的问题,对实验结果进行面对面反馈和指导。

(3) 课后实验报告

学生的实验成果以实验报告的形式体现。学生做完实验后,回去撰写实验报告,如果对实验过程有疑问,可以继续访问网络实验平台,回忆、复习实验过程,从而完成实验报告。

4. 虚拟实验的实现

(1) 软件工具

目前,虚拟实验的建模工具主要有 SolidWorks、Pro/E、3ds Max 等,开发工具主要有 Java、Unity3D、VB、VRML 等,可实现虚拟实验的实验平台型号不等。本文采用 SolidWorks 作为建模工具,建立常用实验教具的三维模型。在 Composer 模块中形象直观地建立实验教具的展示文件,完成人机互动。Composer 所建立的实验展示文件,展示时不需要安装占用较多硬盘空间的三维建模软件。在教学平台上建立的课程中,上传实验指导书、实验展示文件,布置实验预习作业,督促学生完成实验课前测试。

(2)实验项目

机械基础类课程均可以借鉴文中开发虚拟实验的实验理念,建立自己的虚拟实验平台,指导完成具体的实验项目。这些实验项目类型不同,实验设备不同,具体的实验过程不同,必须有针对性地开发实验展示文件。

① 制图模型剖切和线型展示

机械制图或工程制图是工科学生,尤其是机械专业学生必须掌握的课程之一。学生初步掌握三视图、截交线、相贯线、剖视图等概念时,可以借助第三方平台,随时随地或实时地学习这些知识。

② 力学性能测试实验

力学性能测试实验通常情况下是演示类实验,很少要求学生动手操作。在用Composer建立的展示文件中,学生可以人机互动地完成实验过程,增加实验体验,更进一步实现实验目的。

③ 机构运动简图测绘实验

机械原理或设计基础类简图测绘实验,要求学生基于实验教具,观察并测绘模型的运动过程,画出运动简图,并计算该模型的自由度。因为实验时间有限,每位同学一般选取4~6个实验模型,完成实验过程。但是借助于虚拟实验展示文件,学生就可以观察到更多实验模型的运动过程,理解运动简图并计算不同模型的自由度。图1所示为简易冲床运动简图测绘模型,图2所示为铆钉机构运动简图测绘模型。教师可以在SolidWorks软件中建立教具的三维模型,进行运动仿真,分解构件的连接关系,引导学生独立绘制机构运动简图,计算自由度,完成虚拟实验。

图1 简易冲床运动简图测绘模型　　图2 铆钉机构运动简图测绘模型

④ 轴系结构设计实验

轴系结构设计实验,需要基于轴系结构实验箱,搭接不同类型的轴系结构,满足轴上零件准确定位、可靠固定的基本要求,为学生准确设计和表达轴系结构打好基础。

在真实实验中,学生利用现有的轴、轴承、齿轮、套筒、端盖等轴系零部件,搭接设计轴系结构,并完成测绘装配图。虚拟实验中,学生可以建立轴系结构实验箱的三维模型库,并提前装配好,然后通过分析三维模型和二维图纸,进一步利用所学过的制图知识设计和测绘模型,并搭接新的轴系结构。用SolidWorks建立的轴系结构三维模型如图3和图4所示。

图 3　中间轴轴系结构三维模型图　　　　图 4　低速轴轴系结构三维模型图

⑤ 减速器拆装实验

真实实验室里有多个减速器模型或教具,学生根据课程设计中所设计的减速器类型,选用对应的减速器教具模型,观察减速器外观,测绘减速器各部位的具体数值,绘制某根轴的轴系结构草图。在所有基础实验项目中,减速器拆装实验强度最大,耗时最长,但指导意义也最大。学生缺少的是对复杂结构的直观性认识,以及对复杂结构的剖切与表达,减速器箱体正是为解决这一问题而服务的。但现实情况是,学生认识结构要花费 1/3 的实验时间,测绘零部件再花费 1/3 甚至更长的实验时间,因此学生通常在按照比例绘制轴系结构草图环节浪费大量时间,而留给老师的分析与讲解时间则少之又少。传统真实实验过程中,指导教师不能够有针对性地讲解全部学生绘制的结构草图中出现的问题,只能讲解部分同学的图纸。

学生通过进行减速器拆装的虚拟实验,提前下载实验指导书,了解实验步骤和实验过程。同时下载 Composer 展示文件,学生就可以在展示文件中了解实验用减速器的结构组成、总传动比、运动和定位情况,观察不同减速器的特点、运动过程,并对其进行拆装和剖切,并基于 Composer 播放器,人机互动地完成减速器的拆与装。此外,学生可使用不同平面进行剖切,进一步认识剖视图和断面图的区别。此过程可以锻炼学生的测绘能力、拆装能力和剖切表达能力。

5. 虚拟实验样例

以减速器拆装实验为例,展示该实验的实现过程。目前,实验室有不同类型的单级、二级减速器,如展开式、同轴式、分流式等。学生做实验时,一般是选取某一种减速器,完成减速器的测绘和拆装实验,绘制轴系结构草图,并完成实验报告。

教师可在智慧树或超星学习通的课程资料栏建立各个虚拟实验的链接,并在真实实验开始前一周共享给学生预习,发布实验通知,并以课前测试的形式检测学生的掌握程度。Composer 所做的同轴式齿轮减速器如图 5 所示,圆锥圆柱齿轮减速器如图 6 所示。行星齿轮减速器 Composer 展示文件页面如图 7 所示。其他类型减速器不再赘述。

图 5　同轴式齿轮减速器　　　　　　图 6　圆锥圆柱齿轮减速器

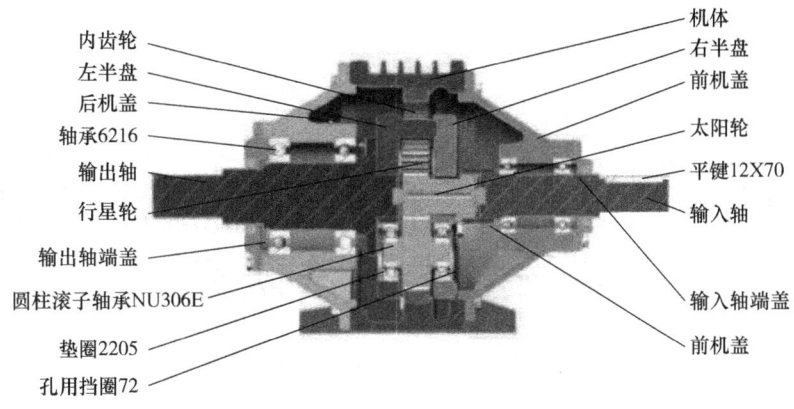

图 7　行星齿轮减速器 Composer 展示文件页面

6. 结束语

本文从分析虚拟实验的应用场合到提出虚拟实验的开发思路,并根据不同课程的实验项目分析虚拟实验实现的可能性,最后通过减速器拆装虚拟实验样例,说明基于 Composer 完成虚拟实验简单可行。

基于 Composer 建立虚拟实验展示文件的 exe 版本,兼具三维模型显示、运动仿真、结构组成表达、拆装人机互动等多项功能,只需要安装播放器,不需要安装专业的三维造型软件即可查看。基于 Composer 的机械基础虚拟实验可以为学生提供近似于真实的实验场景,将抽象的文字内容转化为具体的实验设备和实验内容,为实现讨论式实验、问题式实验、分析式实验提供了极大的可能,激发了学生对实验预习的兴趣,提高了实验效率,减轻了教师的劳动强度。

参 考 文 献

[1] 李梦如,陈茂林,陆佳玮,等.机械设计虚拟实验教学平台的构建[J].机械设计,2016,33(7):23-25.

[2] 张文颖.虚拟实验平台在"机械设计基础"实践环节中的应用研究[J].教育教学论坛,2020(34):145-146.

[3] 孙一笑,张玉军,邬杭龙,等.机械类虚拟实验平台的设计与实现[J].信息通信,2019(5):98-99.

[4] 刘汉代,赵杰,廖志良,等.机械原理虚拟实验系统的设计与实现[J].机械工程与自动化,2016(5):61-63.

[5] 常金光,顾若阳,孟丽丽,等.基于 Unity 3D 的机械设计基础虚拟实验平台设计[J].机械工程师,2017(2):95-97.

[6] 陈敏,伍胜男,刘晓秋.基于 X3D 实现机械创新设计虚拟实验系统的构建[J].机械设计,2008,25(7):13-16.

[7] 王顺,王丽慧."机械设计"课程的真实实验与虚拟实验对比分析[J].黑龙江教育(高教研究与评估),2018(6):26-28.

[8] 施东庆.基于 VRML 技术的虚拟实验研究及实现[D].杭州:浙江大学,2002.

产教融合背景下"机械制造技术基础"课程教学方法研究

张培荣　杜　劲　周婷婷

齐鲁工业大学(山东省科学院)机械工程学部

摘　要　在校(院)产教融合模式的推动下,基于虚拟仿真、思维导图、校企合作和课程思政多重模式,深入挖掘真实工程案例(加工或装配过程)中涉及的理论知识、课程思政点,以点及面,将对应的专业知识教学内容打散重构,重新形成一套以真实工程案例为需求导向的新教学体系。新教学体系注重知识点的横向和纵向联系,体现综合性,有利于提高学生综合运用理论知识解决复杂工程问题的能力。今后应继续优化本案例并增加新的案例,尤其应注重案例的先进性和前沿性,使综合案例的学习成为课程学习的有力跳板。

关键词　机械制造技术基础;产教融合;教学方法

1. 引言

齐鲁工业大学(山东省科学院)于2017年5月由齐鲁工业大学和山东省科学院整合组建而成,是国家"产教融合"项目首批建设高校。齐鲁工业大学(山东省科学院)汇聚山东省优质科教资源,实行校院合一的管理体制,打造科教融合优势特色,是山东省新型工业科技创新及人才培养领域的重要力量。目前,新技术的不断涌现和产业变革的不断加快,对具备强工程实践能力、强创新能力、强团队精神、强终身学习意识等素质的复合型人才的需求更加迫切[1-2]。学部充分发挥科教融合机制优势,围绕建设国内一流、国际有影响力的应用研究型大学的目标,构建了"产学研用"一体化、全链条的人才培养模式。在校(院)及学部建设推动下,课程建设应符合"产教融合"导向,全力建设健全新的教学体系,满足"新工科"复合型人才培养需求。

本文以综合案例为切入点,旨在打破传统的"旧工科"课程体系和教学内容,实现产教融合,将产业和技术的最新发展、行业对人才培养的最新要求引入教学过程,建成满足行业发展需要的教学资源,对加强学生对理论知识的系统掌握、提高学生分析解决复杂工程问题的能力以及启发创新思维具有重要意义。

2. 课程教学过程中存在的问题

(1) 课程特点和学情分析

"机械制造技术基础"是面向机械设计制造及其自动化专业本科生开设的一门专业基础课

程。该门课程将原有的"金属切削原理与刀具""金属切削机床""机床夹具设计"和"机械制造工艺学"4门课程融为一体,主要讲述:金属切削的基本理论,金属切削机床、刀具和夹具的基本知识,机械制造工艺规程和装配工艺规程制定、机械加工质量的分析与控制等知识。该课程具有教学内容与工程实践联系密切、课程知识覆盖面广、理论知识较为抽象、知识点多、综合性强等特点[3-4]。

根据培养大纲要求,"机械制造技术基础"课程开设时间为第五学期(大三上学期),该阶段学生实习实践开展相对较少,无外乎工程训练Ⅰ和见习实习,而生产实习、毕业实习等其他的集中实习实践环节均在课程结束之后方才开展。因此,学生对工程案例较为陌生,导致学生在课程学习过程中感觉概念较为抽象,而将具体知识点与工程实践相结合更是难上加难,其导致的最直接的结果是学生课程学习效果不佳,课程通过率更是不足75%。因此,亟须改变课程教学模式,提高学生的课程学习效果和应用能力。

(2) 师资力量和教学方法

目前,该课程任课教师已基本实现博士学历全覆盖。但是,任课教师由于缺乏实践经验,普遍以灌输式讲授为主,很少结合实际案例对相关理论知识展开论述[5]。在这种传统教学模式下,培养出的学生对知识点的掌握较差,不能对知识活学活用,缺乏独立思考能力和实践能力。案例教学是将理论与工程实践问题紧密结合,推进教学改革的重要手段[6-7]。目前,已有部分任课教师相继开展课程案例库建设等教学改革尝试,但所选案例大多为生产过程中的部分环节,且不同知识点选用的案例相互独立,缺乏对学生工程素养以及大局观的培养。常用的教学案例包含数控刀具磨损检测系统的原理和应用、滚齿机结构认知和传动链分析、钻床夹具结构认知与定位误差分析、精镗活塞销孔加工误差分析、航天薄壁结构件加工质量分析与控制等。这些案例表面上覆盖课程教学的重点和难点,但实际上只是单一地服务于某一教学内容,使案例库缺乏系统性和一致性。其根本原因在于教师在授课过程中普遍将教材目录作为授课顺序,在课程内容的基础上辅以工程案例,虽然在一定程度上加强了学生对理论知识的掌握,但难以实现对学生分析解决复杂工程问题能力、实践能力和创新能力的培养。

3. 课程教学改革模式

(1) 教学内容的选择与重构

面向不同工程领域搜集整理的相关工程案例,包括机械加工和机械装配两大部分。机械加工就是按照一定的工艺对工件进行金属切削加工,在对工件进行金属切削加工前需要制定加工工艺规程。工件在金属切削加工过程中会产生切削力,由此出现切削变形、切削热、刀具磨损等现象,这属于金属切削原理的知识范畴。对工件进行切削的过程中所用到的工具设备主要有刀具、机床、夹具等。检验经过金属切削加工后获得的零件是否合格,属于加工质量和加工精度的知识范畴。切削加工后得到的合格零件需要经过装配才能成为产品,属于装配工艺规程制定的知识范畴。

如图1所示,结合工程案例所涉及的加工工艺规程、装配工艺规程,梳理教学内容,整合基础知识内容,融入新技术、新产业相关内容,挖掘各知识点之间的显性及隐性关系,考虑其整体性和系统性,进行课程体系重构,实现知识碎片"穿糖葫芦"式的整合完善。

(2) 教学方法的改革与优化

① 虚实结合

将具体工程案例生成虚拟仿真案例库,实现工程案例可视化,加强可操作性。一方面,虚拟仿真技术可以突破时间和空间的限制,使学生创造性地体验机械加工或装配过程,更直观、

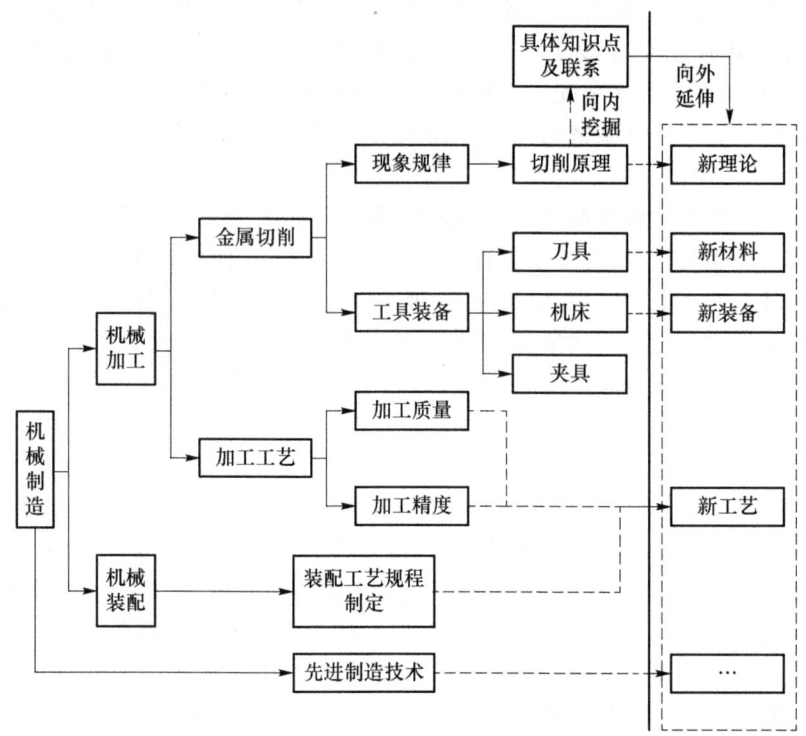

图1 "机械制造技术基础"课程体系重构方法

形象,有利于加深学生对知识点的理解和记忆。另一方面,虚拟现实技术提供的教学演示视频可反复使用,通过及时演示,加强学生对知识的融会贯通,提高学习效率。

② 构建课程模块思维导图

本课程案例采用综合案例,涉及多个章节的知识,体现复杂性和综合性,需要注重知识点的横向和纵向联系,目的在于提高学生综合运用理论知识解决复杂工程问题的能力。构建各课程模块的思维导图,有利于加强学生对理论知识的系统掌握,提高学生分析解决实际问题的能力以及启发创新思维,从而保障综合案例式教学的顺利实施。一方面,思维导图的构建可以帮助学生厘清课程知识点与工程案例的映射关系;另一方面,思维导图可以用于反向指导案例实际实施过程,分析解决实际工程问题,这对于进一步探讨产学研合作新模式、推进复合型人才培养具有重要意义。

③ 校企合作

加强校企合作,以合作促教学。第一,教师通过与企业开展相关合作,可以增加工程应用背景,进一步提高双师型教师比例;也可以从校企合作项目中提取素材,丰富教学案例。第二,学生通过到合作企业参观实习,可以实地感受金属切削加工和装配过程,加深对课程理论知识的深层次理解及应用;也可以利用已学的理论知识来解决企业技术问题。第三,邀请企业工程师进校开展学术讲座,开拓学生的学术视野,一举多得。

④ 课程思政

挖掘提炼课程知识点所蕴含的思想价值和精神内涵,将课程教学与品德教育、社会主义核心价值观有机融合,帮助学生树立正确的人生观、价值观和世界观,培养学生的科学思维和工匠精神。在课程教学中引入代表我国科技发展前沿的案例和制造业领域中的关键"卡脖子"问题,使学生了解我国制造业的发展现状以及与世界其他国家制造业发展水平之间的差距,彰显家国情怀,在教授专业知识的同时激发学生科技报国的爱国热情和使命担当,从而培养学生成为德才兼备、全面发展的社会主义人才。

(3)课程考核方式的改革与优化

改革课程考核标准,将案例讨论、课后拓展添加进课程考核,探索案例讨论和课后拓展的考核方式和合理占比,使课程考核成绩能反映出学生的独立思考能力和实践能力。

4. 课程教学改革方法应用举例——以二级同轴式减速器为例

二级同轴式减速器利用各级齿轮传动来达到降速的目的。其主要零件组成包括上下箱体、齿轮副、传动轴(阶梯轴)、轴承、密封件、端盖、定位销、螺栓、螺母等。除标准件和外携件外,企业主要生产内容包括传动轴、齿轮、上下箱体的机械加工以及装配工作。本示范例就围绕这几方面内容对课程体系进行重构,如图2所示。

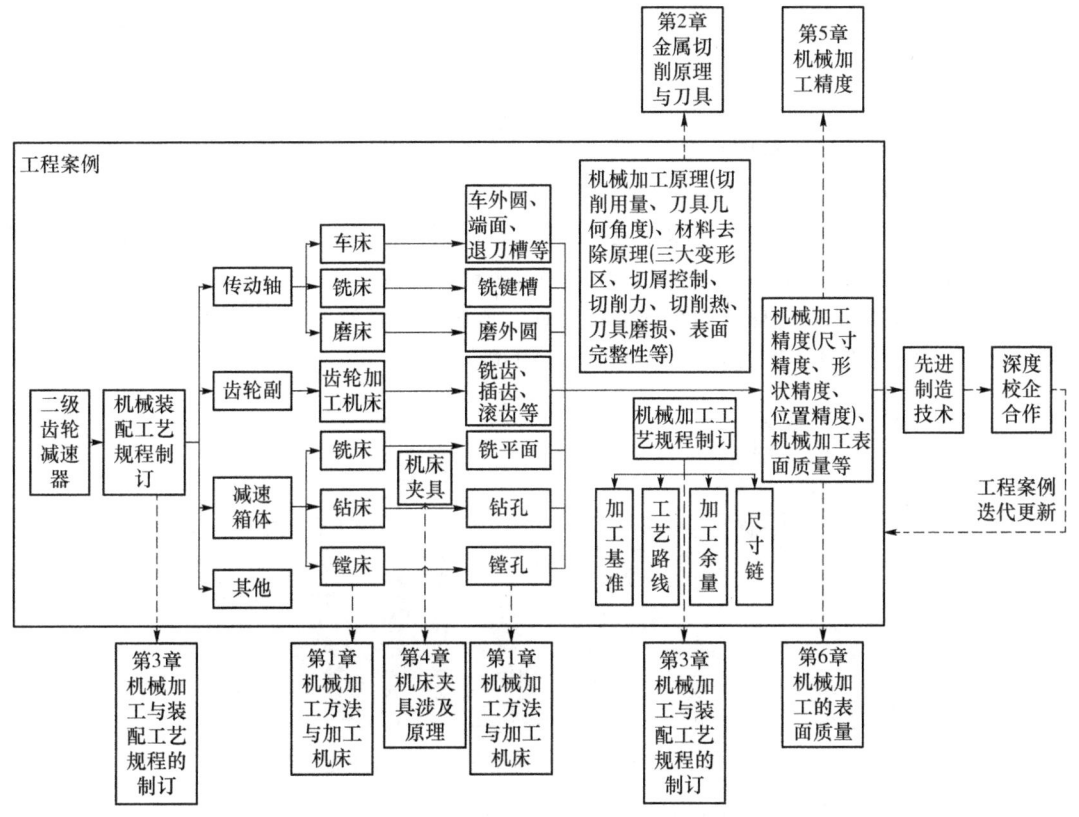

图 2　以二级同轴式减速器的零件加工及装配为例的课程重构

(1)课程知识点重构

围绕二级同轴式减速器主体结构,可以提炼出如下4个模块。

① 45#钢传动轴车削加工

教师针对45#钢传动轴的外圆、端面、退刀槽加工的工艺特点、加工精度要求和工件材料属性,联系刀具材料、结构和几何角度(机械加工原理)等基本知识点,引导学生从切削理论的角度去分析和选择刀具材料及其几何参数,制定机械加工工艺规程。结合金属切削原理,分析车削过程中所涉及的切削力、切削热、刀具磨损、表面质量等加工规律,进而改善切削加工性。结合先进制造技术,开发零件的高效、高质量加工新方法、新工艺、新手段,深化校企合作。

② 齿轮的加工

教师通过一个螺旋直齿圆柱齿轮的加工,引导学生认知滚齿机的结构、主要传动链和展成法工作原理,进一步延展到不同齿轮加工技术和适用范围对比。

③ 减速器下箱体的加工

教师引导学生分析减速器下箱体的零件图,审查零件的结构工艺性,确定毛坯,确定加工表面的成型方法,选择定位基准,安排加工顺序,选取加工设备及刀具、夹具,组合工序,最终拟定减速器下箱体加工工艺规程;根据减速箱体上孔的加工要求,合理选择加工机床和夹具,重点说明钻削与镗削在孔加工过程中的差异;结合加工精度和误差分析的教学内容,分析影响工件尺寸精度、形状精度和位置精度的工艺系统原始误差因素。

④ 减速器的装配

根据某型号二级减速器的技术要求,教师引导学生分析装配结构工艺性,明确各零部件的装配关系,确定装配方法,划分装配单元,明确装配顺序,设计工序内容,拟定该减速器的装配工艺规程。

(2)虚实结合

建设的二级减速器虚拟仿真案例库,应包含重构课程体系中的传动轴(阶梯轴)车削加工、齿轮加工、下箱体加工以及减速器的装配等环节,使学生能够充分认识加工或装配案例具体实施过程,达到从具体实施案例中提取相应课程知识点的目的。图3所示的阶梯轴的车削加工过程,涉及下料、安装、粗加工、半精加工、精加工、测量和检验等。学生通过反复操作和观看视频资源,可以客观地认识阶梯轴的车削加工过程。该虚拟仿真资源应在课前进行发布,并要求学生通过自主学习将其生产过程与课程知识点相对应。

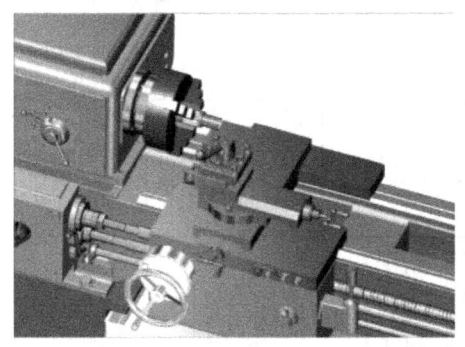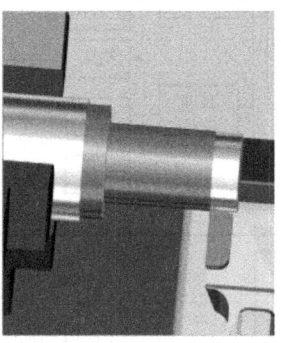

图3 虚拟仿真示例——阶梯轴的车削加工过程

(3)模块化思维导图的生成(以阶梯轴的车削加工为例)

结合虚拟仿真资源,生成相应模块的思维导图。如图4所示,阶梯轴的车削加工下设机床、夹具、刀具、机械加工的表面质量、机械加工精度、金属切削原理及机械加工工艺规程7个一级节点。图4中的各节点围绕教学大纲展开,满足人才培养方案中不同指标点的要求。其中,机床、夹具、刀具、金属切削原理4个一级节点对应指标点"3.1掌握机械产品设计、制造方法和技术,能够根据需求确定详细的设计目标,了解影响设计目标和技术方案的各种因素",机械加工的表面质量、机械加工精度、机械加工工艺规程3个一级节点对应指标点"1.3掌握机械工程领域专业知识,针对机电产品和装备的设计与制造过程中的复杂工程问题,能应用数学模型对解决方案进行比较与综合",夹具和机械加工工艺规程2个一级节点对应指标点"3.2运用工程基础和专业知识,通过类比、改进或创新等方式提出机械系统、零部件或生产工艺流程的解决方案,并体现创新意识",机械加工工艺规程一级节点对应指标点"11.1 掌握本专业工程实践所需的工程管理及经济发展的基本知识和决策方法,能够分析产品全周期、全流程的成本构成"。

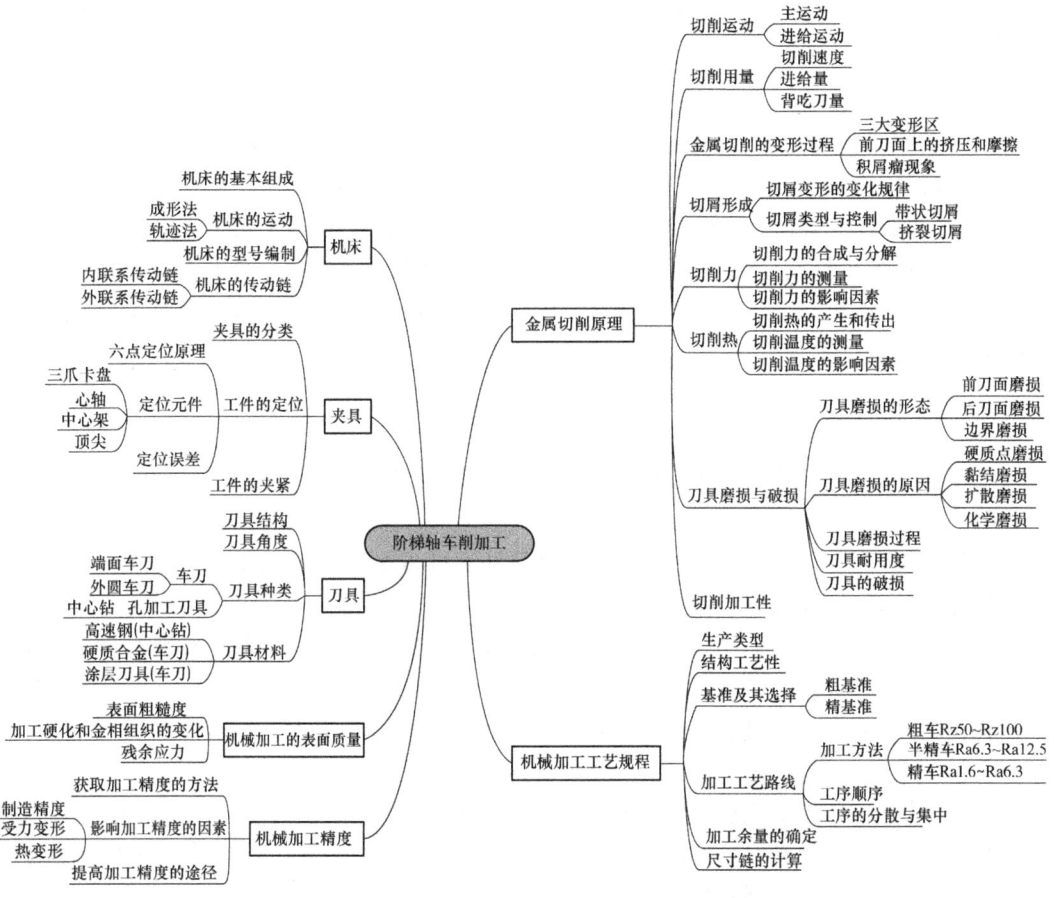

图 4 模块化思维导图的生成——阶梯轴的车削加工过程

（4）课程思政

依据机械设计制造及其自动化专业人才培养方案,"机械制造技术基础"课程应至少从马克思主义理论与方法、科学精神、科学思维和工匠精神四方面展开课程思政建设。

针对机床一级节点,教师可以围绕"中国制造 2025"展示近年来我国机床行业的发展成就（如重型和超重型机床的自主研制）,坚定学生学习的信心、激发学生学习的动力、强化责任担当;通过讲授机床的型号编制方法,强调爱岗敬业、诚实守信、素质修养等。针对夹具一级节点,教师通过讲授专用夹具设计,培养学生的创新创业精神;强调标准件的选用,突出遵守行业规范的重要性。

针对金属切削原理和刀具一级节点,教师通过讲授切削用量、刀具几何角度的选择原则,引入马克思主义唯物辩证法,辨识主要矛盾和次要矛盾,加强对学生辩证思维能力的培养;通过讲授刀具材料的发展历程,使学生充分认识到科学驱动和需求驱动作用;通过对比不同刀具材料的性能特点及加工适用性,教导学生在分析事物原因的时候应全面分析、取长补短、切忌以偏概全。此外,教师在讲授切削加工性时,要引导学生学会具体问题具体分析,将刀具几何角度、加工用量、刀具材料等有机结合起来。

针对机械加工工艺规程一级节点,凝练大国工匠精神,推荐学生观看《大国工匠》纪录片,学习一丝不苟、精益求精、无私奉献的大国工匠精神。围绕机械加工精度的选择及加工阶段的划分,教师引入量变与质变的哲学思想,进而强调脚踏实地、循序渐进的大国工匠精神。围绕零件加工工艺规程的制定,教师通过分析不同方案的优缺点,引入多角度、全方面分析问题的哲学思想。

5. 结束语

本文从一个具体的生产或装配过程入手,深入探讨该过程所需要的专业理论知识,再反馈到教学中进行相应的专业知识教学内容安排,将已有的教学专业知识结构打散,重新形成一套以实际生产或装配为导向,以案例为引入的新教学体系。新教学体系从工程生产活动中提取素材,涵盖零件的机械制造和装配两大方面,案例更加系统完整,一方面极大地促进了学生综合运用理论知识解决复杂工程问题的能力,另一方面有助于学生了解本专业相关领域的企业动态,开阔学生的学术视野。

参 考 文 献

[1] 杜彦斌."新工科"建设背景下机械制造技术基础课程改革探讨[J].中国现代教育装备,2018(13):38-40.

[2] 李聪波,林利红,汤宝平,等.新工科建设背景下机械制造技术基础课程建设探索[J].高等建筑教育,2020,29(2):23-28.

[3] 黄为民,杨俊茹,杨通,等.基于多元兴趣驱动的机械制造技术基础课程教学方法探讨[J].高教学刊,2021,7(35):74-77.

[4] 杨俊茹,王海霞,黄为民,等.基于开放型知识网络图的课程教学内容组织方法[J].科教文汇(中旬刊),2021(23):1-4.

[5] 王鹏.新工科背景下机械制造工程课程改革探讨[J].教育教学论坛,2020(36):191-192.

[6] 杜彦斌.工程案例在"机械制造技术基础"课程教学中的应用[J].重庆工商大学学报(自然科学版),2014,31(6):101-104.

[7] 詹友基,许永超,林志熙.基于专题案例的"机械制造技术基础"课程案例教学研究[J].教育教学论坛,2020(39):160-162.

新工科视角下"工程力学"课程混构教学模式研究与实践

宋 明 杜 劲 王 力 李安庆

齐鲁工业大学(山东省科学院)机械工程学部

摘 要 本文针对新工科视角下"工程力学"课程教学中存在的问题,提出了"工程力学"课程混构教学模式。该模式以真实工程案例为导入背景,以开放性问题为教学模块主体,进行没有唯一答案的开放式设计,以封闭性问题为支撑资源,为学生提供学习支持和引导,构建了开放与封闭相协调、自由与限制相统一的教学模式。教学实践结果表明,该模式可以理顺新工科视角下"工程力学"教学设计思路,提高学生参与课程的质量,促进工程力学课程教学成效不断提升。

关键词 混构教学模式;开放性问题;封闭性问题;工程力学;混合式教学

1. 引言

我国新工科建设进程持续推进,着力培养未来多元化、创新型的卓越工程人才[1-3]。这对高等学校工科类专业建设和人才培养提出了新的要求,也为传统工科类课程的发展指明了方向。

"工程力学"课程是很多工科类专业的基础性课程[4-5],其向前承接高等数学、大学物理等理论性课程教学成果,向后为机械设计、零件加工工艺等工程性课程传递基础知识体系,起到了关键的桥梁性作用。

2. "工程力学"课程现状

"工程力学"课程主要面向工业设计、高分子材料、林化工程等工科类专业开设。知识层面上,课程主要包括静力学模型分析、静力学方程求解、构件强度、刚度、稳定性设计及校核等方面内容。能力层面上,课程主要锻炼学生的初步工程实践能力、逻辑思维能力和团队合作能力。价值观层面上,课程要求学生能够贯彻系统化思维方式,执行工程伦理要求,将家国情怀、使命担当映射到实际行动之中。

传统"工程力学"课程教学存在以下问题。

(1) 对学生的力学建模能力关注不够

在"工程力学"课程教学中,学生需要掌握常见构件的计算公式、方法、思路,具备使用力学知识分析、设计、解决工程问题的能力。因此,课程需要为学生提供一定量的计算性问题,帮助学生锻炼分析和计算过程。碍于各种因素,传统工程力学课程教学中教师往往直接给学生提供经过抽象的力学模型进行理论学习、分析计算和应用探索[6]。这种题目距离工程实际环境较远,省略了将复杂工程问题转化为简单力学模型的分析和建模过程,导致学生在面对真实工程问题时不知所措,难以进行有效力学分析和建模,更难以提出实用性的解决方案。

(2) 课程资源与混合式教学形式不匹配

为了提高"工程力学"课程教学中的高阶性和挑战度,更好地开展教学活动,很多"工程力学"课程在实践中引入了混合式教学方法[7-10]。这种教学方法以线上和线下两种教学形式交替运行:在线上教学阶段中,学生通过各种教学平台学习课程配套学习资源,开展题目练习;在线下教学阶段中,学生通过教师提供的练习题,进行课程训练,帮助学生解决线上教学的问题,夯实知识体系,锻炼解决问题的能力。但是,课程相关的配套资源并没有针对混合式教学形式进行相应的优化,依然采用传统的力学问题进行计算训练,没有充分利用混合式教学形式所带来的教学便利,没有将线下教学活动导向更具高阶性、更具挑战性、更具创新性的方向。因此,学生在学习时依然抓不住重点,在接触真实问题时无所适从,不知道如何开始工作,不清楚以什么角度进行分析,更不熟悉怎么协调小组设计思路,推进设计进程。这种现状未能充分发挥混合式教学的潜力,在很大程度上影响了学生工程实践能力的发展,制约着以工程力学课程为代表的工科类课程的进步。

3. 混构教学模式

(1) 混构教学模式整体设计

针对上述问题,教学团队提出了"混构"教学模式。该模式基于课程教学原有的知识体系,以开放性问题构建教学模块核心,以封闭性问题组成相应模块的学习支架,其设计思路如图1所示。"开放性问题",即具有多种分析视角和最终结论的计算性或设计性问题,为学生提供自由的设计和研究情景。"封闭性问题",即具有唯一视角或者答案的计算性或设计性问题,为学生提供明确的"对与错"的判断标准,帮助学生练习概念和公式的基本使用方法。学生既能通过研究开放性问题,锻炼知识应用、环境评价、影响分析、完成设计等方面的能力,又能通过封闭性问题获得合理适度的学习支撑,保证学习活动顺利进行。

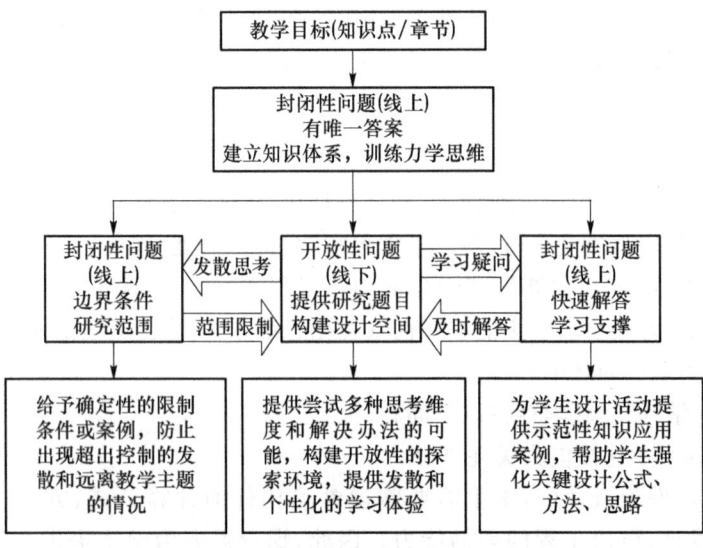

图1 混构教学模式设计思路

（2）开放性问题

开放性问题是教学活动的主线,关注课程和学生专业相关领域的知识、方法、思路和应用。其内容来源于真实工程问题,要求学生利用课程中学到的知识和能力决定构件结构、设计零件尺寸以及评价设计方案,锻炼学生的工程实践能力。开放性问题还可以延伸到相关的社会应用领域:分享科研的最新前沿、讨论热点社会工程问题以及分析行业领域的发展问题等。引入开放性问题不仅解决了学生力学建模能力不足、分析计算能力不佳的问题,还将教学活动延伸到了课程教材之外更广阔的空间,为学生带来了更多、更广、更深层的思考。其具有多种可以评价的解决方案和分析视角供学生自主选择:水平较高的学生可以选择挑战度较高的设计方案;水平中等的学生可以选择拓展应用型的设计方案;有待提高的学生采用夯实基础类型的设计方案。

（3）封闭性问题

封闭性问题是教学活动的辅助手段,包括两种类型。一种是按照课程知识体系依次构建的知识性题目,强化学生掌握的相关概念和知识,保证学生具有充分练习的机会。另一种是根据开放性问题构建的支持性题目,为学生提供边界控制、研究支撑、程度判断等支持。"边界控制",即构建明确的研究限制条件,限制开放性题目的研究范围,让学生的研究主线聚焦在教师设计的研究目标点上。"研究支撑",即为学生提供具体公式的分析和应用案例,在开展开放性问题研究的过程中,帮助学生解决难点问题,将研究和设计进行下去。"程度判断",即提供往届学生作品中的优秀案例,引导学生思考优秀设计的特征,帮助学生提高分析和设计水平。

4. 混构教学模式的教学实践

教学团队在工业设计专业大二年级的"工程力学"课程教学班中进行了教学实践,课程以线上、线下混合式教学形式展开,使用以"混构"教学模式设计的关键环节和相关配套资源。教学团队构建了由 12 个开放性问题和 110 个封闭性问题组成的案例库,该案例库覆盖了课程全部重要章节的案例。在课程教学中,针对一个教学阶段,在线上教学平台上提供教学团队开发的教学视频、练习题库和课外拓展资源,让学生按照时间要求完成相关线上学习;为学生布置线下见面课的预习任务,讲解开放性问题的内容、要求、配套资源,帮助下学生厘清学习任务。然后,为学生提供充分的小组研究机会和时间:针对内容较多的开放性题目,要求学生课下开展小组研究活动;针对内容较少的开放性题目,在线下见面课上进行小组研究活动。在此过程中,通过线上教学平台提供支持性题目,帮助学生完成研究活动,教师积极跟进小组运行进度,提供相应的指引;然后开展小组结果分享活动,促进高阶思维活动的成果固化,为学生提供学习评价,完成学生工程实践能力发展闭环。

以教学中的"拉压杆问题"章节为例,改革前和改革后实施过程的对比如表 1 所示。在课程线上教学阶段,学生按照要求学习拉压杆相关知识点,并完成配套练习题,打下深入研究的知识基础。在线下课程中,教师参照线上学习数据,强化课程的重点和难点问题;提出引导性案例振华重工龙门吊的设计示例,帮助学生理解真实工程上拉压杆的常用形态和分析思路;为学生讲解经过适当简化的开放性问题"倾斜支撑结构设计",并要求学生以小组为单位研究、设计结构并提出最终的设计方案。

在小组研究中,学生先学习教师提供的具有明确"优与劣"判断的设计示例（封闭性问题）,建立设计研究的边界;其次开展小组内的头脑风暴,创建多种可能实现需求功能的结构;再次参照配套给予的代表性计算示例（封闭性问题）,分析和计算现上述设计方案,提出关键零件的设计参数,并提出小组最终设计方案;最后在见面课上以小组为单位进行分享,由其他小组对设计结果进行现场分析和评价。每位学生在课后进行纸面设计总结,促进高阶学习经验的固化。

表 1 传统教学模式与混构教学模式对比示例

对比	传统教学模式	混构教学模式
任务对象模型	10 kN ← A — 30 kN → B — 20 kN C（封闭性问题）	两端或中间带有销钉孔的直杆；销钉；10 kN 载荷；1 m×1 m 铰接支撑结构。要求:1.只能用直杆;2.只能用铰接;3.稳定的撑住载荷;4.有正向竞争力;5.限制时间内完成。材料性能:$[\sigma]$=160 MPa;$[\tau]$=80 MPa;G=77 GPa;E=200 GPa;（开放性问题）
线上教学设计要求	学习拉压杆公式和计算方法；设计在载荷作用下不发生破坏的杆件	1. 学习利用拉压杆公式和计算方法设计构件的思路; 2. 利用线上教学资源,尝试进行简单构件直径设计和计算 1. 设计支撑住载荷的结构及零件关键参数; 2. 详细描述并证明该设计方案存在的优点
项目路径	使用强度条件公式计算杆件的直径范围(封闭性问题)	1. 学习项目配套知识及示范性案例;(封闭性问题) 2. 开展头脑风暴,对可以满足"支撑住载荷"的可能设计方案进行构建; 3. 分析不同设计方案的评价标准;(封闭性问题) 4. 参考提供的示范计算材料,采用学过的力学公式如平衡方程、拉压杆强度条件、刚度条件、稳定性条件等进行评价;(封闭性问题) 5. 小组推选学生在见面课上对设计的思路和评价结果进行分享,对其他小组反驳意见进行回应; 6. 以小组为单位课后提交设计的优化方案,对经验和心得进行巩固
学生收获	了解强度条件公式的使用方法	1. 对评价构件是否正常工作的评价标准产生形象认知,如强度条件、刚度条件、稳定性条件等; 2. 产生利用力学设计知识进行具有挑战度的创新活动经验; 3. 能够对不同设计方案的优点和缺点进行评价; 4. 能够对设计方案进行具有说服力的阐述; 5. 熟悉开展自我剖析和总结提高的过程; 6. 熟悉团队合作及项目进度控制方法

经过4个学期的教学实践,相关教学数据和反馈信息表明,混构教学模式提高了课程配套资源与混合式教学形式的匹配程度,提升了学生针对工程问题的力学建模能力,深化了混合式

教学形式中的线下见面课互动层级,提高了课程的高阶性、创新性和挑战度,改善了混合式教学中小组项目运行情况。经过一段时间的教学实践,教师发现学生到课率明显提升,参与课程互动的积极性明显提高,小组的设计方案更加完善,有的小组甚至使用有限元仿真等技术手段对设计结果进行了更深层次的分析和优化。整体上看,教学改革之后,学生针对工程问题的分析和计算能力显著增强,课程教学质量明显提升。

5. 结束语

本文基于新工科视角下人才培养需求,构建了"工程力学"课程混构教学模式。该模式以真实工程项目作为引导案例,构筑了工程案例分析情景,以开放性问题为主体,建立了具有多种分析视角和设计方案的小组研究题目,以封闭性问题为支撑资源,设置了符合学生学习习惯和水平的教学支架。该模式体现了针对混合式教学形式下相关课程配套资源的建设思路,构建了既具有充分自由度又具有合理支撑性的"工程力学"课程环境。4个学期的教学实践结果表明,该模式可以适应新工科视角下人才培养需求,拓宽课程设计思路,回应学生学习需求,提高"工程力学"课程教学质量,可以为工科类课程教学改革提供有益的参考。

参 考 文 献

[1] 陆国栋,李拓宇.新工科建设与发展的路径思考[J].高等工程教育研究,2017(3):20-26.
[2] 钟登华.新工科建设的内涵与行动[J].高等工程教育研究,2017(3):1-6.
[3] 夏静芬,唐力,芦群,等.基于新工科的混合式分层教学设计与实践[J].高教学刊,2022,8(18):54-57.
[4] 张旦闻,王荣先.机械工程力学实践教学改革尝试[C]//北京力学会第二十五届学术年会会议论文集,2019:884-885.
[5] 潘晶雯,姜广绪,陈颖,等.工程力学课程实验环节考核方法的研究[J].机械设计,2018,35(S2):350-353.
[6] 段静波,张悦,徐步青.国内一流大学工程力学本科专业课程体系比较研究[J].高教学刊,2023,9(8):35-38.
[7] 周卉,徐琳,孙云.基于BOPPPS模式的会计类课程混合式教学优化研究[J].高教学刊,2023,9(3):111-115.
[8] 闻剑飞,王志红,邵梦霓.线下与线上混合式教学一体化设计与实践[J].忻州师范学院学报,2023,39(2):115-120.
[9] 王攀,李磊,周长聪,等.面向力学专业背景的可靠性工程课程混合教学模式改革探索[J].高教学刊,2022,8(14):126-129.
[10] 朱娟.基于BOPPPS教学模式的线上线下混合式教学方法研究——以"电子线路CAD"课程为例[J].工业和信息化教育,2023(5):64-69.

第11章 人才培养与师资队伍建设

基于科技竞赛的高校创新人才培养的探索与实践

李梦丽 高立营 吕月霞 宿艳彩 杜 劲

齐鲁工业大学(山东省科学院)机械工程学部

摘 要 科技竞赛作为实践教学体系中的重要组成部分,对创新型人才培养具有极其重要的意义。本文介绍了我院积极引导推动科技竞赛、建立学生比赛传帮带体系以及设立创新实验室,从而促进学生参与科技竞赛,培养了学生的自主学习能力、工程实践能力,提高了学生的团队协作、创新思维能力,间接促进了学生的就业以及提高了就业单位的满意度。实践证明,科技竞赛在创新型人才培养方面具有重要作用。

关键词 学生竞赛;人才培养;高校创新

1. 引言

党的十九届五中全会指出,面向经济社会发展特别是构建新发展格局需求,加快推进"双一流"建设,优化教育结构、学科专业结构、人才培养结构,加强创新型、应用型、技能型人才培养。[1]创新人才培养是国家和社会对当今高等教育的新期待和新要求。以学生科技竞赛育人为基础的实践教育作为创新教育的特殊形式和有效载体已逐渐被认同[2]。科技竞赛是通过参与竞赛使学生达到理论与实践结合,培养学生创新创造能力、实践能力等综合素质的教育方式。科技竞赛越来越受到国家的重视,国家在政策上鼓励高校组织学生积极参与,学生参与竞赛的成果也作为展示高校教育教学水平的形式之一[3]。

科技竞赛是培养大学生创新思维能力、团队合作精神、解决问题方法和动手实践能力的重要手段[4]。科技竞赛可激发大学生的兴趣和潜能,是人才培养模式改革创新的重要建设内容。科技竞赛已成为高校教学的重要组成部分[2]。通过使学生参与各类科技竞赛活动,充分调动大学生的创新设计意识和专业学习兴趣[4]。通过实践技能训练、科技作品设计等方式,在公

基金项目:齐鲁工业大学(山东省科学院)2019年教研项目(编号:2019yb41);齐鲁工业大学(山东省科学院)2020年课程专项改革项目(编号:kczx202025);齐鲁工业大学(山东省科学院)2020年校级教研项目(编号:2020yb21)。

平、公正、公开的特定规则下开展的竞赛活动对于创新人才的培养效果明显[2];既能引导学生发现问题和产生创新冲动,又能使大学生开阔眼界、增长见识,对大学生的实践动手能力、团结协作精神以及创新思维等的培养起到积极有效的促进作用[4]。参与高水平的竞赛可以培养出富有实践能力和创造能力的创新型、应用型、复合型优秀人才,是培养大学生创造精神、团队协作能力和实践能力的重要途径[3]。

2. 科技竞赛育人方式探索

科技竞赛是在紧密结合课堂教学或新技术应用的基础上开展的课外科技活动,是培养学生创新能力的有效载体,是激发其创造力的有效方式。通过组织学生参与科技竞赛、开展课外科技活动等,引导大学生自我发展,调动学生学习和认知的主观能动性,实现专业学习和训练[2]。在"以赛带练、以赛促学"的基础上完成创新型人才的培养。

我校非常重视组织大学生参与各项科技竞赛,机械与汽车工程学院也多举措促进广大学生参赛。以科技竞赛为抓手,借助这一有效载体对大学生进行创新创业教育,激发学生的创新意识,促进学生创新能力的形成,从而为学生的专业创新和全面创新奠定基础[6]。

(1) 赛前动员,鼓励更多学生参与

赛前面向低年级学生进行充分宣讲,或者通过教师和高年级学生广泛宣传各项竞赛活动,扩大大学生的参与面,鼓励和引导大多数的同学参与其中,让更多的学生从中受益。省级和国家级竞赛通常先在学院、学校举行初赛,使竞赛覆盖到大部分学生,让绝大部分学生都有参与和锻炼的机会,打破参与科技竞赛的人数限制;初赛中选拔出的优秀学生和团队参与更高级别的科技竞赛[7]。学校支持鼓励学生广泛参加各级各类科技创新竞赛、创新创业大赛,注重参赛人员的广泛性,使竞赛育人由点到面、辐射大多数。

(2) 充分发挥传、帮、带作用

学生之间的互相学习对于学生专业知识、技能以及各项能力的成长至关重要。高年级学生在参赛过程中,知识、能力和心理等得到了充分的锻炼,积累了丰富的经验。本科生参与学生竞赛活动,学生自己组成项目小组,以团队形式设计实验方案,在指导教师的帮助下完成项目构思、实物模型或实验测试、项目结果总结。鼓励大一学生参与到项目中来,鼓励大二、大三年级的项目带上大一的同学,让大一学生在团队的密切交流和合作中得到学习,使得科技竞赛和创新项目训练经验在不同年级学生中产生良好的传承,发挥传、帮、带作用。

(3) 教师认真指导

学院的大部分教师都参与到指导学生科技竞赛中,对学生进行认真指导,帮助大学生分析各个项目的研究意义、研究方向、研究目的、研究过程及研究方法等,促进大学生知识、能力、素质的全面协调发展,为大学生创新能力的激发与培养提供一个探索实践的良好氛围和空间[4]。

(4) 设立专门的创新实验室

学院专门设立创新实验室,面向学生开放。一般从大一下学期开始,学生便可以在课余时间进入实验室,参与高年级学生的竞赛活动,或自带项目进行研究,或参与老师的课题项目。学生常驻实验室也方便师生以及不同年级同学进行交流,激发学生的新思路、新想法,让学生按照自己的创新思路进行设计和探索。这项措施不仅能给大学生实施创新项目及参加各种赛事提供研究、活动场所,还能给学生提供培养创新实践能力的时空必要条件,充分调动大学生学习的主观能动性,让实验室真正成为大学生创新实践能力培养的好场所[4]。

3. 科技竞赛在创新人才培养中的实践成果

（1）促进优良学风形成

通过学生科技竞赛活动的深入训练,强化了学生严明的组织纪律性、周密的逻辑性、严谨的科学态度和蓬勃的创业热情,显著提升了学生的自律素质。通过竞赛育人工作,为优良的学风建设打下了坚实的基础。竞赛使学生学习兴趣浓厚、学习能力提高,学习效果明显,产生较大的影响力,在校园里营造了浓厚的学习氛围,形成了浓厚的学习气氛和优良的学风[2]。

（2）培养自主学习能力和工程实践能力

科技竞赛内容通常涉及多个学科的内容。参赛学生在实践过程中会对学过的知识加深理解并完成实践,对未学或者其他专业的课程内容自学并完成实践。在完成比赛的时候,参赛学生的学习能力、实践能力等均有较好的提升。竞争所带来的动力,激发出了大学生自身强大的学习、实践主动性,对其自信心、学习实践能力等综合素质的提升起到了良好的促进作用[5]。

（3）提升综合素质

科技竞赛在一定程度上在大学校园内部模拟出了校园外部社会环境中的部分实际情况,它要求参赛同学根据自己的实际情况安排工作计划、学习内容,独立分析问题、解决问题,因此竞赛具有一定的实际工作的性质;同时,竞赛的客观性、偶然性以及竞争性所产生的压力和动力等因素,也接近大学生毕业后面对的社会竞争环境的特点[5]。学生在构思结构、购买元器件、搭建模型、准备海报展示、比赛答辩等环节中,团队协作、解决实际问题、口头表达、书面报告等各方面能力和素质都得到了极大的提高。对于学生来讲,学生获得科技竞赛奖项后可以加素质拓展分,可以说有多重收获。

（4）培养创新能力与团队合作精神

以赛育人模式提升了学生的创新实践能力。随着竞赛的进行,从选题、制定方案、实施,以及团队成员对方案或设计的不断推翻到改进,学生经历将专业知识、能力、素质融入实践—认识—思考—创新这样反复循环的过程,逐步形成发散性思维,学生的创新思维、创新能力和热情及团队合作精神有了较大的提升[2]。

学生在参赛过程中会充分体会到团队合作的重要性。小组成员要齐心协力,充分发挥集体的智慧,相互配合、团结协作。学生在参与竞赛的过程中,开阔了视野,提高了自身的专业能力,把理论知识转化为实践,培养了自身的创新能力[3]。

（5）促进就业

学生综合素质的提高促进了学生的就业并提高了就业单位对学生的满意度。我校学生主要在山东省内就业,符合院校主要服务于本省制造业的培养目标。用人单位对毕业生评价较高。毕业生和用人单位跟踪调查结果显示,用人单位反映我校毕业生的专业和知识储备非常充足,认为我校人才培养质量较高,能满足用人单位实际需求,用人单位对我校学生综合素质满意度较高。用人单位普遍认为,我校毕业生素质过硬、基础扎实、作风勤勉、善于实践、勇于创新,具有良好的敬业精神和优秀品质。因此,鼓励学生参与科技竞赛达到了"以赛促教、以赛促学、以赛促管、以赛育人"的效果,提高了学生的综合素质及就业质量,有效提升了毕业生的就业竞争力[2]。

4. 结束语

综上所述,学院和专业通过多种方式引导并组织学生参与到竞赛中;通过竞赛培养了学生的自主学习和工程实践能力,提高了学生的综合素质,促进了就业,提高了就业单位对学生的满意度。竞赛育人模式使学校培养出一批具有创新创业意识、在知识和动手能力诸方面具有较强竞争力的创新型人才,是创新型人才培养的一种有效方式,有利于高校的质量建设与长远发展。

参 考 文 献

[1] 中国共产党第十九届中央委员会第五次全体会议.中共中央关于制定国民经济和社会发展第十四个五年规划和二〇三五年远景目标的建议[EB/OL].(2020-11-03)[2021-01-02].http://www.gov.cn/zhengce/2020-11/03/content_5556991.html.

[2] 边伟,张惠.基于大学生竞赛的创新人才培养模式研究与实践——以西京学院为例[J].现代营销(创富信息版),2018(10):198-200.

[3] 霍楷,赵晨旭.高校学科竞赛创新育人模式的探索与实践[J].湖南包装,2019,34(6):123-125.

[4] 陈中.理工科大学生创新实践能力培养的路径探究[J].教育理论与实践,2016,36(15):24-26.

[5] 杨珏,张文明.以科技竞赛为载体提升大学生创新实践能力[J].中国高等教育,2014(20),30-32.

[6] 刘星萍,肖中俊.大学生科技竞赛在创新应用型人才培养模式上的启示[J].高教学刊,2016(14):200-201.

[7] 付雄,陈春玲.以科技竞赛为载体的大学生创新能力培养研究[J].计算机教育,2011(6):29-31.

"新工科"背景下高校"三全育人"人才培养模式的改革与实践

孙玉晶　杜　劲　冯益华

齐鲁工业大学(山东省科学院)机械工程学部

摘　要　开展"新工科"背景下"三全育人"建设研究属于工程科技人才培养模式的改革与实践,通过构建基于科学合理交叉融合的多学科课程体系,搭建"新工科"背景下的创新人才培养实践平台,改革评价考核机制,提升人才培养质量,逐步推动将课堂教学、创新导向、结合实践、自主学习融为一体的多学科教育体系的建立健全,实现人才培养质量的进一步提升。

关键词　新工科;三全育人;学科交叉;创新创业

1. 引言

在全国教育大会上,习近平总书记指出,"培养德智体美劳全面发展的社会主义建设者和接班人,加快推进教育现代化、建设教育强国、办好人民满意的教育"[1]。中共中央、国务院《关于加强和改进新形势下高校思想政治工作的意见》文件中明确提出,坚持全员育人、全过程育人、全方位育人(以下简称"三全育人")[2]。

坚定地以习近平新时代中国特色社会主义思想为指导,紧紧围绕立德树人根本任务是"三全育人"综合改革工作的总体目标。坚持和加强党对高校的全面领导,以理想信念教育为核心,在以社会主义核心价值观为引领的前提下,充分发挥中国特色社会主义教育的育人优势,以全面提高人才培养能力为关键,切实提高工作的针对性,突出重点、强化基础、落实责任、建立规范,一体化构建内容完善、标准健全、运行科学、保障有力、成效显著的高校思想政治工作体系,使思想政治工作体系贯通学科体系、教材体系、教学体系、管理体系,形成全员育人、全过程育人以及全方位育人格局[3]。

围绕这些目标要求,立德树人便是高校的根本任务。但需要同时注意文化知识教育和思想道德教育以及社会实践教育的有机结合、高效融合,力争把思想政治工作贯穿教育教学全过程和各环节,形成包含教书、实践、科研、服务、管理、文化的全方位、广空间、高效率的长效育人机制[4]。

基金项目:齐鲁工业大学(山东省科学院)校级教研项目——《互换性与测量技术基础》课程线上线下"翻转课堂"混合式教学模式研究与实践(编号:2020yb19);齐鲁工业大学(山东省科学院)校级教研项目——基于OBE的"机械工程测试与控制技术"课程体系建设与探索(编号:2019yb42);山东省研究生教育教学改革研究项目——山东省专业学位研究生教学案例库建设项目(编号:SDYAL19122)。

习近平总书记自党的十八大以来已经多次指出,在未来几十年,面对新一轮产业变革和科技革命的趋势,我国的经济将与其交汇融入、协调促进。其中,工程技术特别是先进科技进步及技术创新将成为推动人类社会发展、经济快速提升、国家进一步富强的重要引擎[5]。2016年,"新工科"这一概念被提出,教育部积极组织高校进行深入研讨,形成了"天大行动"和"复旦共识"。显然,"新工科"是在全球不断发展的新科技、新产业以及新经济环境下,基于新一轮工程教育改革的重大举措[6]。

基于"新工科"构建理念,交叉与融合是工程创新人才培养的着力点。而在目前大多数的高校中,多学科交叉融合还未引起足够的重视,或者还未形成有效的教学实践体系。以齐鲁工业大学(山东省科学院)为例,每年各个学院参加千余项科技创新创业比赛,但绝大多数在自己的学科范围内,并未实现学科之间的交叉融合,不利于高水平成果的产生,也未真正实现"三全育人"。基于此背景,本文运用"三全育人"理念实现"新工科"的发展建设事宜,以多学科交叉融合思想为基础,以校企合作作为起点,建立校企合作的多学科交叉创新创业课程和实践体系,实现协同育人机制[7],并进一步复制和推广该体系,积极吸引社会资源投入到多学科交叉创新创业人才培养的体系中。在"新工科"建设背景下,构建多学科交融的科学合理的课程体系,以培养学生工程能力为核心,提升实践实验平台,优化考核考察机制,同时完善多学科交叉融合、协调推进创新育人培养模式,实现"新工科""新时代"背景下工程技术人才综合能力和工程创新素质的提升。

2. "三全育人"全员育人理念与"新工科"项目的融合

加强学生创新开放实验室建设,建立多学科交叉开放型实验室。利用齐鲁工业大学(山东省科学院)工程训练中心平台,引导设立各类专业实验室、创新实验室、虚拟仿真实验室、训练中心和创业实验室,促进实验教学平台的实时共享。建立健全学校科技创新资源,并实现向全体在校生实时全面开放,促进全校不同学科的教师与学生之间的相互融合。积极组织学生参加各类创新创业竞赛,建设多学科交叉赛学互促平台,制定赛事实施方案,开展基于实践的高校大学生创新创业技能竞赛。举办校内创新创业大赛和各类创意设计、科技创新、创业计划等专题竞赛,组织以多学科交叉为主题的科创竞赛,选拔优秀作品参加全国"挑战杯""互联网+""创青春"等标志性大赛。建立创新创业导师库,聘请校内外教授和优秀企业家担任学生创新创业导师,指导学生创新创业实践和竞赛。以创新训练项目为例,由教务处牵头,鼓励全体教师积极参与,调动在校师生申报"大创项目"的热情。学校通过初审和复审等环节推荐出优秀项目进行立项,针对项目具体实施内容,提供经费并全程督促推动项目的顺利进行,鼓励论文、发明专利等成果的积极申报,实现鼓励组织申报,提升参与热情,推动成果产出,整个过程体现了"新工科"项目的全员育人。

3. "三全育人"全过程育人理念与"新工科"项目的融合

第一,建设多学科交叉项目孵化转化平台。依托大学城科技园和企业,建立多学科交叉项目孵化转化平台,对学校内产生的高水平成果予以支持和孵化。第二,构建多学科交叉校企合作创新创业教育实践平台。与学院资深合作单位共同建设大学生创新创业实践基地,建设创新工场、创客中心、创业基地、创业大本营等模式培养基地,为学生提供固定的创新创业场所。第三,结合当前大学生的主动学习能力进行培养。基于指导教师的领路作用,在"新工科"项目的实施过程中,学生们可实现创新实践全过程的锻炼,并能及时发现短板,结合指导教师的经验,优化实践过程的各个环节,掌握创新思维的应用技巧和基本方法,从而明确自己的学习目标,认识学习短板,争取学习成效,并提高团队协作意识。

4. "三全育人"全方位育人理念与"新工科"项目的融合

与企业合作开展多学科交叉融合的创新创业教育课程体系。开展多种形式的创新创业训练,主要包括多学科交叉通选课程、课外实验(开放实验)、学术报告(沙龙)、创业实践(经营)活动等。鼓励学生通过科研立项、高水平学科竞赛(国家级优先)、科研学术论文以及发明专利等途径获得学分。基于此,学校可以通过建立学科交叉课程体系知识图谱,教授多学科理论知识,延伸专业课学科内容,探讨跨学科学生课程互选、学分互认机制,尝试开办创新创业实验班以及商业实践项目、创新创业训练计划项目、职业规划设计等课程和活动,培养学生的综合能力。根据学生潜质培育各类创新创业团队,围绕交叉学科的最新理论与实践探索新的研究课题。开展关于多学科交叉创新的全校通选课,聘请不同学院的教师与企业专家进行联合授课。设计多学科交叉的课题,并以课题为导向培养各学科本科生的多学科交叉融合意识,鼓励不同学科本科生之间加强交流合作。上述工作策略能让学生对未知领域积极探索,从而实现学生多学科、多经纬度能力的有效培养,促进学生的全面发展,达到了全方位育人的目的。其具体内容包括:培养学生捕捉创新点和总结归纳的能力;培养学生积极全面分析问题并解决问题的能力;培养学生处理人际关系的能力;拓宽学生的知识面;提高学生掌握全局的能力。

"中国制造2025""一带一路""互联网+"等重大发展部署,对工程科学科技人才的培养和锻炼提出新的挑战,特别是面对新技术和新产业为代表的新经济体的迅猛发展,亟需新型的复合工科技术人才[8]。为进一步深化工程教育改革,提升工程技术人才的能力,国家适时提出"新工科"建设。但是"新工科"属于交叉学科范畴,基于多学科、广维度、宽口径的能力融合与协调[9]。现阶段高校培养的工科技术人才已经满足不了新技术、新产业、新经济体的发展需要,所以亟须更新工科技术人才的培养机制。因此,开展"新工科"背景下多学科交叉融合的创新创业课程体系建设研究属于工程科技人才培养模式的实践与改革,能够稳固构建科学合理的多学科交叉融合课程体系,健全"新工科"背景下的创新人才培养实践平台,优化评价考核机制,以促进人才培养质量的提升,逐步建立健全创新导向、自主学习、课堂教学、落实实践融为一体的多学科交叉创新创业教育体系,使学生的创新精神、创业意识和创新创业能力显著增强,人才培养质量进一步提升,显著提高学生投身创业实践的积极性。

5. "新工科"背景下高校"三全育人"人才培养模式对教育工作者的要求

推进"三全育人"工作纵深发展关键在于破题落地,要推动工作理念由管理本位向学生本位转变,紧紧围绕学生的成长成才进行顶层优化设计,围绕学生的品德培养、学识提升、能力造就、素养拓展来完善培养体系,培养德智体美劳全面发展的社会主义建设者和接班人;要推动全员育人职责到岗,全员是"三全育人"的基础;要进一步明确育人岗位职责、夯实育人主体责任、探索建设不同岗位的育人渠道、挖掘不同岗位的思政要素,全面提升全体教职医务员工的育人意识和育人能力;要推动全过程育人工作到家,全面梳理工作"到家"与"不到家"的标准,确保辅导员各项工作制度全面落实,确保思想政治教育队伍稳定、待遇落实、职责到位,育人工作覆盖全体学生;要推动全方位育人协同到位,充分发挥家庭、学校、社会等各类育人主体和网络、文化等各类育人载体的作用,加强师德师风建设,全面加强党建对"三全育人"工作的领导,发挥学校党委、校区工委、学院(培养单位)党委的推动作用、党员的先锋模范作用、党支部的战斗堡垒作用,加强各级党组织对"三全育人"工作的统筹引领,协同推进一校三地育人工作成效提升。

6. "新工科"背景下高校"三全育人"人才培养模式对高校的要求

首先要凝聚共识,明确"三全育人"工作的重要意义。"三全育人"建设工作是党和国家的需要,是学校高水平、高质量建设的需要,是学生个人成长成才的需要,各部门、单位要提高站位,充分认识这项工作的重要性,加快进度,全面启动"三全育人"建设。其次要落实到位,不断提升"三全育人"工作实效。各部门要结合实施方案内容,制定配套方案,推进举措落实,做到定准目标、关注过程、明确任务、落实有依。最后要抓好主线,推动形成强大合力。结合工作任务落实,线上线下密切配合,形成"党委统一领导、党政齐抓共管、职能部门组织协调、二级单位具体落实、全校各方积极参与"的"三全育人"工作格局。

7. 齐鲁工业大学(山东省科学院)"三全育人"人才培养举措

作为山东省课程思政研究中心牵头建设单位,齐鲁工业大学(山东省科学院)认真落实国家教育部门相关文件要求,围绕立德树人根本任务,加强德育内容与学科专业课融合渗透。引导相关教师进行课程的德育培育,构建了包括1个领导小组、2个指导文件、3类德育课程的"123"课程思政工作体系,强化知识传授、价值引领、能力培养"三位一体"的教育教学目标,推动实现知识体系教育与思想政治教育的有机统一,并取得了一定成效。

近年来,齐鲁工业大学(山东省科学院)大力推动以"德融课堂"为目标的课堂教学改革,梳理思想政治教育元素和思想政治教育功能在各门专业课程中的体现,形成了线下"123"课程思政工作体系和线上"3+X"课程思政工作模式,通过评选"德融教学"好教师、"德融教学"好教案、"德融教学"好课堂,及时总结提炼课程思政建设的新成果、新经验、新模式,打造了一批课程思政金课,使专业课教学更有温度,大大提升了专业课教学的吸引力和感染力。"德融课堂"作为一项促进立德树人的创新实践,以课堂为载体,积极推进教书与育人相统一,着力打造"三全育人"新格局[10]。

"三全育人"思政教学改革措施的不断实施与改进,落实了立德树人根本任务,以社会主义核心价值观为根基,深入挖掘提炼各类课程所蕴含的思政要素和德育功能,弘扬传统工匠精神、科学家精神、乐于奉献精神、家国情怀和社会责任感等,明确教学内容中的思政要素及其切入点,增加实例说明,将时代的正能量引入课堂,激发学生的中国智造自信。"德融课堂"已然成为齐鲁工业大学(山东省科学院)的"育人密码",并得到了广大学生的好评。2020年年初,应新冠疫情防控工作要求,学生们无法返校同聚在课堂里进行线下学习,校(院)反应迅速,立刻部署,开展线上课堂,保证了学生"停课不停学"。新学期线上第一讲便是由校(院)党委书记为学生们上的"云端战'疫'思政课",鼓励学生们认真学习"战'疫'英雄"的奋斗精神,在新冠疫情大考中强化"青年担当",厚植家国情怀,增强爱国意识;勇担社会责任,坚定理想信念;提高科学素质,勇于砥砺奋进;提升文明素养,加强品德修养。新冠疫情防控期间,校(院)通过同时展开线上培训、教学督导、典型示范,从三方面引导教师进行个性化探索,形成多效融合的"3+X"线上课程思政工作模式,把思想引导和价值观塑造融于每门专业课程之中,满足各类课程与思政理论课同向同行、协同效应的总体要求。

8. 结束语

本文以"新工科"为基础,基于"三全育人"理念,建立校企合作的多学科交叉创新创业课程和实践体系,并以校企合作作为起点,探索建立校企、校校、校地、校所以及国际合作的协同育人机制。在"新工科"建设背景下,构建多学科、广维度、宽口径的课程知识图谱,完善创新育人实践实验教学平台,以及优化考核机制,满足"新时代""新工科"背景下对工程技术人才在工程创新和综合能力方面的素质需求,进一步优化"新工科"背景下多学科交叉融合的创新育人人才培养模式。

参 考 文 献

[1] 贾佳霖,袁平凡.职业院校学生劳动教育现状调查与反思——以 A 职业院校为例[J].武汉职业技术学院学报,2019,18(6):86-89.

[2] 张凤翠.三全育人背景下"课程思政"实践路径研究[J].科教导刊(中旬刊),2020(14):70-71.

[3] 朱景凡,肖斌文."三全育人"理念下高校就业引导工作的路径探析[J].中国大学生就业,2020(22):34-39.

[4] 刘爽.新时代民办高校思想政治教育工作探索——以广东科技学院为例[J].党史博采(下),2020(12):65-66.

[5] 新华网.习近平在 2014 年国际工程科技大会上的主旨演讲(全文)[EB/OL].(2014-06-03)[2021-11-15].http://www.xinhuanet.com/politics/2014-06/03/c_1110968875.htm.

[6] 朱由锋,王素玉,韩善灵,等.新工科背景下本科课程体系的对比研究——以车辆工程专业为例[J].教育教学论坛,2019(47):223-224.

[7] 周杰.知识转移视角的校企双元创新创业培养模式研究[J].创新与创业教育,2017,8(3):106-109.

[8] 陈慧,陈敏.关于综合性大学培养新工科人才的思考与探索[J].高等工程教育研究,2017(2):19-23.

[9] 陆国栋."新工科"建设的五个突破与初步探索[J].中国大学教学,2017(5):38-41.

[10] 山东教育新闻网.齐鲁工业大学(山东省科学院):"德融课堂"推进课程思政建设[EB/OL].(2020-11-25)[2021-11-15].http://sdjyxww.com/gdjy/24550.html.

面向产出的内部评价机制研究与应用
——以齐鲁工业大学(山东省科学院)机械设计制造及其自动化专业为例

杜 劲　衣明东　宋 明　李梦丽　张 鹏　许崇海

齐鲁工业大学(山东省科学院)机械工程学部

摘 要 面向产出的内部评价机制的持续改进是工程教育专业认证的核心和建设难点之一,是确保人才培养质量不断提升的关键。本文以齐鲁工业大学(山东省科学院)机械设计制造及其自动化专业为例,结合认证标准和中期审核要求,从内部评价机制的持续改进到课程目标和毕业要求达成情况评价机制的持续改进与具体落实进行了阐述与分析,提供了具体的评价流程,对工科专业的工程教育认证工作或专业建设具有较好的指导作用。

关键词 面向产出;内部评价;工程教育认证;持续改进

1. 引言

2016 年,国际工程联盟大会通过我国成为《华盛顿协议》第十八个正式成员国的决议,标志着我国工程教育质量体系标准实现了国际实质等效[1]。开展工程教育专业认证可用于构建我国工程教育的质量监控体系,推进我国工程教育改革,进而提高工程教育质量,提高人才培养水平。"产出导向、学生中心、持续改进"是工程教育认证的核心理念,也被称为面向产出的教育(Outcome-Based Education,OBE)理念[2-3]。然而,面向产出的内部评价机制的持续改进是工程教育专业认证的核心和建设难点之一[4]。工程教育认证申请书(2020 版)中特别强调,"申请工程教育认证的专业必须建立基于评价的教学质量持续改进机制,必须提供专业已有的面向产出的内部评价机制等相关说明与支撑材料"。在参与工程教育认证的专业建设工作中,各认证专业都从培养目标评价、课程评价和质量保障体系的建立等角度努力推动工程教育专业认证工作,尤其是对于参加认证中期审核的专业,在中期审核报告中必须说明面向产出的内部评价机制的完善与运行情况。

本文基于工程教育专业认证的 OBE 理念,以齐鲁工业大学(山东省科学院)机械设计制造及其自动化专业为例,结合认证标准和中期审核要求,从内部评价机制的持续改进到课程目标和毕业要求评价机制的持续改进与具体落实进行了阐述与分析。

基金项目:工科专业线上课程思政低致敏性"混构"教学模式研究与实践(编号:M2020086)。

2. 面向产出的内部评价机制的建立

机械设计制造及其自动化专业是齐鲁工业大学（山东省科学院）设立最早、办学规模较大、学生数量较多的本科专业之一。本专业于2019年6月正式通过工程教育专业认证，有效期为6年。现场考察专家组也对本专业培养目标、毕业要求、教学过程和师资队伍等各环节的持续改进提出了针对性的问题。面向产出是工程认证专业建设的重要导向[5-6]。本专业以对由企业、行业、外部专家、毕业学生等为主体的外部评价机制评价结果的综合分析为依据和目标，按照"逆向设计、正向实施"原则，分别构建了教学质量管理机制和构架、课程目标达成情况评价和毕业要求达成情况评价等内部评价机制，并按照机制设计要求运行，达到了较好的效果。

（1）本专业教学管理机制架构

本专业实行校、院、系三级教学管理体制，在学校层面，形成了分管校长领导、教学指导委员会指导、教务处具体负责、各职能部门协调配合的校级教学管理体系；在学院层面，由学院教学指导委员会指导、分管教学副院长全面负责；在专业层面，形成了专业负责人和教研室主任分工负责、教学秘书服务支持、全体教师共同参与的教学管理体系。2019年以来，为了全面落实面向产出认证理念、强化人才培养过程管理的科学化、规范化和制度化，本专业构建了以学生为中心、全员参与的人才培养机制，进一步明确专业负责人的顶层设计责任和管理实施责任，同时设置专业事务专员辅助专业负责人开展专业学生培养和教学管理工作，全面落实专业高素质应用型人才培养目标。

此外，在学院和专业层面建立学生教学信息员机制，在每个自然班遴选1名学生教学信息员，充分发挥学生参与教学的作用，学生教学信息员定期准确收集、了解教学运行过程和学生的自我诉求等重要信息，及时总结教与学的状况，为人才培养的持续改进提供依据。认证通过后的专业教学质量管理机制架构图如图1所示，其中校、院和专业在认证通过后在管理构架上的补充完善在图中用星号表示。

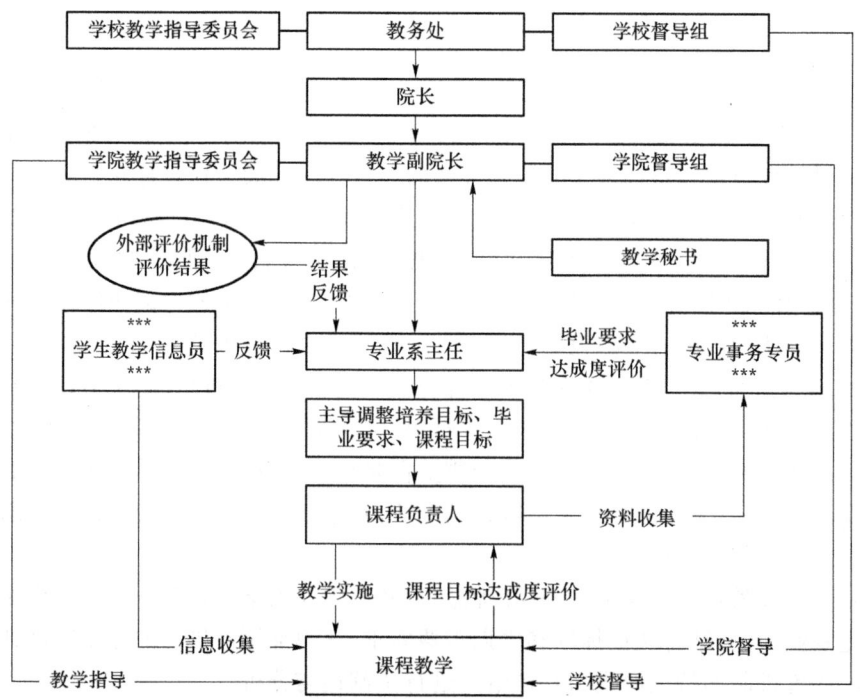

图1 认证通过后的专业教学质量管理机制架构图

(2) 面向产出的人才培养质量要求与评价制度

本专业认证以来,学校出台了《关于实施教师本科教学质量评价的指导意见》《本科教学督导工作细则》《教师课堂教学工作规范》等文件,从质量标准层面进行体制机制完善,确保政策落实可操作。其中,学校于 2020 年制定了《人才培养质量达成情况评价管理办法(试行)》,从制度上确保了工程教育认证专业建设的规范性,明确了建设实施的主体与责任,规定了面向产出的学生培养质量的内部评价规范和评价方法。

2021 年,在贯彻执行教育部、山东省的指导方针和我校《人才培养质量达成情况评价管理办法(试行)》条件下,学院制定和完善了基于面向产出的《课程目标评价及毕业要求达成度评价工作实施办法》《关于进一步落实 OBE 理念的课程改革指导意见》与《关于深化 OBE 理念的工作方案》等机制文件,进一步完善了面向产出的人才培养及内部评价机制。

(3) 面向产出的本科教学内部评价机制

专业的内部评价主要包含"课程目标达成情况评价"和"毕业要求达成情况评价"两个部分。本专业面向产出的内部评价的目的是以课程目标和毕业要求为指标,以可测量的人才培养产出成果为评价依据,评价课程目标达成情况,以此对学生毕业要求达成情况进行评价,并最终对人才培养情况是否达成面向产出的设计要求进行衡量。综合分析利用两种内部评价结果,对课程教学、学生培养、毕业要求、培养目标等进行评估,评估结果作为提出相应改进措施的依据。

本专业的内部评价主要由内部评价小组主持开展,其中学院教学副院长担任组长,组员包括专业负责人、专业事务专员、学院教学管理人员及教学督导组成员。该评价小组的职责为:负责讨论并制定适用于学院已通过工程教育专业认证专业及计划申请工程教育专业认证专业的面向产出的内部评价机制;按照内部评价机制要求,组织开展"课程目标达成情况评价"和"毕业要求达成情况评价";针对内部评价的结果,提出面向产出持续改进的相关意见和建议,并监督执行。

3. 课程目标达成情况评价机制建立与运行

(1) 课程目标达成情况评价机制的建立

课程目标达成情况评价主要采取成绩法进行考核,主要数据源自考核课程的考核成绩。考核成绩的依据为平时作业、课堂测试、讨论、实践、期中和期末测试。考核责任人为课程负责人和任课教师。根据学校相关文件要求,任课教师应严格执行命题制卷、成绩评定、阅卷规范、试卷装订归档和成绩录入的流程及规范。

具体的"课程目标达成情况评价"流程包括:

① 课程负责人按照课程教学大纲组织平时评价和期末考核内容,并收集相关评价资料;

② 课程负责人在课程考核结束后汇总各教学班的考核数据,且依据课程目标达成情况评价的考核点及其权重值,计算课程目标达成情况评价值并进行分析与总结;

③ 课程负责人依据课程目标达成情况评价结果,认真分析和总结课程教学各环节的实际效果,并提出切实可行的持续改进措施;

④ 专业事务专员汇总分析各课程评估数据,整理专业涉及的所有课程目标达成情况评价结果;

⑤ 专业负责人审核本专业所有课程目标达成情况分析,对于审核通过的课程,要求课程负责人在下一轮教学中按照拟定的持续改进措施开展教学活动。

针对某些课程中课程目标达成情况不理想的课程,学院组织课程团队及学院督导组对相关课程进行督导、指导,切实履行持续改进措施,帮助教师改进教学方式、方法,加强教学质量,实现课程目标达成情况的预期效果,具体的流程如下:

① 各课程团队将课程达成情况汇总表内课程目标达成情况低于 0.65 的课程检出,并通知课程负责人,由其认真分析原因,提出改进措施;

② 各课程团队根据课程负责人提出的改进措施,进行团队研讨,并将修改后的课程改进措施提交学院督导组审核;

③ 学院督导组根据提交的课程改进措施文档,召开会议进行评审,并提出修改意见;

④ 课程负责人根据学院督导组提出的修改意见,优化课程改进措施,并在后续教学中严格执行相关措施;

⑤ 学院教学督导组将在实际教学过程中督导课程负责人严格执行改进措施,并将督导结果反馈课程负责人。

(2) 课程目标达成情况评价机制的运行

本专业于 2021 年 9 月对 2019—2020 学年及 2020—2021 学年的所有核心课程和主要实践类课程进行了课程目标达成情况评价工作。对于所评价的专业核心课程和主要实践课程而言,课程目标达成情况评价值大部分超过了目标值 0.7,即实现了预期课程目标的达成要求。

在课程目标达成情况评价运行的过程中,本专业按照相关机制的要求,以课程目标达成情况数据为依据,督促课程负责人针对课程存在的问题和不足进行了分析,并提出改进措施。例如,2018 级"材料力学"课程负责人对课程目标达成情况进行了分析,总结了存在的问题:学生对以组合变形为代表的复杂问题的分析能力不足。对此,课程负责人提出了改进措施:①课程中适度增加复杂问题的比例;②尝试部分开展混合式教学实验。之后,学院督导组审核提交的课程改进措施文档,并提出修改意见:注意开展混合式教学时的课程资源建设工作。学院督导组审核文档并提出修改意见:改善学生对混合式教学的适应性,精细设计教学流程,完善线下课教学项目。最后,课程负责人根据学院督导组修改意见,将相关措施在 2020 级学生的教学中严格执行。

4. 毕业要求达成情况评价机制的建立和运行

(1) 毕业要求达成情况评价机制的建立

为实现专业培养目标,本专业制订 12 条毕业要求,为使每一个教学环节明确自身在学生达成毕业要求中的支撑作用,将毕业要求进一步细分为 33 项指标点。每门理论课程或每项实践教学环节都分别对毕业要求指标点中的一项或者多项进行支撑。根据课程目标达成情况评价结果,具体的"毕业要求达成情况评价"流程包括:

① 根据毕业要求与课程能力对应矩阵,收集整理课程目标达成情况数据;

② 抽取数据样本,根据毕业要求达成情况计算方法计算毕业要求达成度;

③ 以年级为单位形成学生"毕业要求达成情况内部评价"分析报告。

"毕业要求达成情况内部评价"周期为两年,即每隔两年对近两年毕业生的毕业能力进行一次内部评价。对"毕业要求达成"情况进行分析形成分析报告,并对教学各环节进行反思、持续改进。

(2) 毕业要求达成情况评价机制的运行

基于"课程教学目标达成情况评价表"的评价结果计算课程所支撑指标点的实际达成度,进而对本专业 2019 届毕业生和 2020 届毕业生进行了 12 项毕业要求达成情况的分析和评价工作。经过统计分析,2019 届和 2020 届毕业生的毕业要求达成情况平均值分别为 0.72 和

0.73,评价结果基本持平,稳中有升。该结果说明,即使在新冠疫情影响下,2020届毕业生的许多专业课程、生产实习和毕业设计等环节也保持了稳中有升的良好趋势,可见本专业面向产出的内部评价机制的完善对该专业人才培养质量的稳定性和可靠性发挥了较好的作用。

通过对比,我们发现2020届毕业生的毕业要求"3设计/开发解决方案"、毕业要求"9个人和团队"、毕业要求"11项目管理"这3项毕业要求达成情况评价值提高超过5%,分别为9.1%、7.7%、8.3%。该结果主要由于相关课程负责人按照工程教育认证的理念推行了教学内容、教学手段和考核环节等方面的教学改革,有效提升了学生设计和开发解决方案的能力,通过扎实的课程训练,有效提升了学生的团队意识和项目管理经验。

但是,我们也发现2020届毕业生的毕业要求"5使用现代工具"(能够针对机电产品和轻工装备设计、制造中复杂的工程问题,选择与使用现代计算、设计、测试、制造和仿真分析等软硬件工具)的分析评定结果出现下降现象。经过专家组针对该毕业要求相关的课程达成情况的分析,认为上述现象是由支撑毕业要求"5使用现代工具"指标点的"大学计算机基础"等课程目标的达成情况不理想造成的。课程负责人对该课程目标的达成情况进行了分析,认为学生对课程知识的掌握和运用能力偏弱的原因是:大班教学师生互动相对较少,学生听课效果较差。后期,课程负责人将针对该问题加强线上学习、讨论和交流环节,同时增加一些综合题和工程应用题,弥补课堂教学学时短和师生互动条件受限的不足。学院督导组认为上述改进措施切实可行,将在后续教学中督促课程负责人严格执行改进措施,提高学生使用现代工具的能力。

5. 结束语

面向产出的内部评价机制的持续改进是工程教育专业认证工作的核心和建设难点之一,更是专业建设的重点工作,是确保人才培养质量不断提升的关键。本文以齐鲁工业大学(山东省科学院)机械设计制造及其自动化专业为例,结合认证标准和中期审核要求,从内部评价机制的持续改进到课程目标和毕业要求达成情况评价机制的持续改进与具体落实进行了阐述与分析,提供了具体的评价流程,对工科专业的工程教育认证工作或专业建设具有较好的指导作用。

参考文献

[1] 胡晓宏,郑慧,张玲玲,等.工程教育认证毕业要求达成度评价机制研究[J].通化师范学院学报,2020,41(4):108-112.

[2] 张智丰,郭丽娜.面向产出的课程目标达成情况评价机制的构建与实施[J].大众标准化,2020(22):226-227.

[3] 魏维,唐聃,方睿.试论面向产出的课程目标达成情况评价机制[J].高等工程教育研究,2020(6):188-193.

[4] 吴秋凤,李洪侠,沈杨.基于OBE视角的高等工程类专业教学改革研究[J].教育探索,2016(5):97-100.

[5] 姜翠翠,邱松山,张钟,等.基于OBE教育理念的食品科学与工程专业教学改革与探讨[J].农产品加工,2016(3):79-81.

[6] 孙爱晶,王春娟,吉利萍.基于OBE的课程教学质量评价探索与实践[J].中国现代教育装备,2017(11):49-52.

科教产协同育人背景下师资队伍建设研究

赵秀华

齐鲁工业大学(山东省科学院)机械工程学部

摘　要　随着全球科技竞争的加剧和产业升级的加速,高校作为人才培养和科技创新的重要基地,其师资队伍建设显得尤为重要。科教融合与产教融合作为提升高校师资工程实践能力的重要途径,正逐步成为高等教育改革的核心议题。本文首先分析了当前高校师资队伍建设面临的挑战,其次深入探讨了科教融合与产教融合对师资工程实践能力提升的作用机制,并构建了科教双向、产教双向师资交流运行机制,最后提出了具体的实施策略和政策建议。

关键词　科教融合;产教融合;协同育人;师资队伍建设

1. 引言

高校师资队伍的质量直接关系到教育质量和国家创新能力。在知识经济时代,高校不仅需要培养具有扎实理论基础的学生,更需要培养具备较强工程实践能力和创新能力的复合型人才。然而,当前高校师资队伍建设中仍存在诸多问题,如教师工程实践经验不足、科研成果转化率低、教学与科研脱节等[1]。因此,探索科教融合与产教融合下的师资工程实践能力提升路径,对于推动高等教育内涵式发展具有重要意义。

2. 高校师资队伍建设现状分析

(1) 师资队伍结构不合理

当前,部分高校师资队伍存在结构不合理的问题,主要表现为基础课教师与专业课教师比例失衡,青年教师比例偏高而缺乏资深教授引领,以及跨学科、跨领域的教学科研团队建设滞后。这种不合理结构不仅影响了教学质量,也制约了科研创新能力的提升。

(2) 工程实践能力不足

许多高校教师虽然具备丰富的理论知识,但缺乏工程实践经验,难以将理论知识有效应用于解决实际问题。这种理论与实践脱节的现象严重制约了高校人才的培养质量和科研成果的转化效率。

(3) 科研成果转化率低

高校科研成果转化率低是当前高等教育领域普遍存在的问题之一。这主要是由科研成果与市场需求脱节、缺乏有效的转化机制和平台等原因造成的。科研成果无法及时转化为生产力,不仅浪费了科研资源,也降低了高校服务经济社会发展的能力。

3. 科教融合对师资工程实践能力提升的探索

(1) 科教融合的内涵与意义

科教融合是指科学研究与教育教学相互渗透、相互促进的过程。通过科教融合,高校可以将科研成果融入教学内容和教学方法,提升教学的实践性和创新性;同时,教学过程中的问题和需求也可以为科学研究提供新的方向和动力。科教融合对于提升师资工程实践能力具有重要意义,它有助于教师将理论知识与实践经验相结合,提高解决实际问题的能力。

(2) 科教融合下的师资实践能力提升策略

① 建立科研与教学互动平台

高校应建立科研与教学互动平台,鼓励教师将科研成果转化为教学资源,开设研究性课程、案例教学等新型教学模式[2]。同时,通过建立学生科研团队、参与教师科研项目等方式,引导学生深入参与科研活动,培养其创新意识和实践能力。这种互动平台不仅有助于提升教师的科研素养和教学水平,还能激发学生的学习兴趣和动力。

② 强化科研团队建设

高校应重视科研团队建设,鼓励跨学科、跨领域的合作与交流。通过组建高水平的科研团队,集中优势资源攻克重大科学问题和关键技术难题,可以提升高校的科研创新能力和国际竞争力。同时,科研团队的建设也有助于培养青年教师的科研能力和团队协作精神,为其未来独立承担科研项目打下坚实基础。

③ 完善科研激励机制

高校应完善科研激励机制,通过设立科研奖励、职称评审倾斜等措施激发教师的科研积极性。同时,建立科研成果转化收益分配机制,鼓励教师将科研成果转化为生产力并获得相应的经济回报。这种激励机制有助于形成良好的科研氛围和创新文化,推动高校科研事业的持续发展。

4. 产教融合对师资工程实践能力提升的探索

(1) 产教融合的内涵与意义

产教融合是指教育与产业在人才培养、科技创新、社会服务等方面的深度融合。通过产教融合,高校可以深入了解产业发展需求和市场动态,调整专业设置和人才培养方案;同时,产业也可以借助高校的科研和人才优势推动技术创新和产业升级[3]。产教融合对于提升师资工程实践能力具有重要意义,它有助于教师深入了解产业实践和技术应用前沿,提升其解决实际问题的能力和创新能力。

(2) 产教融合下的师资实践能力提升路径

① 建立校企合作机制

高校应主动与企业建立合作关系,共建实习实训基地、产业学院等产教融合平台[4]。通过这些平台,教师可以深入企业一线了解生产流程和技术应用情况,参与企业的技术研发和项目攻关活动。这种深入实践的经历有助于教师积累工程实践经验,并提升实践能力。同时,企业也可以借助高校的人才和科研优势解决技术难题,并推动产业升级。

② 引进企业专家兼职任教

高校应积极引进企业专家,让他们通过兼职任教或开设专题讲座等形式参与人才培养过程。企业专家具有丰富的实践经验和行业洞察力,可以为学生提供更贴近实际的教学内容和方法,同时他们也可以与教师进行深入的交流和合作共同推动产学研一体化发展。这种合作模式有助于丰富高校的教学资源并提升教师的工程实践能力。

③ 实施"双师型"教师培养计划

高校应实施"双师型"教师培养计划,鼓励教师到企业挂职锻炼或参与企业的技术研发活动。通过实践锻炼,教师可以深入了解产业实践和技术应用前沿,掌握最新的技术和工艺方法;同时,他们也可以将实践经验和产业需求反馈到教学中,推动教学内容和方法的更新和改进。这种培养计划有助于提升教师的工程实践能力和创新能力,并为其未来的教学和科研工作打下坚实基础。

5. 科教双向、产教双向师资交流运行机制探索

(1) 科教双向交流机制构建

① 科研与教学人员定期交流

高校应建立科研与教学人员的定期交流机制,鼓励双方进行深入的合作与交流。科研人员可以向教学人员介绍最新的科研成果和技术进展,为其教学提供新的素材和案例;同时,教学人员也可以将教学过程中的问题和需求反馈给科研人员,为其科研提供新的方向和动力。这种定期交流机制有助于促进科研与教学的相互渗透和相互促进,提升双方的实践能力和创新能力[5]。

② 科研成果融入教学

高校应鼓励教师将科研成果融入教学内容和教学方法,通过开设研究性课程、案例教学等形式将最新的科研成果和技术进展传授给学生。这种教学模式不仅有助于提升学生的实践能力和创新能力,还能激发学生对科研的兴趣和动力,为其未来的学术发展打下坚实基础。

(2) 产教双向交流机制构建

① 校企师资互聘互派

高校与企业应建立师资互聘互派机制,鼓励双方教师和管理人员进行跨界的交流与合作[5]。企业专家可以到高校以兼职任教或开设专题讲座等形式参与人才培养过程,同时高校教师也可以到企业挂职锻炼或参与企业的技术研发活动。这种互聘互派机制有助于促进校企双方的深入了解和合作,提升双方的实践能力和创新能力。

② 产学研一体化项目合作

高校与企业应共同开展产学研一体化项目合作,通过联合申报科研项目、共建研发平台等形式推动科研成果的转化和应用。在项目合作过程中,双方可以共同组建研发团队、共享资源和优势、共同攻克技术难题,并推动产业升级和技术创新。这种合作模式有助于提升教师的工程实践能力和创新能力,并为其未来的教学和科研工作提供新的思路和方向。

6. 实施策略与政策建议

(1) 加强政策支持与引导

政府应加强对高校师资队伍建设的政策支持与引导,制定相关政策和措施鼓励高校与企业开展深度合作,推动科教融合与产教融合的发展。同时,政府还应加大对高校科研和教学的投入力度,提高教师的待遇和福利水平,吸引更多优秀人才投身高等教育事业。

(2) 完善评价体系与激励机制

高校应完善评价体系与激励机制,建立科学合理的评价标准和考核机制,对教师的教学、科研和社会服务等方面进行全面评价。同时,高校还应建立有效的激励机制,通过设立奖励基金、职称评审倾斜等措施激发教师的积极性和创造性,推动其不断提升实践能力和创新能力。

(3) 加强师资队伍建设与管理

高校应加强对师资队伍的建设与管理,制定科学合理的师资队伍建设规划,明确师资队伍建设的目标和任务。同时,高校还应加强师资队伍的管理和服务工作,建立健全的师资管理制度和服务体系,为教师的成长和发展提供良好的环境和条件。

(4) 推动国际交流与合作

高校应积极推动国际交流与合作,通过引进国外优质教育资源、派遣教师出国访学等形式提升师资队伍的国际化水平和视野。同时,高校还应加强与国外高校和企业的合作与交流,共同开展科研项目和人才培养工作,推动全球科技创新和产业发展。

7. 结束语

科教融合与产教融合是提升高校师资工程实践能力的重要途径。通过构建科研与教学互动平台、建立校企合作机制、实施"双师型"教师培养计划等措施,高校可以有效提升教师的工程实践能力和创新能力。同时,通过建立科教双向、产教双向师资交流运行机制,可以促进科研与教学的相互渗透和相互促进,推动产学研一体化发展。未来,高校应继续深化科教融合与产教融合改革,加强师资队伍建设与管理,推动高等教育内涵式发展,为国家经济、社会发展和科技创新做出更大贡献。

参 考 文 献

[1] 黄英婉.新时期高校师资队伍建设制度创新体系研究[J].现代职业教育,2019(16):188-189.

[2] 王淑芳,薛娇,马海泉.科教融合 协同创新 以开放的思维迎接新的教育革新——对话中国海洋大学校长吴德星[J].中国高校科技,2012(11):6-10.

[3] 姜微,蒋巍,侯菡苕,等.浅谈高校产教融合模式及师资队伍建设[J].中国高新区,2018(6):63-65.

[4] 苏志刚,尹辉.探索多元合作产教融合发展之路[J].中国高等教育,2016(23):36-38.

[5] 苏志刚,尹辉.科教产教融合 建设高水平应用型本科师资队伍[J].中国高校科技,2018(11):8-11.

第 12 章　学生管理与就业

科教融合背景下学生社区综合管理模式探究

马　静

齐鲁工业大学（山东省科学院）机械工程学部

摘　要　随着科技与教育融合发展的推进，学生社区管理面临着新的挑战和机遇。本文围绕"科教融合背景下学生社区综合管理模式"的主题展开研究。首先，本文分析了科教融合所涉及的背景、现状及重要性等。其次，本文对高校学生社区管理的现状进行分析。最后，本文对在科教融合背景下学生社区综合管理研究的基本内容、主要观点、研究重点、难点和创新点进行分析。本文旨在为科教融合背景下学生社区管理的理论与实践提供参考和启示。

关键词　科技与教育融合；学生社区管理；综合管理模式；教育活动

1. 科教融合背景下学生社区综合管理模式研究背景

习近平总书记[1]指出，要推动思想政治工作贯通人才培养体系，发挥融入式、嵌入式、渗入式的立德树人协同效应。坚持"立德树人"根本任务，做到"全员、全过程、全方位育人"，是中共中央、国务院对广大高校开展思想政治教育工作做出的明确指示。2015 年发布的《统筹推进世界一流大学和一流学科建设总体方案》强调加快改革科教协同育人模式；2018 年发布的《关于高等学校加快"双一流"建设的指导意见》强调充分发挥科研育人作用，构建科教融合人才培养模式。《教育部等八部门关于加快构建高校思想政治工作体系的意见》（教思政〔2020〕1 号）中要求，要推动"一站式"学生社区建设，依托书院、宿舍等学生生活园区，探索学生组织形式、管理模式、服务机制改革，推进党团组织、管理部门、服务单位等进驻园区开展工作，把校院领导力量、管理力量、服务力量、思政力量压到教育管理服务学生一线，将园区打造成集学生思想教育、师生交流、文化活动、生活服务于一体的教育生活园地。

科教融合[2]是目前人才培养模式改革的重要方向，而学生社区既是青年学习生产生活技能的课堂，又是学生掌握行为规范、形成价值观念、提升思想觉悟、认识角色扮演的场所，因此进行科教融合背景下学生社区综合管理模式的研究，是高校顺应时代变迁、实现一流人才培养的关键。

2. 科教融合背景下学生社区综合管理模式概述

在当今科技与教育融合的大背景下,学生社区综合管理[3]模式相关的研究显得尤为重要和紧迫。随着信息技术的快速发展和教育模式的变革,学生社区管理平台不再仅限于传统的行政和秩序维护功能,而是逐渐演变为促进学生全面发展和社区活力的重要平台。国内外已有不少研究机构致力于探索如何在科技与教育的融合下,通过智能化设备、信息化管理平台以及教育活动与社区管理的有机结合,提升管理效率、增强服务质量,并促进学生学习和生活的无缝连接。然而,高校学生社区管理中存在管理理念不清晰、管理主体多元化、学生主体意识不强等问题,导致社区管理目标不明确、社区服务效率低下、社区文化建设力度不够、学生参与社区管理与服务的积极性不高等现象,使学生社区缺乏应有的教育、管理、服务等功能,无法很好地实现学生社区育人作用。坚持以探索科教融合人才培养新模式为导向,以服务学生成长成才为核心,通过构建学生社区网格化管理可以明确管理主体、协调多元主体、统筹社区管理、提高社区服务效率,可以充分发挥学生作为社区主体作用,增强学生的主体意识,提高学生参与社区管理的积极性,逐步实现学生的自我管理。通过学生社区管理,把工作做到学生身边、做到生活日常,让广大学生活动有阵地、学习有场所、示范有榜样,全方位提升学生在学校学习生活的获得感、幸福感和满意度,着力解决学生社区育人作用不明显问题,有利于创新高校教育思想,为推进高校社区改革提供建设性意见,对进一步优化高校育人环境有较为重要的现实意义。因此,深入探索和完善科教融合背景下的学生社区综合管理模式,不仅对提升教育质量和学生综合素养具有重要意义,也为社区治理和教育创新提供了新的理论和实践路径。

3. 高校学生社区管理的现状

在科技与教育融合的背景下,高校学生社区管理面临着新的挑战和机遇。传统意义上,高校学生社区管理主要集中在维护秩序、提供基本服务和管理学生活动等方面。然而,随着信息技术的广泛应用和教育理念的更新,学生社区管理模式正在经历深刻的变革。

第一,科技与教育融合为高校学生社区管理引入了更多智能化和信息化的工具和平台。例如,智能门禁系统、智能宿舍设备、在线服务平台等技术应用,大大提升了管理效率和服务质量。这些技术不仅简化了管理流程,还能够实现个性化的服务和即时的反馈机制,增强了学生对社区管理的参与感和满意度。

第二,教育活动与社区管理的融合也成为现代高校学生社区管理的重要特征。通过将教育资源与社区管理结合起来,例如在社区内开展课外教育活动、组织社区志愿者服务等,不仅丰富了学生的课外生活,还促进了学生的综合素养和社会责任感的培养。

然而,当前高校学生社区管理仍面临一些挑战。技术设施的更新换代和信息安全问题是管理者需要重点关注的问题。此外,社区成员的参与度和协作机制也需要进一步完善。有效的社区管理模式不仅仅依赖于技术的支持,还需要建立起学校管理部门、学生和教职员工之间良好的沟通和合作关系,共同推动社区管理工作的持续改进和创新。

因此,对于科教融合背景下的高校学生社区管理,需要在技术、教育和社会三个方面进行综合考量和平衡,以实现管理模式的全面提升,进而为学生提供更加优质、安全和便捷的学习与生活环境。

4. 科教融合背景下学生社区综合管理模式的构建与优化

学生社区综合管理以立德树人为核心,融合科技与教育理念,将学生社区打造成一个综合性场所。在这个空间载体中,学校不仅要管理学生的日常生活和学习,也要通过科技化设备和信息化平台为学生提供高效的服务和支持。教育活动与社区管理紧密结合,如组织各类教育讲座和文化活动、推广健康教育等,全面促进学生和社区凝聚力素质的提升。同时,建立有效的社区参与机制,让学生、教职员工及家长共同参与决策与管理,增强管理的透明度和效能。这样的综合管理模式不仅帮助了学生树立健全人格和职业目标,也提升了学校的整体管理水平,实现了在服务中管理、在管理中服务的双重目标[4]。

为更好地发挥学生党员及学生干部在人才培养中的作用,结合学部多年实践摸索经验和实际工作要求,学生社区管理拟实施"1233"的建设思路。"1"是牢固树立以学生为本的服务理念,为全体学生服务;"2"是依托学部较为成熟的党员"双带头双示范"和宿舍文化节活动,以党员、入党积极分子、学生干部等学生骨干为"点",以楼宇为"线",以校园为"面",全面提升学生的学习主动性和就业主动性;第一个"3"是实施三级管理模式,即学部党委指明方向、各(党)团支部和各宿舍具体实施、优秀党员宿舍引领示范,充分发挥党委组织领导力、(党)团支部和宿舍的组织力、优秀党员学生引领力;第二个"3"是通过强化组织领导、完善运行机制、夯实基础保障等三方面的工作,推进学生社区管理工作的顺利开展。

5. 科教融合背景下学生社区综合管理模式的实践探究

学生社区管理在现代高等教育中扮演着至关重要的角色,不仅仅是管理学生日常生活的场所,更是人才培养的重要载体和学校文化建设的重要组成部分。以立德树人为核心理念,结合科技与教育融合的理念,学生社区被打造成多重功能的综合性平台。

第一,学生社区作为学校科研文化宣传的阵地[5],不仅展示学术成果和文化活动,还促进学术交流和科研合作。通过举办学术讲座、展览和文化节庆活动,激发学生的学术兴趣和创新能力,培养他们的批判性思维和学术交流能力。

第二,学生社区作为学生党员干部和社区骨干服务的窗口,通过学生党员干部和社区骨干的引领和服务,组织各类志愿活动、社会实践和服务社区活动,培养学生的社会责任感和服务意识,推动学生在实践中成长和成才。

第三,学生社区作为学生、学部和学校沟通的桥梁,促进各级学生组织的协调和沟通,增强学生自治意识和参与感。通过建立学生议事会、学生代表大会等机制,提升学生参与学校管理决策的能力,推动学生自治和民主意识的形成。

第四,学生社区还是学生比学赶超的平台,通过设置竞赛、评比和荣誉奖励制度,激励学生在学术、科技、文化、艺术等方面积极探索和创新,形成良好的竞争氛围和创新文化。

第五,学生社区作为学生思想工作的阵地,通过开展心理健康教育、思想政治教育和学风建设,引导学生树立正确的人生观、世界观和价值观,营造健康向上的学习工作氛围,推动全体学生共同成长和发展。

综上所述,学生社区管理不仅是管理学生的日常生活和秩序,而且是推动学生全面发展、促进学校文化建设和社会服务的有机结合。在科技与教育融合的背景下,学生社区管理的创新与实践将为高等教育注入新的活力和动力,为培养德智体美劳全面发展的社会主义建设者和接班人作出积极贡献。

6. 科教融合背景下学生社区综合管理模式的效果评估与改进

在推进高校学生教育管理工作进入社区常态化的过程中,依托社区实体场所、品牌活动和网络阵地等多种载体,开展形式多样的学生教育与服务活动显得尤为重要。开展这些活动不仅是为了管理学生的日常生活和学习秩序,也是为了通过实践活动培养学生的综合素质和社会责任感。社区实体场所作为学生活动的主要场所,不仅提供了学习和交流的空间,还承载了各类文化、艺术和体育活动。例如,通过设立学生活动中心、艺术创作空间和运动场地等,为学生提供了展示和发展自我才能的平台,同时促进了学生之间的交流与合作。品牌活动的开展是学生社区管理中的重要组成部分。组织和举办丰富多彩的品牌活动,如文化节、科技竞赛、志愿服务周等,不仅丰富了学生的课外生活,还培养了他们的团队合作精神和领导能力。这些活动不仅吸引了学生的积极参与,也增强了学校社区的凝聚力和影响力。在活动开展的同时,配套基本运行制度的建设尤为重要。通过分类积分管理制度规范学生志愿者的培养和激励机制,根据志愿服务时长和质量评价给予相应的积分奖励和荣誉称号,从而激发学生参与社区服务的积极性和责任感。责任清单制度的实施可以加强对学生活动的长效考核和评估。通过明确学生社区活动的责任分工和工作流程,建立责任制考核机制,确保活动的顺利进行和效果的呈现。这些制度的贯彻执行,不仅有助于提升活动的组织和运行效率,也有效地保障了活动的质量和安全。将制度建设贯穿整个活动过程,从活动策划、组织实施到评估反馈,每一个环节都要有相应的制度支持和保障措施。这样一来,不仅可以有效地促进高校学生教育管理工作进社区的常态化,还能够实现管理的科学化、规范化和持续发展。

科教融合[6]氛围的营造,学生社区组织机制的建设,学生骨干参与机制的研究,拓宽了高校学生教育、管理等的途径,有利于形成学生社区培养评价的长期有效机制。

7. 科教融合背景下学生社区综合管理模式的创新

在当前高校教育管理中,科教融合与学生社区管理的深度融合被视为促进学生全面发展和提升管理效能的关键举措。在齐鲁工业大学(山东省科学院)机械工程学部,通过已形成的"双带头双示范"和宿舍文化节活动的有机融入,社区管理得以内涵式发展,有效助推教育内容的张力。这种综合性措施旨在以党员宿舍为核心,引领其他学生宿舍共同提升,共同建设良好的社区文化氛围。学校进一步将党建工作深入到学生的各个方面,充分发挥党员的带头作用。通过统筹区域内的资源,包括人才、物资和技术支持,提高学生社区的整体管理能力。这不仅有助于充分发挥学生社区的育人功能,而且有助于实现学生在社区中的自我提升,促进共同发展的最终目标,真正践行"三全育人"的教育理念。此外,为了加强学生党支部的引导和表率作用,学校积极提升学生在社区自我管理中的积极性和主动性,激发学生党员的主体意识、责任意识和参与意识,使他们成为党的工作和组织建设中的积极行动者。党员们不仅在日常管理中发挥着重要作用,更在关键时刻成为党的战斗堡垒,将党的影响力深入落实在社区的每一个网格中。通过科教融合与学生社区管理的深度融合,齐鲁工业大学机械工程学部正在探索一种全新的教育管理模式。这种模式不仅强化了党员的组织力量和影响力,也为学生提供了更多参与管理、共同发展的机会,推动了学校"三全育人"目标的实现。这一过程不仅仅是管理体制的改革,更是教育理念的创新,旨在培养更多积极向上的学生领袖,为社会的发展贡献更多的智慧和力量。

8. 结束语

在科技与教育融合不断深化的今天,学生社区管理不仅仅是校园管理的一部分,更是教育质量与服务水平的重要体现。本文从科教融合背景下学生社区综合管理模式的视角出发,深入探讨了背景、现状及重要性。通过对高校学生社区管理现状的深入剖析,本文揭示了管理中的挑战与机遇。未来,需要进一步关注如何在科技创新和教育理念的引领下,构建更加智能化、人性化的社区管理模式,以促进学生综合素质的全面发展和社区治理的有效运作。本文不仅在理论上深化了对科教融合背景下学生社区管理的理解,也为实践提供了有益的思路和策略。我们期望这些分析能够为今后高校管理者和研究者在推动学生社区管理现代化、智能化进程中提供参考和启示。

参 考 文 献

[1] 习近平.思政课是落实立德树人根本任务的关键课程[J].新长征(党建版),2021(3):4-13.

[2] 丁新改,田芝健.新时代不断提高党的建设质量[J].中国特色社会主义研究,2019(2):99-106.

[3] 史龙鳞,陈佳俊.高校基层团组织活力提升的困境研究——基于"结构-行动者"的分析视角[J].中共杭州市委党校学报,2017(4):52-58.

[4] 蒋建军.社会管理视野中的高校学生社区建设[J].高等教育研究,2012,33(3):80-83.

[5] 刘润.论新时代高校学生社区空间育人功能的拓展[J].思想理论教育,2021(4):108-111.

[6] 李海霞.科教融合背景下高校协同育人机制的研究[J].中华纸业,2024,45(3):130-132.

"新工科"建设背景下的地方高校产学研合作教育模式探析

马 静

齐鲁工业大学(山东省科学院)机械工程学部

摘 要 本文以"新工科"建设为背景,简要介绍了地方高校的发展现状,分析了"新工科"建设背景下地方高校合作教育模式的意义,探讨了"新工科"建设背景下地方高校产学研合作教育模式的具体实施策略。

关键词 新工科;地方学院和大学;产学研合作;模型探索

1. 引言

面对现代教育的新使命、新要求、新挑战,"新工科"将着眼于工程教育的未来,更加注重创新和跨领域实践。在新时代的发展中,"新工科"的建立得到了全面部署。培养稀缺人才、培养引领未来技术和产业的人才、培养创新型新工程人才已经成为共识。建设"新工科"领域是深化地方高校改革、培养人才的重要组成部分。在这种情况下,传统工科需要与各种教育学科紧密结合,才能有效实现"新工科"领域的教育目标——建立新型工程人才,培养合作培养机制下的人才模式。因此,为了应对当前网络工程教育面临的挑战,曹建方等人[1]提出要加强校企产学研合作,建设专业案例教育资源,提高高校教师和"新工科"人才的工程实践水平。建立"双师型"师资队伍,实行"双师制",加强过程评价,推进网络工程专业课程改革,促进学生创新创业。江敏等[2]指出,要积极应对区域经济社会发展和企业技术创新的需要。加强产学结合、校企合作培养、工程新领域建设,目标是培养具有工程实践技能和精通工业发展的应用型和技术型人才。在"新工科"建设的背景下,孙雨婕[3]讨论了地方高校应重点推进现有工程领域的改革创新,促进人才培养模式的完善,进一步加强产业合作和大学合作。

2. "新工科"建设的背景和特点

(1)"新工科"建设的背景

2017年2月18日,教育部在复旦大学召开高等工程教育发展战略研讨会。会议讨论了"新工科"的含义、特点、建设和发展方法。为了满足新技术、新形式、新模式、新产业的高要求,需要加快工程技术领域的改革和创新。2017年4月8日,教育部在天津高校召开"新工科"建设研讨会。"新工科"建设的目标是:到2020年,探索形成新工科建设模式,主动适应新技术、新产业、新经济发展;到2030年,形成中国特色、世界一流工程教育体系,有力支撑国家创新发展。

(2) "新工科"建设的特点

基于"新工科",当前大学教育模式的特点如下。一是跨学科深度整合。突破传统工科专业壁垒,推动人工智能、大数据、物联网等新兴技术与机械、材料等基础学科的交叉融合,构建复合型知识体系,以应对多领域协同创新的技术需求。二是动态适应性培养机制。密切对接产业技术迭代趋势,建立课程内容动态更新机制,引入企业真实课题与行业标准。三是建立质量保障体系。在传统学分制基础上,融入工程教育认证标准,构建以成果为导向的评价体系,通过持续改进机制确保人才培养与技术前沿同步。

3. 地方高校发展现状

教学质量差,教学思想固化。虽然目前的优质教育改革取得了长足的进步,但相关的教育状况仍然存在。教师只参与制定教学任务的过程,学生完成任务就能顺利毕业。这种教育很难保证教育质量,长期发展会导致大学发展的瓶颈期。

教学方法单一,教学评价体系不健全。教学方法是提高教学质量的重要因素,但目前高校的教学阶段主要强调教师的教学方法和学生的内在自我效应,导致学生缺乏参与感,无法获得锻炼,产生学习焦虑。由于教育评价是大学教育的一个关键环节,它直接影响着大学教育的顺利进行,因此有必要以教育评价为导向,快速实现教育目标。然而,在现阶段,高校教师缺乏对教学评价结果的重视,这不利于教育的发展。

教学内容落后,教学课程缺乏规划。当前地方高校在专业设置和课程建设方面存在显著不足,由于部分院校对自身人才培养定位及行业需求缺乏深入调研,导致专业规划与区域产业发展脱节,课程内容更新滞后于技术变革。课程体系设计过度依赖短期就业市场反馈,片面追求热门专业增设,忽视基础能力培养与学科交叉融合,造成课程结构碎片化。校企协同机制尚未有效落地,企业参与课程开发、实践教学及评价的深度不足,致使教学内容与行业真实需求存在断层。上述问题导致专业和课程缺乏稳定性和连通性,难以支撑地方高校可持续发展和特色化建设。

4. "新工科"建设背景下地方高校合作教育模式的意义

一是创新人才培养机制,提高人才培养质量。校企联盟是地方高校实现应用技术人才培养转型发展的必由之路。在课堂培训、工厂实习、学校实验培训、企业实习等人才培养过程中,必须实现重要环节的无缝衔接和互通,有效保证学生在各个学习阶段的连续性和完整性,建立完整的知识体系。通过人才共享基地、校外实训基地、产学研结合的联合建设,通过人才共享、流程管理、绩效共享、责任共担,形成紧密的学校运行机制。

二是为地方高校培养新的工程技术人才提供了良好的外部环境。地方高校新工程师培养是一个涉及多个子系统的系统工程,子系统之间需要协调。校企合作、合作教育学科有很多特点。研究所和行业也有独特的人才培养条件、培养高度创新人才的资源,可为大学提供支持,创造协同效应,共同实现培养高层次创新人才的目标。

三是通过地方高校合作促进"双师型"教师的培养,通过校企合作促进"双师型"教师的培养。地方高校引进了具有丰富公司工作经验、掌握生产技术、具备实训能力、能在主干课程设置上提供独立指导的高学历高技能人才。为了提高教师的专业素质,地方高校鼓励教师参加各种形式的继续教育、学历教育和现代教育技能培训,使教师的成长与工业生产的发展完全融为一体,并与专业同步的理论技术相结合。图1是地方高校产业合作与协作教育模式。

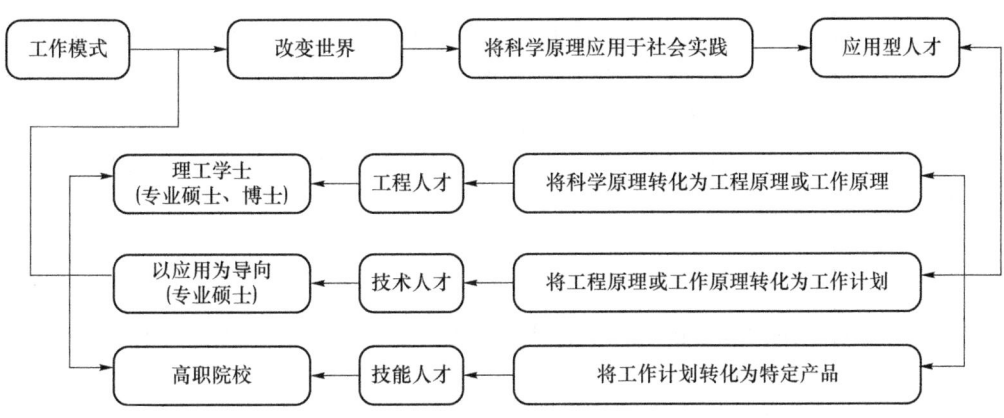

图 1　地方高校产业合作与协同教育模式

(1) 建立"新工科学科",着力改革创新人才培养模式

以教育改革为核心,建立新型人才培养模式,夯实合作教育基础。学校必须对人才培养体系的各个方面进行研究和实践,包括专业设置、实训、专业认证等,为设计高质量的人才培养体系创造愿景。创新学校与行业、科研院所、高校与地方政府多边合作教育模式,建立合作人才培养模式,整合人才培养共同体、多学科参与、产学研合作,推进校企合作。

(2) 打破传统课程体系的壁垒,建立科学的大学课程体系

面对新技术、新产业,旨在培养"新工科"专业人才,把握最新发展趋势,通过新模式的构建,探索"精益生产与智能制造"的无缝衔接。能够准确把握企业中的新思想、新知识、新技术,为构建完整的课程链打下坚实的基础。通过建立多学科综合课程体系,形成了科学合理的课程链,建立了以培养新技术、新产业、专业人才为目标的综合性专业核心课程体系。利用公司的优秀资源,开展综合电工培训课程,实现内容整合。科学合理安排各种课程,根据学生的认知规律完全整合一门综合课程,以适应学生日益增长的技能需求。

(3) 在"新工科"背景下,地方高校进行组织创新

组织是特定社会部门的产物,独立于特定社会领域的需求。大学是一个复杂的社会组织,它的发展离不开社会,它受到各种内外因素的影响。在现代社会,大学与社会的关系逐渐加强。地方高校作为社会组织,必须满足相应的社会需求,履行相应的社会职能,承担越来越重要的社会角色。在新工科领域快速发展的背景下,为适应社会发展的新要求,我们将继续深化对建设的认识,努力调整和创新组织结构。

(4) 地方高校转变发展模式,适应新形势、创新驱动发展的要求

内部组织根据行业背景、区域行业、区域经济发展和学校运营优势进行重组,并建立适合内部资源共享的组织结构,努力实现协作和链接,实现应用驱动的转型和发展。地方高校必须坚持以需求为导向。地方高校可以在学校与部门协调的基础上,考虑建立工业类院校,将工业设计相关专业合并为现代工业设计专业,推进职业院校与工业类大学的相互促进、功能优化。通过学术建设、人才培养和应用学术研究,为地方经济发展提供创新驱动服务。工业学院主要通过专业环境和行业需求、课程内容和专业水平、教育专业建设等方面获得专业支持。与工艺生产过程的有效衔接,能够更好地满足当地经济社会发展和产业转型升级的需要,强调学校运营的特点,建立与组织职能和组织目标高度一致的组织结构。

5. 结束语

综上所述,"新工科"领域的建设是深化地方高校改革、培养人才的重要组成部分。在这种情况下,它需要与各种教育学科紧密结合,以实现"新工科"领域的教育目标;建立新型工程人才,健全合作培养机制下的人才模式。本文着重论述了人才培养模式的改革与创新、科学的大学课程体系的建立、高校发展模式的转变等。在"新工科"建设背景下,促进地方高校合作教育模式的发展。

参 考 文 献

[1] 曹建方,武晓军,胡玉兰.新工程学科背景下基于产学研合作的网络工程课程改革实践[J].大学教育,2019(11):63-65.

[2] 江敏,肖顺文,陆晓燕,等.新工科背景下的地方高校电子信息类专业多方协同育人模式研究与实践[J].软件,2021,42(2):15-17.

[3] 孙雨婕."新工科"背景下产学研协同育人模式研究[D].大庆:东北石油大学.

协同育人模式下工科人才培养质量提升路径研究

曲爽梅

齐鲁工业大学(山东省科学院)机械工程学部

摘　要　现代社会的快速发展对工科人才的需求日益增加,传统的教育模式难以满足新时代对高素质工程技术人才的要求。协同育人模式作为一种新兴的教育模式,通过高校、企业和社会的多方合作,旨在培养具有创新能力和实践能力的工科人才。本文将探讨在协同育人模式下提升工科人才培养质量的具体路径。

关键词　协同育人;大学生;工科;人才培养

1. 协同育人模式的概述和理论基础

高校承担着"为国育才"的重要使命,随着我国产业结构的转型和调整,社会及企业对人才的需求正发生着重大变化,如何培养适应企业和社会发展的应用型人才,成为高校人才培养研究的新课题。协同育人模式是一种高校和企业紧密合作、共同实施的育人模式,其特点包括学校与企业共同参与课程设计和实践教学、共同负责学生指导与评估、共同提供实习和就业机会等。通过校企合作,高校可以更好地了解行业需求、紧跟时代发展潮流,并根据需要及时调整培养方案,提供与市场需求相匹配的人才。企业也可以参与到高校的人才培养过程中,培养满足自己企业发展的高素质员工,提高企业的竞争力。学生能够尽早地接触到企业,了解企业和社会的需求,及时调整自己的求职和升学期望,在实习实训的工程中更好地适应企业环境,提高自己的环境适应能力,提高就业竞争力。

协同育人模式源于系统理论和协同学理论,强调多主体之间的合作与互动。系统理论认为,整体大于部分之和,任何系统的功能不仅依赖于各部分的功能,还依赖于各部分之间的关系。协同学理论则强调系统中各部分之间的协同作用,通过相互协调达到最佳状态。协同育人模式借鉴这些理论,强调教育过程中的多方协同,即通过高校、企业、政府和社会的共同努力,优化教育资源配置,提高教育质量。

2. 目前协同育人模式存在的问题

(1) 校企价值追求不同,产教融合目标动力不足

院校将立德树人和人才培养作为办学目标,但对于企业来说,追求生存和社会效益是根本。因此,产教融合的价值追求差异是导致校企融合度低的重要因素,如何找到双方的共同目标,是保证产教融合紧密性、稳定性和向深层次发展的关键。

(2) 人才培养模式与生产周期不同步,协同育人效益不高

在人才培养过程中,校企合作育人模式较为单一:采用"2+1"培养模式,仅仅通过最后一

年的顶岗实习让学生加强实践锻炼。因此,教学和生产仍然处于割裂状态,教学规律和生产周期仍然没有有机融合,人才培养模式没有达到校企共育的效果。

(3) 产教融合模式单一,资源整合不充分

产教融合的目的是实现人才培养效益的最大化,其中整合产教资源是重要的基础工作之一。而当前校企合作局限于签订协议,开展实训、实习、就业合作,对产教融合模式缺乏探索,没有从系统的角度通盘考虑、统筹运作,使企业运行与办学诸要素之间无法有机结合、相互作用。例如,企业生产基地在教育教学中没有充分发挥效用,双方人才资源没有充分发挥育人成效。

3. 协同育人模式下工科人才培养质量提升的具体路径

(1) 完善制度建设,建立长效评价机制

首先,要建立多方协同机制。高校、企业、政府和社会应建立多方协同机制,定期交流和沟通,共同制定人才培养计划和目标。通过定期召开协同育人工作会议、工作交流会、经验分享会等,及时发现和解决问题,确保协同育人模式的有效实施。其次,要想协同育人机制运行顺畅,需要建立长效合作机制。高校和企业应建立长效合作机制,明确各方的责任和义务,确保合作的持续性和稳定性。通过签订合作协议,明确合作目标和内容,确保合作的顺利进行[1]。最后,要完善评价机制。评价机制能够直接反映协同育人的成效,因此,应建立科学合理的人才培养质量评价机制,定期对协同育人模式的实施效果进行评估[2]。通过问卷调查、访谈等方式,收集学生、教师和企业的反馈,及时调整和改进人才培养方案,确保培养质量的持续提升。

(2) 优化课程体系,加强师资队伍建设

以往的高校课程设计重视学生对理论知识的掌握,而在当前协同育人模式下,课程体系应注重理论与实践相结合,增加实践环节,重点培养学生的实际操作能力。课程设计应紧密结合行业和社会发展需求,及时更新课程内容,确保学生掌握最新的技术和知识。教师的教学能力和实践能力直接决定着学生对知识点的掌握情况。可以通过引进企业专家、开展教师企业挂职等方式,提升教师的行业经验和实践能力;鼓励教师参与企业项目,增强科技成果转化能力。

(3) 深化合作重实效,加强沟通促就业

鼓励高校和企业共同开展科研项目,进一步推进产学研合作,推动科技成果转化[3]。高校和企业可以联合设立实验室和研究中心,开展联合研究,培养学生的科研能力和创新能力。企业要积极参与到高校的人才培养过程中,提供实习和就业机会,帮助学生了解行业需求和工作环境,为学生提供充足的实践机会,让学生得到充分的锻炼。企业要给高校学生提供充足的实习和就业机会。高校加强与企业的合作,建立稳定的实习和就业基地,确保学生有足够的实践机会。高校、企业、政府和社会要进一步加强沟通与交流,定期召开协同育人工作会议,共同制定人才培养目标和计划。通过定期交流和沟通,及时发现和解决问题,确保协同育人模式的有效实施。

(4) 加大政府支持,设置激励政策

为了进一步深化协同育人机制,企业和政府可以通过设立奖学金和科研基金,支持高校的教育和科研工作。奖学金可以激励学生努力学习,科研基金可以支持高校和企业的联合科研项目,推动科技创新。政府也要加大政策支持力度,制定相关政策,鼓励高校和企业开展合作:提供资金支持和企业税收优惠等政策;通过设立专项基金,支持高校和企业的联合科研项目,推动产学研结合。

4. 结束语

协同育人作为一种新兴的教育理念,通过高校、企业、政府和社会的多方合作,优化教育资源配置,提高教育质量,培养具有创新能力和实践能力的工科人才。通过优化课程体系、加强师资队伍建设、推进产学研合作、提供实习和就业机会、设立奖学金和科研基金、建立多方协同机制、加强国际合作和完善评价机制等具体路径,可以有效提升工科人才培养质量。对于实施过程中的挑战,需要政府、高校、企业和社会的共同努力,通过加强政策支持、建立长效机制、加强沟通与交流、优化资源配置和提升教师素质等对策,确保协同育人模式的有效实施和持续改进。

参 考 文 献

[1] 林喆.地方本科院校应用型人才培养效果的调查研究——以某学院电气工程专业为例[D].浙江:浙江师范大学,2015.

[2] 蔡昊,叶长青.基于教学科研深度融合的"环境地学"课程教学模式研究[J].教育教学论坛,2024(18):137-140.

[3] 刘泓辰.基于共创模式的创客团队构建方案探讨[J].时代经贸,2024,21(3):190-192.

产学研一体化的背景下,高等院校贫困学生就业模式的创新性研究

马 静

齐鲁工业大学(山东省科学院)机械工程学部

摘 要 在当今社会经济迅猛发展的大背景下,教育改革不断深化,产学研融合已经成为推动高校教育与社会需求紧密结合的重要途径。在这一背景下,高校贫困生的就业问题日益突显,如何创新就业模式,帮助贫困生顺利融入社会,成为亟待解决的问题。本文旨在探讨在产学研融合的背景下,高校贫困生就业模式的创新路径,分析当前就业模式存在的问题,并提出相应的创新策略。通过深入研究,本文期望为高校贫困生提供更为有效的就业支持,促进其个人发展和社会贡献。

关键词 产学研融合;高校贫困生;就业模式;创新研究

1. 引言

在当前经济全球化和知识经济时代背景下,产学研融合成为推动国家创新体系发展的重要力量。高校作为人才培养的摇篮,其教育模式与社会需求的对接显得尤为重要。然而,对于高校中的贫困生群体而言,他们面临的就业挑战更为严峻。本文将深入分析产学研融合背景下高校贫困生就业模式的现状,探讨如何通过创新手段,为贫困生提供更加多元和有效的就业机会。

2. 产学研融合背景下高校贫困生就业现状分析

当前,高校贫困生在就业过程中普遍面临信息不对称、资源获取有限等问题。这些问题在产学研融合的背景下显得尤为突出。一方面,企业对于人才的需求日益多样化,而有些高校贫困生缺乏与企业对接的经验和能力;另一方面,高校在人才培养方面与企业需求之间存在一定的脱节,导致贫困生难以找到与自身专业和能力相匹配的工作岗位[1]。

3. 产学研融合对高校贫困生就业模式的影响

产学研融合为高校贫困生就业带来了新的机遇和挑战。一方面,企业与高校的合作为贫困生提供了实习和就业的平台,有助于他们提前适应职场环境,积累工作经验;另一方面,产学研融合也对贫困生提出了更高的要求,他们需要具备更强的创新能力和实践能力,以满足企业的需求。因此,高校需要在人才培养模式上进行创新,以适应产学研融合的新趋势。

4. 高校贫困生就业模式存在的问题

在当前的高等教育环境中,贫困生在就业方面面临着多重挑战和问题。

首先,高校与企业之间的信息交流存在明显的障碍,这种信息不对称使得贫困生难以接触到那些适合自己的就业机会和招聘信息。由于缺乏有效的信息渠道,他们往往错失了许多宝贵的就业机会,这在一定程度上加剧了他们的就业困境。

其次,高校在提供就业指导服务时,往往缺乏针对性和实效性,难以满足贫困生的特殊需求。许多高校的就业指导服务过于泛化,没有根据贫困生的实际情况和需求进行个性化的设计和调整。这导致贫困生在求职过程中缺乏有效的指导和支持,难以应对就业市场的激烈竞争。

再次,有些贫困生自身的职业技能和综合素质不足,这也是影响他们就业竞争力的重要因素。由于经济条件的限制,有些贫困生在校期间可能无法获得足够的实践经验和专业培训,这使得他们在求职时难以展示自己的优势和潜力。综合素质的不足,如沟通能力、团队协作能力等软技能的欠缺,也进一步限制了他们的职业发展。

最后,高校内部的创业支持机制不够完善,这在很大程度上限制了贫困生通过创业实现自我发展的可能性。尽管创业被视为一种有效的就业途径,但许多高校在创业教育、资金支持、创业孵化等方面仍存在诸多不足。贫困生由于缺乏必要的资源和指导,很难将创业想法转化为实际行动,从而错失创业的机会[2]。

综上所述,高校贫困生在就业过程中面临着信息沟通不畅、就业指导服务缺乏针对性、职业技能和综合素质不足以及创业支持机制不完善等多重问题。这些问题的存在不仅影响了贫困生的就业,也制约了他们通过自身努力实现目标的可能性。因此,高校、政府和社会各界需要共同努力,采取有效措施,改善贫困生的就业环境,提升他们的就业竞争力和创业能力,从而帮助他们更好地融入社会,实现自我价值。

5. 创新高校贫困生就业模式的策略

第一,加强校企合作,拓展就业渠道。高校应积极与企业建立长期稳定的合作关系,通过建立实习基地、就业指导中心等方式,为贫困生提供更多的就业机会和实践平台[3]。齐鲁工业大学(山东省科学院)机械工程学部依托协同育人联盟,与优质企业合作,共同设立了"创新人才实践基地",为贫困生提供实习岗位,使他们有机会参与到企业的实际项目中,提前体验职场环境。通过这种合作,贫困生不仅能够获得宝贵的工作经验,还能建立与企业之间的联系,为未来就业打下坚实的基础。

第二,构建多元化就业指导服务体系。高校应根据贫困生的实际情况,提供个性化的就业指导服务,包括职业规划、简历指导、面试技巧培训等,帮助他们提升就业能力。齐鲁工业大学(山东省科学院)机械工程学部开设了"一对一职业规划辅导""简历门诊",针对贫困生的不同需求,提供量身定制的就业指导方案。通过这种个性化的服务,贫困生能够更好地了解自己的职业兴趣和优势,制定出更加符合自身发展的职业规划。

第三,提升贫困生的职业技能和综合素质。高校应加强与企业的合作,开展职业技能培训项目,提升贫困生的专业技能和实践能力,增强其就业竞争力。例如,齐鲁工业大学(山东省科学院)机械工程学部与当地行业协会合作,共同开发了"职业技能提升课程",针对贫困生开设了软件开发、数据分析等热门专业技能的培训课程。通过这些课程,贫困生能够掌握市场所需的实用技能,提高在就业市场上的竞争力。

第四，创新校内创业支持机制。高校应设立创业基金、创业孵化基地等，为有创业意愿的贫困生提供资金支持和创业指导，鼓励他们通过创业实现自我价值。齐鲁工业大学（山东省科学院）机械工程学部设立了"创业创新基金"，为贫困生提供创业启动资金，并提供创业导师一对一指导，帮助他们成功创办企业。通过这种机制，贫困生不仅能实现自我价值，还能为社会创造更多的就业机会。

第五，增强贫困生的就业竞争力。高校应通过课程设置、实践教学等方式，全面提升贫困生的综合素质，使其在就业市场上更具竞争力。齐鲁工业大学（山东省科学院）机械工程学部开设了"社会实践与职业素养课程"，将社会实践与职业素养教育相结合，帮助贫困生在实践中提升自身素质。通过这种课程，贫困生能够更好地了解社会需求，培养适应社会发展的综合能力。

6. 结束语

在产学研融合的背景下，高校贫困生就业模式的创新研究具有重要的现实意义。通过加强校企合作、构建多元化就业指导服务体系、提升贫困生的职业技能和综合素质、创新校内创业支持机制以及增强贫困生的就业竞争力，可以有效解决贫困生就业难的问题，促进其顺利融入社会，实现个人价值。高校作为人才培养的重要基地，有责任和义务为贫困生提供更多的支持和帮助，帮助他们克服就业难题，实现自我发展，做出社会贡献。

参 考 文 献

[1] 杨燕.构建服务学习下的提升高校贫困生创就业能力的新模式[J].教育现代化,2018,5(39):39-41.

[2] 黄渊健.精准扶贫背景下的高校建档立卡贫困学生就业帮扶策略研究[J].产业与科技论坛,2020,19(6):260-261.

[3] 冯丽梅.校企合作视角下高校贫困生就业帮扶模式与策略探究[J].经济研究导刊,2024,(21):145148.

[4] 蒋丽婷.基于就业指导的高校贫困生思政教育探究[J].就业与保障,2021,(20):77-78.

第13章　协同育人单位/用人单位反馈

山东鸭嘴兽工业设计有限公司对齐鲁工业大学（山东省科学院）机械工程学部协同育人工作的支持与建议

山东鸭嘴兽工业设计有限公司（以下简称公司）非常重视与齐鲁工业大学（山东省科学院）机械工程学部工业设计系的合作，积极参与协同育人工作。公司将从以下几方面支持人才培养。

（1）实习与实践基地：公司提供实习机会和实践基地，让学生在真实的工作环境中积累实践经验，提升实际操作能力。

（2）项目指导与合作：公司将与学校联合开展科研项目，指派专业的设计师和工程师担任导师，指导学生的课题研究和设计项目。

（3）讲座与培训：公司定期举办专题讲座和技术培训，邀请专家分享最新行业动态、技术趋势和实战经验，拓展学生的视野，提升其专业素养。

为了更好地推进机械类专业的协同育人工作，公司提出以下建议。

（1）加强校企合作：进一步深化校企合作机制，定期召开校企联席会议，探讨合作中的问题和改进措施，确保合作顺利进行。

（2）课程设置优化：根据行业需求和技术发展趋势，优化课程设置，增加实践性强的课程，培养学生的实际动手能力和创新思维。

（3）定制化培养方案：根据企业需求，制订定制化的人才培养方案，确保培养的人才能够快速适应企业的岗位需求。

（4）双导师制：实施双导师制，为每位学生配备一名校内导师和一名企业导师，帮助学生全面发展。

公司对贵校毕业生有以下要求和期待。

（1）扎实的专业基础：要求毕业生具备扎实的专业知识和技能，能够独立完成基本的设计和工程任务。

（2）实践操作能力：要求毕业生具有实践操作能力，能够将理论知识应用到实际工作中，解决实际问题。

(3) 创新能力:希望毕业生具备一定的创新能力,能够提出新的设计思路和解决方案。

(4) 团队合作精神:要求毕业生具有团队合作精神,能够与团队成员协同工作,共同完成项目任务。

(5) 职业素养:要求毕业生具备良好的职业素养,严格遵守职业道德和行为规范,具有责任感和敬业精神。

(6) 较强的建模能力:现阶段,很多学生只注重创意,在建模方面能力不足,常常只能画出草图而无法建立高质量的模型,或建模时间较长;希望毕业生在这方面能够加强训练,提高建模效率和质量。

(7) 了解常见材质的工艺:设计一定要依附于生产能力,产品能够落地是检验设计最重要的标准,希望毕业生熟悉各种常见材质的工艺流程,确保设计能够用于实际生产。

(8) 持续学习和自我提升的意识:工作环境变化迅速,要求毕业生具备持续学习和自我提升的意识,能够快速适应新的技术和方法。

(9) 站在用户角度思考的能力:希望毕业生不仅关注产品的外观设计,还要从用户的角度出发,关注产品的使用体验和市场定位,设计出符合用户需求的产品。

(10) 延伸设计教育到流程后端:设计教育需要向设计流程的后端延伸,包括结构设计、软硬件协同配合、样机制作、测试验证、模具开发等环节,确保毕业生具备完整的设计流程知识。

(11) 实战项目训练:希望学生在校期间,通过与企业合作,多进行实战项目训练,提前熟悉未来的工作要求,掌握以实战为目的的各项技能和部分经验。

山东鸭嘴兽工业设计有限公司将一如既往地支持齐鲁工业大学(山东省科学院)机械工程学部工业设计系的人才培养工作,期待不断深化与学校的合作,共同为行业输送更多高质量的专业人才。

山东友江智能装备有限公司对齐鲁工业大学（山东省科学院）机械工程学部协同育人工作的支持与建议

山东友江智能装备有限公司（以下简称公司）非常重视与齐鲁工业大学（山东省科学院）机械工程学部智能制造系的合作，积极参与协同育人工作。公司与贵校机械工程学部长期开展产学研合作，公司将从以下几方面支持机械工程学部的人才培养。

（1）协同育人实习与实践基地：公司提供实习机会和实践基地，让学生在真实的工作环境中积累实践经验，提升实际操作能力。

（2）项目指导与合作：公司将与学校联合开展科研项目，邀请公司专业设计师和工程师担任导师，指导学生的课题研究和设计项目。

（3）定期组织讲座与培训：结合公司业务发展需求，公司邀请机械工程学部专业教师定期举办专题讲座和技术培训，讨论和分享最新行业动态、技术趋势和实战经验，拓展学生的视野，提升其专业素养。

为了更好地推进机械类专业的协同育人工作，公司提出以下建议。

（1）加强校企合作：进一步深化校企合作机制，定期召开校企联席会议，探讨合作中的问题和改进措施，确保合作顺利进行。

（2）课程设置优化：根据行业需求和技术发展趋势，优化课程设置，增加移动机器人、智能控制、嵌入式开发等实践性强的课程，培养学生的动手能力和创新思维。

（3）完善学生毕业设计双导师制：借助于协同育人联盟，学生毕业设计实施双导师制，即为每位学生配备一名校内导师和一名企业导师。在大四上学期，导师引导学生确定课题，提前规划课题，初步完成毕业设计；大四下学期则优化并完善毕业设计。

公司对贵校毕业生有以下要求和期待。

（1）夯实专业基础：要求毕业生具备扎实的专业知识和技能，能够独立完成基本的设计和工程任务；设计一定要依附于生产能力，产品能够落地是检验设计最重要的标准，希望毕业生熟悉各种常见材质的工艺流程，确保设计能够用于实际生产。

（2）具有实践操作能力与创新能力：希望毕业生具备实践操作能力，能够将理论知识应用到实际工作中，解决实际问题；具备一定的创新能力，能够提出新的设计思路和解决方案。

（3）具有团队合作精神和职业素养：希望毕业生具有团队合作精神，能够与团队成员协同工作，共同完成项目任务；具备良好的职业素养，严格遵守职业道德和行为规范，具有责任感和敬业精神。

（4）提高设计与控制能力：许多学生缺乏三维设计工艺知识，多数是为了设计而设计，因此希望毕业生加强自动控制原理、编程语言学习,提高建模效率和质量。

(5) 具有持续学习和自我提升的意识:工作环境变化迅速,要求毕业生具备持续学习和自我提升的意识,能够快速适应新的技术和方法;要求学生在校期间,通过与企业合作,多进行实战项目训练,提前熟悉未来的工作要求,掌握以实战为目的的各项技能和部分经验。

海克斯康制造智能技术(青岛)有限公司对齐鲁工业大学(山东省科学院)机械工程学部协同育人工作的评价

贵校毕业生所学专业知识系统、完整,其基础性、专业性等方面与我公司机械设计岗位需求非常吻合。贵校学生善于沟通,勤于钻研,对新知识具有较强的学习主动性,因此比其他院校学生的适应能力和岗位胜任能力强,而且大部分同学具有勇于接受挑战、越挫越勇的素质,在团队中发挥了骨干带头作用。在工作过程中,贵校学生善于沟通、积极协作,积极参加公司的方案论证会,积极建言献策。基于前期对机械工程学部学生培养质量的了解,我公司并没有因为学生是实习生就分给他们一些边缘化的工作,相反,他们接触到的大多是企业正在研发的新机型和新项目,每天的任务量和任务难度都不小。在实习过程中,贵校学生能够积极主动地探索未知、发现问题,并及时请教,做事认真负责、态度积极、求真务实;对待工作认真负责,能够严格按照任务截止时间以及任务要求完成工作,对于自身的要求也比较高;虚心热情,善于沟通交流,团队合作意识强。贵校学生在我公司完成了许多任务,这对学生本人和我公司都是有益的。总体上来说,贵校学生的专业素质、团队意识和职业素养均较强。

济南易恒技术有限公司对齐鲁工业大学（山东省科学院）机械工程学部协同育人工作的评价

  贵校毕业生所学专业知识系统、完整，其基础性、专业性等方面与我公司机械设计岗位需求高度吻合。贵校学生善于沟通，勤于钻研，对新知识具有较强的学习主动性，因此比其他院校的学生的适应能力和岗位胜任能力强，而且大部分学生具有勇于接受挑战、越挫越勇的素质，在团队中发挥了骨干带头作用。在工作过程中，贵校学生善于沟通、积极协作，积极参加我公司的方案论证会，积极建言献策；部分学生还担任项目经理，在关键工作中带领团队成员克服困难，完成目标，最大限度地发挥了团队的潜力，表现出较强的团队意识和较高的职业素养。经统计，贵校学生实习期考核通过率为100%，一年内均成为能够独立工作的设计工程师，三年内有一半人员晋升为项目主管；此外，在我公司担任产品经理（相当于总工程师）一职的最年轻纪录也是由贵校学生保持的。总体上来说，贵院学生的专业素质、团队意识和职业素养均较强。

山东泰开精密铸造有限公司对齐鲁工业大学（山东省科学院）机械工程学部协同育人工作的评价

贵校毕业生所学专业、知识体系、能力素养等与我公司的主营业务和技术需求高度吻合，充分体现了机械工程学部对培养方案和培养模式在工程能力方面的高度重视。贵校毕业生在金属材料方面具有扎实的基础，能够迅速投入到我公司所涉及的铝合金铸件的生产当中，开展新型铝合金的研制。同时，贵校毕业生也具有很扎实的模具设计、机械设计、机械制造方面的理论和实践基础，能够承担铸造工艺与模具设计、零部件加工等工作。近年来，大部分毕业生已成为工艺研发岗位的骨干，有的已成为设计部门的科室主任，充分体现了贵校毕业生的工作能力。总体来说，贵校培养的毕业生具有扎实的基础、良好的人文素养、较强的团队合作精神和工程能力。

附录 1

齐鲁工业大学(山东省科学院)

机械类专业协同育人联盟章程

第一章 总 则

第一条 本会名称为齐鲁工业大学(山东省科学院)机械类专业协同育人联盟。

第二条 联盟立足自愿加入、交流信息、相互学习、加深理解、增进友谊、协同合作、实现共赢的原则,是"产、学、研、用"相结合的人才培养协同创新组织。

第三条 联盟的宗旨是:主动对接机械类行业人才需求,邀请行业企业及科研院所深度参与机械类专业人才培养过程,探索资源共享、人才共育、过程共管、成果共享的多方协同育人长效机制,培养机械类专业高素质应用型人才,实现"产、学、研、用"多方共赢。

第四条 联盟单位包括高校、科研院所、协会、合作企业等,以及其他具有较强研发力量的科研、设计、生产、教学和管理等企事业单位。

第二章 职 责

第五条 联盟的主要职责

一、适应机械行业与产业发展需要,适时修订、完善具有鲜明行业特色的应用型人才培养方案。

二、构建开放型、创新型课程体系,共建校企合作课程(含实践课程)。

三、深化校企在人才培养、专业建设、实习就业、订单式培养和产品开发、服务、咨询、项目申报、科研成果转化与产业化等方面的深度合作。

四、人才互聘,聘请一批企业管理人员、技术骨干参与部分专业课程教学,学校专业教师进入企业,为企业提供技术支持和新技术开发。

五、促进联盟成员间的资源共享,包括技术、信息、人才、知识产权等方面的交流与合作。

六、学校通过举办专场招聘会等方式,优先为联盟企业推荐优秀毕业生。

七、联盟企业为学生实习实践提供良好的工作条件和必要的生活条件。

八、加强与同类组织的联系和沟通,促进国内外、区域间的交流与合作,提升联盟的影响力。

第三章 组织机构

第六条 联盟由联盟理事会、专家指导委员会、秘书处等组成。联盟理事会为联盟的议事机构,专家指导委员会为联盟的咨询机构,秘书处为联盟的日常办事机构。

第七条 联盟理事会由理事单位组成,设理事长1名、副理事长若干名、理事若干名,任期四年,可以连任,由联盟成员推举产生。

理事会职责:决定联盟会议的召开;执行联盟会议的决议;修改联盟章程;推选理事长、副理事长候选人;审议联盟理事(单位)的加入或退出;提出联盟发展规划和联盟年度工作计划;决定其他重大事项等。

第八条 专家指导委员会是联盟的咨询机构,由高校、研究所、协会、行业和企业的专家组成,设主任委员1名、副主任委员2名、委员若干名。

专家指导委员会职责:为联盟高校人才培养方案制定、联盟发展战略决策、合作发展方向、计划与重点项目等提供指导、咨询和建议。

第九条 秘书处设在齐鲁工业大学(山东省科学院)机械与汽车工程学院,负责联盟的日常工作。

第十条 理事单位的加入程序:向秘书处提出书面申请,经理事会讨论通过。

第四章 附　　则

第十一条 本章程自通过之日起施行。

第十二条 本章程的解释权属联盟理事会。

附录 2

关于建立长效机制，进一步提升协同育人实践教学水平的实施意见

齐鲁工业大学（山东省科学院）机械类专业协同育人联盟成立近一年来，在各联盟成员的共同努力下，在建立"资源共享、人才共育、过程共管、成果共享"合作机制等方面做了许多有益的探索实践，为进一步发挥好联盟协同育人的独特优势，建立长效机制，鼓励专业教师、科研人员、行业企业技术专家协同参与实践教学，提升广大学生参与企业实践的热情，推进学生实践课程取得实效，培养高水平的机械类专业应用研究型人才，实现产学研多方共赢，根据《齐鲁工业大学（山东省科学院）机械类专业协同育人联盟章程》《齐鲁工业大学关于实习教学的规定》等有关文件，制定本实施意见。

一、加强基础工作，制定齐鲁工业大学机械类各相关方向的实习实践方案，建立实践基地

根据机械设计制造及其自动化、工业设计、材料成型及控制工程、机器人工程、智能制造工程等 5 个专业方向培养方案、教学大纲的相关要求，调研联盟成员等单位实习实践支撑条件（人才、场地、设备等设施情况），以及对人才需求和合作的要求等情况，有针对性地分别制定各专业方向具体的实习实践计划方案。

遴选一批有意向、有条件的企业签署合作协议，共同建立联合实验室和企业课堂，设立"齐鲁工业大学（山东省科学院）机械类专业协同育人联盟实践基地"。

二、加强组织建设，建立科学合理的运行机制体制

成立机械类专业校企协同育人实践教学指导委员会，主要由专业负责人、教授、行业专家等组成，主要职责为：指导各专业实习实践运行情况，研判企业对毕业生岗位胜任能力的要求，审定各专业的实习方案计划，评估实习实践教学运行情况，提出持续改进措施并指导、监督实施。

成立机械类专业校企协同育人实践教学工作委员会，由专业教师、技术专家、研究人员等组成，主要职责为：落实专业教学指导委员会的各项决定，制定专业实习方案计划，开发实习岗位和实践课程，建设专兼结合、工程经验丰富的协同育人师资队伍。

三、建设共建共享的协同育人专业实践教学平台

共建实践教学网络平台，对实习岗位、实习过程、实习考核等环节进行全面管理。推动企业员工进校园开展非学历进修，青年教师进企业开展实践锻炼，建立校企优秀人员互聘等交流合作制度。共同开发实践课程，共享行业资源和教育资源，学校可使用相关资源开展实习教学，企业可使用课程资源进行岗位培训和职业技能提升培训。创造条件共建特色专业班、现代产业学院等。

四、相关资源政策支持

争取政府相关部门和行业组织的大力支持帮助。开展协同育人先进单位和个人的推荐评审活动，评选协同育人示范单位、协同育人先进单位、协同育人优秀先进个人。

评选学生实习优秀成果奖，可作为推荐硕士研究生优秀生源的条件。学生参加企业实习取得的成果，经实习企业推荐、学院教学指导委员会认定，可以替代本科毕业设计。

附录 3

齐鲁工业大学(山东省科学院)

机械类专业协同育人指导委员会章程

第一章 总 则

第一条 本会名称为:齐鲁工业大学(山东省科学院)〔以下简称校(院)〕机械类专业协同育人指导委员会,以下简称"指导委员会"。

第二条 指导委员会为齐鲁工业大学(山东省科学院)机械类专业协同育人联盟的支持单位,是对校(院)机械类专业协同育人、学科专业建设等进行指导、审议、咨询的专门机构。

第三条 指导委员会在深入调查研究校(院)机械类学科专业发展情况的基础上,对学科发展、专业建设、师资队伍、人才培养、科学研究及社会服务等方面提出建议和意见。

第二章 职 责

第四条 指导委员会的职责

指导委员会是联盟理事会的专家工作机构,负责对机械类学科专业建设与发展提供咨询指导和评议、审议。其具体职责如下。

(一)对机械学科和机械类专业发展规划,提出咨询意见或建议。

(二)对协同育人建设方案,提出咨询意见或建议。

(三)对机械类专业、学科与学位点建设,提出咨询意见或建议。

(四)对机械学科平台建设、科研方向、社会服务能力提升等方面,提出评审建议和指导意见。

(五)开展协同育人先进单位和个人的推荐评审活动,评选协同育人示范单位、优秀指导教师等。

第三章 组 织

第五条 指导委员会的组织

(一)指导委员会由高校、研究所、协会、行业和企业的专家组成,设主任委员 1 名、副主任委员 2 名、委员若干名。

(二)指导委员会主任委员、副主任委员由联盟理事会提名,指导委员会委员候选人由各联盟成员单位推荐,并在广泛征求意见的基础上,经联盟理事会批准后聘任。

(三)指导委员会委员由具有良好的思想政治素质、有较高的学术造诣和社会声望、熟悉机械学科和专业发展、经验丰富、坚持原则、具有高级职称的专家担任。

(四)指导委员会委员每届任期四年,可以连任。

(五)因工作变动等原因不宜担任委员的,由主任委员提议,经委员会全体会议表决后可以解聘。补充人选由指导委员会推荐,报请联盟理事会批准后聘任。

第四章 工作制度

第六条 指导委员会的工作制度

（一）指导委员会以会议或其他方便的方式开展指导工作。

（二）指导委员会全体会议由主任委员或主任委员委托副主任委员根据工作需要主持召开，议题由主任委员和副主任委员商定。

（三）指导委员会全体会议原则上每年召开1次。因工作需要可临时召集全体会议或部分委员参加的会议。

第五章 附 则

第七条 本章程自公布之日起施行。

第八条 本章程的解释权归指导委员会。

附录 4

齐鲁工业大学(山东省科学院)

机械类专业协同育人实践教学实施办法

根据机械类专业协同育人联盟《关于建立长效机制,进一步提升协同育人实践教学水平的实施意见》的有关规定,制定本办法。

一、组建机械类专业协同育人实践教学工作委员会

机械类专业协同育人实践教学工作委员会由专业教师、技术专家、研究人员等组成,在机械类专业实践教学指导委员会指导下开展工作,全面负责各专业实践教学环节,具体职责如下。

(一)开展实践教学情况调研,明确社会用人需求和岗位职业能力对学生实践方面的要求,修订实践教学课程体系。

(二)依据专业特点,制定专业实践教学大纲和教学计划。

(三)建设和管理校外实践教学基地,组织专业教师、行业技术专家联合开发实践岗位。

(四)选派实践指导教师,组织开发实践课程,组织编写实践课程指导书、案例库等。

(五)全面负责实践教学环节的组织、管理、考核,对教学质量进行监控,持续改进实践教学。

(六)负责推荐协同育人示范单位、先进单位、先进个人。

二、校企协同育人实践教学平台的建设任务

(一)基于"校友邦"App建设面向机械类专业的协同育人联盟实践教学管理平台,对实习岗位、实习过程、实习考核等环节进行全面管理。

(二)校企联合开发实践教学资源,合作编写教材、工程案例库(集),共享行业资源和教育资源,学校可使用相关资源开展实践教学,企业可使用课程资源进行岗位培训和职业技能提升培训。

(三)实施"行业领袖/精英进校园"计划,建设专兼结合、工程经验丰富的协同育人师资队伍,聘请行业领袖担任课程特聘教授,行业技术专家担任实践课程指导教师,分别授予"齐鲁工业大学特聘/产业教授""齐鲁工业大学实践教学高级讲师"称号。

(四)推动企业员工进校园开展非学历进修培训,青年教师进企业开展实践锻炼,选聘优秀青年博士兼职企业技术副总/助理,进一步开拓人才资源共享。

(五)在合作企业设立教授/博士工作站,联合开展技术研发与攻关。

(六)探索创建特色专业班、现代产业学院等。

三、相关政策资源支持

(一)争取政府相关部门和行业组织的支持,开展协同育人示范单位、先进单位、先进个人等的评选活动。

(二)根据学生实践课程考核成绩评选优秀实践个人,学院进行表彰。

（三）对于在企业实践中取得优秀实践成果（技术报告、工程设计、实物制作）的学生，学院进行评选并予以奖励，在年度素质拓展奖学金等评选活动中予以倾斜；优秀实践项目学院给予经费支持，优先推荐参加省部级以上科技竞赛。

（四）学生参加企业实践取得的成果，经企业推荐、学院教学指导委员会认定，可替代本科毕业设计。

附录 5

机械工程学部

关于进一步加强学部协同育人工作的办法(试行)

为进一步强化学部科教产协同育人工作特色,进一步提升人才培养质量,促进高质量科教产成果产出,结合学部实际情况,制定本办法。

第一章 总 则

第一条 为贯彻落实习近平新时代中国特色社会主义思想和党的二十大精神,持续深化本科教育教学改革,不断推进专业内涵建设,强化学部人才培养特色,规范毕业实习及毕业设计(论文),按照《齐鲁工业大学(山东省科学院)专业认证工作管理办法》(齐鲁工大鲁科院字〔2019〕22号)、《新一轮本科教育教学审核评估工作方案》(齐鲁工大鲁科院字〔2023〕30号)等文件要求,特制定本办法。

第二条 学部的科教产协同育人工作与卓越工程师人才培养计划2.0相结合,构建卓越工程师培养"共同体",推动企业与高校协同实施卓越工程师培养,不断提高人才培养质量。

第三条 学部的科教产协同育人工作以"学生中心、产出导向、持续改进"为基本理念。

第四条 本办法适用于学部所有专业。

第二章 工作要求

第五条 学部将协同育人工作纳入部门年度考核,根据维护协同育人基地数量、新签订协同育人基地数量、征集毕业设计(论文)企业课题数量以及成果数量等指标综合考量。

第六条 各部门要积极联系优秀机械类企业加入机械类专业协同育人联盟,专职教师要人人联系企业。在新签订协同育人协议之前,各部门应组织专人对企业开展实地考察。

第七条 协同育人与就业工作深度结合,所有教职工应积极向优秀企业推荐学部毕业生,提高就业率与就业质量。

第八条 全面落实"博士+"计划,鼓励青年博士深入企业开展挂职和技术交流,推动校企产学研合作,促进成果产出。

第九条 全面落实毕业实习、毕业设计(论文)到企业。各专业应按照学校要求的时间节点完成毕业设计(论文)课题的征集及审核工作,征集的毕业设计(论文)数量由各专业负责分配,征集的毕业设计(论文)课题数量应大于毕业学生数量。

第十条 各专业自主分配毕业实习及毕业设计(论文)指导任务,负责人为该专业所在系的系主任,教师范围为学部确定的该专业教师队伍。

第十一条 毕业生指导教师要对毕业设计(论文)课题及其内容的真实性和合理性负责,要切实来源于企业。

第十二条 与企业解除合作或者合作协议到期时,专业联系人应及时报教学与实验室管理办公室备案。

第十三条 严格管理毕业实习、毕业设计（论文）环节，对于分散实习的学生严格按照校（院）要求履行分散实习审批手续。

第十四条 毕业实习、毕业设计（论文）相关材料严格按照工程教育认证或新一轮本科教育教学审核评估要求规范整理，指导教师作为第一负责人做好资料的收集及整理工作，由各系组织专人审核，审核并整改完善后由教学与实验室管理办公室负责统一归档。

第三章 奖惩措施

第十五条 各专业应对协同育人企业指定专人负责联系、维护及通知的传达。被评为年度协同育人示范企业的，其校内联系人由学部予以1 000元/个绩效奖励。

第十六条 专任教师必须与企业积极联系征集毕业设计（论文）课题，达不到征集课题数量要求的教师，要提供书面说明，经由专业负责人审核签字后交教学与实验室管理办公室备案。

第十七条 所有专业教师必须参与本科毕业设计（论文）指导（具体指导数量由各专业分配），达不到要求的该年度考核和师德考核不予评优。连续两年达不到要求的教师，年度考核为不合格且两年内不得晋升职称。

第十八条 鼓励依托毕业设计（论文）课题发表论文、申报专利或奖励等。

其中，本科生以第一自然位次且学部（学院）为第一单位发表中文核心论文的，给予校内指导教师1 000元/篇的绩效奖励；本科生以第一自然位次且学部（学院）为第一单位发表SCI或EI论文的，给予校内指导教师2 000元/篇的绩效奖励；本科生参与且学部（学院）为第一单位发表中文核心论文的，给予校内指导教师500元/篇的绩效奖励，参与发表SCI或EI论文且学部（学院）为第一单位的，给予校内指导教师1 000元/篇的绩效奖励。

本科生作为第一发明人获批发明专利且学校为专利权人之一的，给予校内指导教师2 000元/项的绩效奖励；本科生作为发明人获批发明专利且学校为专利权人之一的，给予校内指导教师1 000元/项的绩效奖励。

本科生参与企业研发项目且获省级及以上奖励的给予指导教师3 000元/项的绩效奖励，获厅局级奖励（含省级及以上协会奖励）的给予指导教师1 000元/项的绩效奖励。

第十九条 鼓励教师联合企业开发专业课程及教材，获批校（院）教材立项并在一类出版社出版的，给予教师2 000元/部的绩效奖励。

第二十条 校内指导教师对所指导学生的毕业实习及毕业设计（论文）相关材料负责，如在查重及抽检中出现资料不完善或需修改的情况，校内指导教师接到通知后负责完成相关资料的完善或修改工作，如出现问题一切后果由校内指导教师承担。

第四章 附　则

第二十一条 本办法自发布之日起试行。

第二十二条 相关成果以年度统计，提交成果时请一并提供本科生参与的过程性证明材料，学部组织审核认定。绩效奖励随年度岗位绩效统一发放。

第二十三条 本办法由教学与实验室管理办公室负责解释。